AF738908

Lernsituationen Landwirtschaft

Tierische Erzeugung

2. und 3. Ausbildungsjahr

Aumüller · Dürnegger · Eder · Köster · Müller · Pointner

1. Auflage

VERLAG EUROPA-LEHRMITTEL
Nourney, Vollmer GmbH & Co. KG
Düsselberger Straße 23
42781 Haan-Gruiten

Europa-Nr.: 60064

EUROPA LEHRMITTEL

Verfasser
Martin Aumüller, 94133 Röhrnbach
Christin Dürnegger, 73207 Plochingen
Dr. phil. Antje Eder, 93109 Wiesent
Erwin Köster, 48291 Telgte
Lena Müller, 82362 Weilheim
Andreas Pointner, A-4791 Rainbach im Innkreis

Arbeitskreisleiterin
Dr. phil. Antje Eder, 93109 Wiesent

1. Auflage 2024

Druck 5 4 3 2 1

Alle Drucke derselben Auflage sind parallel einsetzbar, da sie bis auf die Behebung von Druckfehlern identisch sind.

ISBN 978-3-7585-6006-4

Alle Rechte vorbehalten. Das Werk ist urheberrechtlich geschützt. Jede Verwertung außerhalb der gesetzlich geregelten Fälle muss vom Verlag schriftlich genehmigt werden.

© 2024 by Verlag Europa-Lehrmittel, Nourney, Vollmer GmbH & Co. KG, 42781 Haan-Gruiten

www.europa-lehrmittel.de

Umschlag, Satz, Grafiken: zweiband.media, Berlin
Umschlagfoto: © Zoran Kolundzija – iStock.com
Druck: Nikolaus Bastian Druck und Verlag GmbH, 54343 Föhren

Inhaltsverzeichnis

Vorwort

Das vorliegende Unterrichtswerk ist ein neu konzipiertes **Arbeits- und Vertiefungsbuch** für den Ausbildungsberuf „Landwirt/-in"[1]. Das Arbeitsbuch dient einer Vertiefung der berufsschulischen Lehrinhalte und schlägt eine Brücke zur fachpraktischen Ausbildung in den landwirtschaftlichen Betrieben. Es richtet sich an:

- Lehrende und Lernende im **Ausbildungsberuf Landwirt/-in**
- Lehrende und Lernende im **Ausbildungsberuf Fachkraft für Agrarservice**
- Lehrende und Lernende im **Ausbildungsberuf Tierwirt/-in**
- Dozent/-innen und Teilnehmer/-innen in der **Aus-, Fort- und Weiterbildung für landwirtschaftliche Berufe**

Funktion dieses Übungs- und Vertiefungsbuches ist es,

- berufsschulische Inhalte im Ausbildungsberuf „Landwirt/-in" zu wiederholen, zu vertiefen und gezielt in einen betrieblichen Kontext zu stellen;
- bei möglicher Verkürzung der Ausbildung eine kompakte „Wissensvermittlung" als Unterstützung anbieten zu können;
- selbstorganisiertes Lernen bei den Auszubildenden zu fördern.

Kompetenzentwicklung anhand praxisorientierter Lernsituationen

Die konzeptionelle und fachliche Grundlage dieses Buches bilden die bundesweit geltenden Rahmenlehrpläne für den Ausbildungsberuf „Landwirt/-in" der ständigen Konferenz der Kultusminister (KMK)[2]. Das Übungs- und Vertiefungsbuch „Lernsituationen Landwirtschaft – 1. Ausbildungsjahr" wird nun um die Fachbereiche der pflanzlichen und tierischen Erzeugung aus den Fachstufen erweitert und bildet einen didaktischen Leitfaden zur handlungsorientierten Unterrichtsgestaltung für den berufsschulischen Unterricht und die betriebliche Ausbildung. Folgende Bände sind erhältlich:

Lernsituationen Landwirtschaft im 1. Ausbildungsjahr: BGJ – Berufsgrundbildungsjahr kooperativ/vollschulisch
Lernsituationen Landwirtschaft im 2. und 3. Ausbildungsjahr: Pflanzliche Produktion
Lernsituationen Landwirtschaft im 2. und 3. Ausbildungsjahr: Tierische Produktion

Aus den Lerngebieten des Rahmenlehrplans ergibt sich eine Handlungsfeldstruktur analog zur landwirtschaftlichen Produktion in einer Vegetationsperiode bzw. während des jeweiligen Produktionsablaufes im Betrieb. Durch die Tatsache, dass nur in einzelnen Bundesländern wenige Lehrpläne nach dem Lernfeldansatz existieren, geht das Autorenteam von Handlungsfeldern aus. Der Übertrag in die je Bundesland vorgegebenen didaktischen Strukturen (z. B. in Form eines didaktischen Jahrplanes) ist aus Sicht der Autoren damit erleichtert.

Vollständige Handlung/Übung und Vertiefung betrieblicher und fachlicher Problemfelder – selbstständig und eigenverantwortlich

Das Werk bietet für Auszubildende die Möglichkeit, Unterrichtsinhalte selbstständig und eigenverantwortlich zu wiederholen und zu vertiefen, um so einen Zugang aus der Perspektive des Praktikers zu erhalten. Die fachliche Reflexion kann direkt über die angegebenen Lösungen[3] erfolgen.

Die Reihe „Lernsituationen Landwirtschaft" unterstützt den kompetenz- und lernfeldorientierten Ansatz. Fach- und handlungssystematische Strukturen sind so angelegt, dass die vollständige Handlung in ihren Phasen durch selbstständiges **Planen**, **Durchführen**, **Kontrollieren** und **Beurteilen** in den Lernsituationen und Aufgaben nachvollzogen werden kann. Durch den „Blick in die Praxis" besteht eine direkte Verzahnung mit den Anforderungen der jeweiligen Betriebsstrukturen. Je nach Organisation der schulischen Ausbildung der Landwirtschaft in den einzelnen

---

1 Um die Lesbarkeit dieses Übungs- und Vertiefungsbuches zu vereinfachen, wird meist auf die zusätzliche Formulierung der weiblichen Form verzichtet. Die Verwendung der ausschließlich männlichen Form, z. B. „Auszubildender", soll explizit als geschlechtsneutral (f, m, n) verstanden werden.

2 KMK (1994)

3 Ein Anspruch auf Vollständigkeit der Lösungen wird von den Autoren nicht erhoben. Durch regionale Besonderheiten können vielfältige Lösungsansätze gefunden werden.

Bundesländern kann von **Ausbildungsbetrieben** (im Rahmen einer kooperativen Form) oder von **Praxisbetrieben** (im Rahmen einer vollschulischen Form) ausgegangen werden.

Der Bezug zur praktischen Umsetzung in den verschiedenen Betrieben spannt den Bogen zur beruflichen Wirklichkeit mit ihren ökonomischen, ökologischen, rechtlichen und sozialen Aspekten. Somit bildet dieses Arbeits- und Vertiefungsbuch die berufliche Breite vom fachlichen Handeln bis zum reflektierten Verständnis von Handeln in beruflichen Zusammenhängen ab. So können die Schüler/-innen die Bereitschaft und Befähigung entwickeln, auf Grundlage des fachlichen Wissens und Könnens Aufgaben und Problemsituationen zielorientiert, sachgerecht, methodengeleitet und selbstständig zu lösen sowie die erzielten Ergebnisse zu reflektieren.

Zukunftsrelevante Themen: Ökologische Landwirtschaft, Nachhaltigkeit, Tierwohl, Tiergesundheit und Klimaschutz

Die Lernsituationen stellen einen an der Praxis orientierten Arbeits- und Produktionsprozess dar. Die übergeordneten, diskutierten agrarischen Aspekte zur **ökologischen Landwirtschaft**, zum **Tierwohl,** zur **Tiergesundheit**, zur **Nachhaltigkeit in agrarischen Produktionsprozessen**, zur **Regionalisierung**, zur **Diversifizierung** und zur **Hygiene und Qualitätssicherung** haben in allen konstruierten Lernfeldern einen immanenten Charakter und können und sollen über die Aufgabenstellung hinaus weiter diskutiert werden. Inhalte zur **Landtechnik**, zum **betriebswirtschaftlichen Handeln** und zum **angewandten Fachrechnen** sind den einzelnen Lernsituationen zugeordnet.

Dieses Buch soll auch durch gezielte Aufgaben die berufliche Argumentation und die Diskursfähigkeit der Auszubildenden stärken. Hierbei erhalten die Schüler/-innen die Möglichkeit, fachliche Argumentationsketten zu entwickeln und die Diskursfähigkeit zu schulen. Diese Art der Aufgabenstellung bereitet gezielt auf mündliche und praktische Prüfungssituationen vor.

Digitales Zusatzmaterial

Zusätzlich zum vorliegenden Arbeits- und Vertiefungsbuch können in der Europathek digitale Materialien abgerufen werden.

Wichtige Hinweise

Im Speziellen ist bei dem vorliegenden Werk zur **tierischen Erzeugung** zu beachten, dass sich die angegebenen Lösungsmöglichkeiten am derzeit gültigen Stand der rechtlichen Vorgaben orientieren. Hier gilt es, immer die aktuellen und regionalspezifischen Vorschriften auch eigenständig zu beachten.

Die Autoren beabsichtigen, die Auszubildenden für in der Gesellschaft kritisch diskutierte Themen zu aktuellen landwirtschaftlichen Erzeugungsverfahren in der Tierhaltung (z. B. Massentierhaltung, Tierhygiene, -wohl, -beobachtung u. v. m.) zu sensibilisieren und sie durch die praxisorientierte fachliche Vertiefung in ihrer Argumentationsfähigkeit zu stärken. Alle vorgeschlagenen Antworten dienen dazu, den jungen Landwirtinnen und Landwirten fachlich fundierte Argumente als Handwerkszeug für eine kritisch-konstruktive Auseinandersetzung mit der Gesellschaft – und damit mit ihrem engsten Umfeld[4] – an die Hand zu geben. Vertiefende Elemente zur Digitalisierung (App-Einsatz, Vernetzung, Umgang mit Daten) in der tierischen Erzeugung erweitern ggf. den Ausbildungsstand und unterstützen somit Inhalte der überbetrieblichen Ausbildung (ÜA).

Alle vorliegenden Aufgaben können anhand der exemplarischen Beispiele erarbeitet werden. Zur Vertiefung empfiehlt es sich, diese Aufgaben parallel anhand betrieblicher Gegebenheiten zu erarbeiten.

Berufssprache Deutsch: Für eine bessere Lesbarkeit werden einige Fachbegriffe entgegen der deutschen Rechtschreibung mit Bindestrichen geschrieben und/oder hervorgehoben (z. B. Ziel-Sortier-Gewicht).

4 Persönliches und fachliches Umfeld, Betrieb in der Region und im weitesten Sinne das Bestehen vor dem Prüfungsausschuss bei mündlichen und/oder betrieblichen Prüfungsteilen.

Aufbau des Buches

1.1 Mastschweine

S. 14

Sie absolvieren Ihr jetziges betriebliches Ausbildungsjahr auf einem spezialisierten Schweinemastbetrieb, der stallabteilweise im Rein-Raus-Verfahren betrieben wird. Der gesamte Betrieb hat 2 000 Mastschweineplätze. Die Ferkel bezieht Ihr Ausbilder mit etwa 30 kg von einem spezialisierten Ferkelerzeuger aus der Region. Ihr Ausbilder ist nach kurzer Zeit von Ihren Fähigkeiten überzeugt und möchte Ihnen mehr Verantwortung im Betrieb übertragen. Sie sind motiviert, nach dem Ausstallen der letzten Schlachtschweine aus einem Stallabteil mit 190 Tieren die Organisation und Durchführung für den neuen Durchgang in Absprache mit ihm zu übernehmen.

1.2 Ferkelerzeugung

S. 100

Sie absolvieren Ihr jetziges Ausbildungsjahr in einem Ferkelerzeugungsbetrieb. Dieser verkauft seine Ferkel mit etwa 30 kg an einen Schweinemastbetrieb in der Region. Grundsätzlich ist er seit Längerem im Zwiespalt zwischen gesetzlichen Anforderungen, Verbraucherforderungen und wirtschaftlichen Zwängen. Eine Überlegung, diesem Dilemma zu entkommen, ist die Umstellung vom bisherigen 1-Wochen-Rhythmus auf einen Mehr-Wochen-Rhythmus. In der Berufsschule haben Sie bereits wichtige Ziele und Kenngrößen der Sauenhaltung kennengelernt und diskutiert. Ihr Ausbilder beauftragt Sie, einige dieser Parameter (z. B. geborene oder aufgezogene Ferkel je Sau und Jahr bzw. je Sauenleben, Saugferkelverluste, Aufzuchtverluste, Würfe je Sau und Jahr, Remontierungsrate u. v. m.) für seinen Betrieb zu ermitteln, damit Sie erkennen können, wie der Ausbildungsbetrieb im Vergleich zu anderen Ferkelerzeugern dasteht.

2.1 Kälber und Jungvieh

S. 190

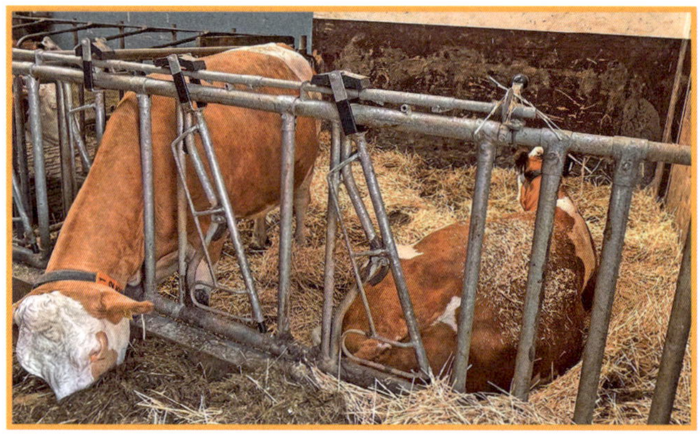

Während Ihres derzeitigen Ausbildungsabschnitts arbeiten Sie auf einem Milchviehbetrieb, der auch Bullen mästet. Nach sechs bis acht Wochen werden die männlichen Kälber und die nicht zur Zucht geeigneten weiblichen Kälber in den Mastbereich umgestallt. Die Kühe „Gerda" und „Lotte" stehen kurz vor der Abkalbung. Ihr Ausbilder überträgt Ihnen die Verantwortung für deren Kälber. Beide Kühe wurden bereits in der Abkalbebox separiert. Am nächsten Morgen, als Sie den Stall betreten, finden Sie bei Gerda ein gesundes Kalb vor. Nach Rücksprache mit Ihrem Ausbilder betreuen Sie dieses Kalb mit dem Namen „Erna".

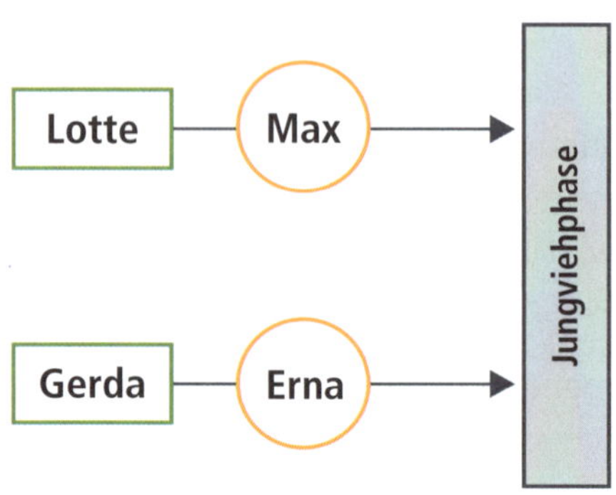

2.2 Milchvieh

S. 248

Im Sommer wird ein Teil der Milchkühe auf die Weide gegtrieben. Zum abendlichen Melken kommen die Kühe von der Weide und stehen im Wartestall, um hintereinander gemolken zu werden. Sie bemerken, dass beim Rausgehen aus dem Melkstand ein Tier, obwohl, es an den Melkstand gewöhnt ist, diesen nur langsam verlässt. Alle anderen Tiere bewegen sich zügig.

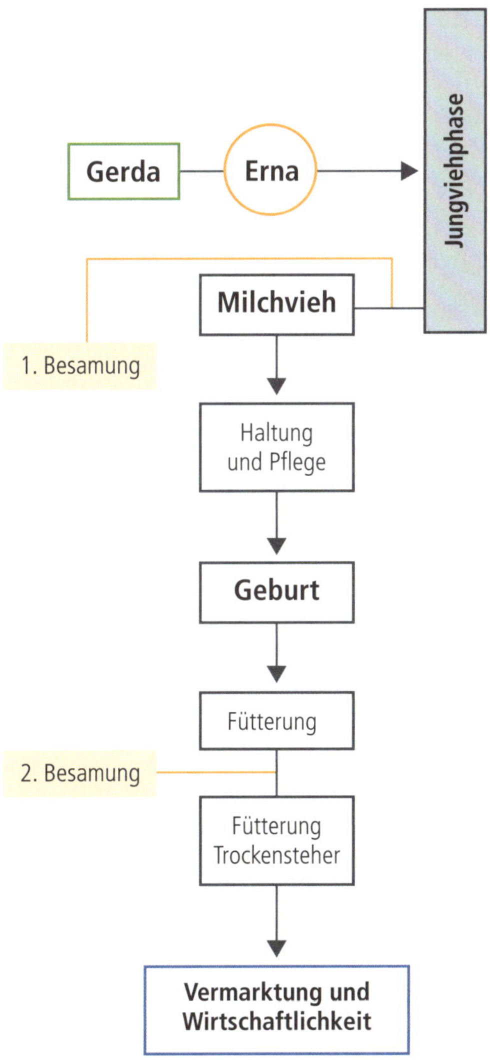

Produktionsverlauf Milchvieh

2.3 Mastrinder

S. 338

Auf Ihrem Ausbildungsbetrieb werden neben den eigenen männlichen Kälbern auch zugekaufte Bullenkälber gemästet. Nach erfolgreicher Aufzucht wird Max mit 12 Wochen in den Mastbereich umgestallt. Ihre Aufgabe ist es, ihn durch die Mast zu begleiten. Für eine wirtschaftlich erfolgreiche Mast benötigen Sie Kenntnisse zu Fütterung, Haltung und Betreuung der Tiere. Als Anreiz verspricht Ihnen Ihr Ausbilder einen Bonus, wenn die Mast von Max optimal verläuft und die Schlachtleistung überdurchschnittlich ausfällt.

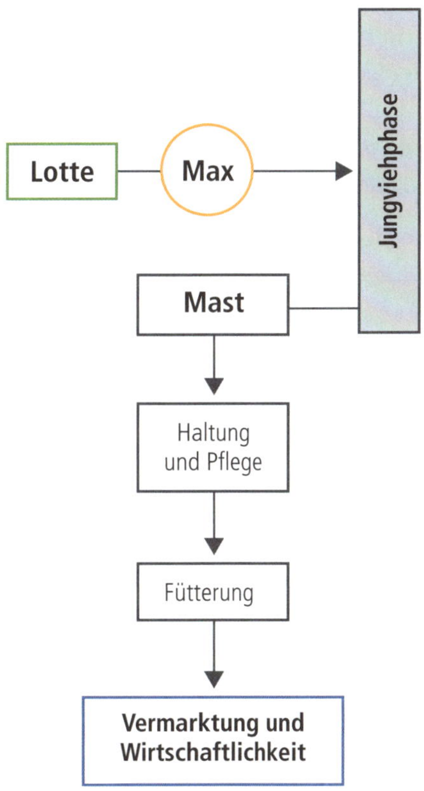

Produktionsverlauf Rindermast

Hinweise zur methodischen Handhabung

Das vorliegende Arbeitsbuch dient zur Vertiefung der fachtheoretischen und praktischen Kenntnisse und Fertigkeiten im 2./3. Ausbildungsjahr zum Ausbildungsberuf „Landwirt/-in".

Die Aufgabenstellung bedient sich verschiedener Aufgabenstile gemäß den Vorgaben der Bloom'schen Taxonomie[1]. Die nachstehende Tabelle bietet einen kurzen Überblick, welche Lösungstiefe bei den einzelnen Aufgaben zu erwarten ist (**Tabelle 1**).

Tabelle 1: Lösungsmuster für Aufgaben

Verb/Operator	Form der Bearbeitung
Nennen Sie … Zählen Sie auf …	Aufzählung
Sammeln Sie … Ordnen Sie …	Wissensspeicher anlegen
Setzen Sie in Beziehung … Vergleichen Sie …	Vernetzung von Begriffen
Verbinden Sie …	Grafische Zuordnung
Beurteilen Sie …	Aufgrund eines fachlichen Sachverhalts eine Entscheidung treffen
Argumentieren Sie … Diskutieren Sie …	Argumente für und gegen ein Thema suchen und fachlich begründen
Ermitteln Sie … Berechnen Sie …	Rechenaufgaben lösen

Durch klare Piktogramme wird die Art und Weise der Bearbeitung schneller verdeutlicht. Jederzeit können aber auch eigenständige Darstellungsmöglichkeiten gewählt werden.

Tabelle 2: Aufgaben- und Methodencheck

Icons	Aufgaben
	Siehe „Lernsituationen Landwirtschaft – 1. Ausbildungsjahr – BGJ Agrarwirtschaft"
	Praxisaufgabe: Vergleichen Sie mit Ihrem Betrieb.
	Mindmap oder Conceptmap: Sammeln Sie Begriffe und setzen Sie diese in Beziehung.
	Rechercheaufgabe: Finden Sie zusätzliche Informationen zu dem Thema heraus.
	Fachliches Rechnen: Lösen Sie fachliche Rechenaufgaben zu den Handlungsfeldern.

Icons	Aufgaben
	Diskussion: Planen und führen Sie eine fachliche Diskussion zum Handlungsfeld durch.
	Plakat: Gestalten Sie ein ansprechendes Plakat.
	Zuordnung: Ordnen Sie Begriffe richtig zu.
	Brainstorming: Überlegen Sie und schreiben Sie Ihre „Geistesblitze" zum Thema auf.

1 Typen und Stufen von Lernzielen

Icons	Aufgaben
	Blitzlicht: Rufen Sie zum Handlungsfeld schnellstmöglich Fachbegriffe ab.
	Schaubild: Skizzieren Sie Schaubilder.
	Auflistung: Erstellen Sie eine Reihung/Listung.
	Rollenspiel: Entwickeln Sie ein Rollenspiel, indem Sie sich in die beteiligten Personen(gruppen) hineindenken.
	Lückentext: Füllen Sie den Lückentext aus.
	Kreuzworträtsel: Bearbeiten Sie das Kreuzworträtsel.
	Kamera: Drehen Sie mit Ihrem Handy oder Ihrer Kamera kurze Filmsequenzen oder einen Film.
	Versuch: Führen Sie einen Versuch durch.

Icons	Aufgaben
	Handlungsverfahren nach ökologischen Grundsätzen
	Dokumentationsbereich
	Längenberechnung
	Flächenberechnung
	Volumenberechnung
	Prozentberechnung
	Digitale Medien liegen in der Europathek vor.
	Differenzierungsaufgabe

Vollständige Handlung

Das Berufsfeld Landwirtschaft ist dadurch charakterisiert, dass die Akteure eigenverantwortlich und oftmals auf sich selbst gestellt im beruflichen Kontext handeln und entscheiden müssen. Für die Förderung dieser Kompetenz eignet sich das Lernen in Handlungssituationen der beruflichen Lebenswelt. Die Aufgabenstellungen in diesem Buch sind daher auf Grundlage der im Lehrplan festgelegten Vorgaben erstellt worden. Diese sollen in Einzel-, Partner- oder Gruppenarbeit gelöst und in Form der vollständigen Handlung bearbeitet werden.

Die vielfältigen Anforderungen an eine moderne Landwirtschaft bedingen, dass die Landwirte stetig vor neuen Herausforderungen stehen, um Umweltschutzauflagen, Verbrauchererwartungen oder Vorgaben des Tierschutzes zu erfüllen. Dies bedingt, dass sie sich beispielsweise über neue Haltungsformen informieren, Alternativen miteinander vergleichen, eine Entscheidung zur Bewirtschaftung treffen, den Betrieb bewirtschaften, Produktionsergebnisse kontrollieren und bewerten müssen.

Anknüpfend an die Grundstufe („Lernsituationen Landwirtschaft – 1. Ausbildungsjahr") greift die Fachstufe „Tierische Erzeugung" die Basisthemen auf und führt diese spiralcurricular weiter. Das heißt, je weiter der Ausbildungsstand, desto komplexer werden die Inhalte eingebunden und an Beispielen verdeutlicht. Demnach bietet das Buch vertiefende Aufgaben in allen ausbildungsrelevanten Themenbereichen. Darüber hinaus ermöglicht dieses Buch zum einen den Auszubildenden in sehr spezialisierten Betrieben ihren Ausbildungswissensstand zu erweitern und zum anderen den Auszubildenden ohne Möglichkeit eines Betriebswechsels[2] grundständige Kompetenzen in verschiedenen Produktionsrichtungen zu erwerben. Es empfiehlt sich aber im zuletzt genannten Fall, die theoretische Herleitung durch gezielte individuelle Besuche bei Praktikern zu untermauern.

2 Ausbildung im eigenen Betrieb, Zweitausbildung, BILA-Programm bzw. Qualifizierungskurse für Nebenerwerbslandwirte

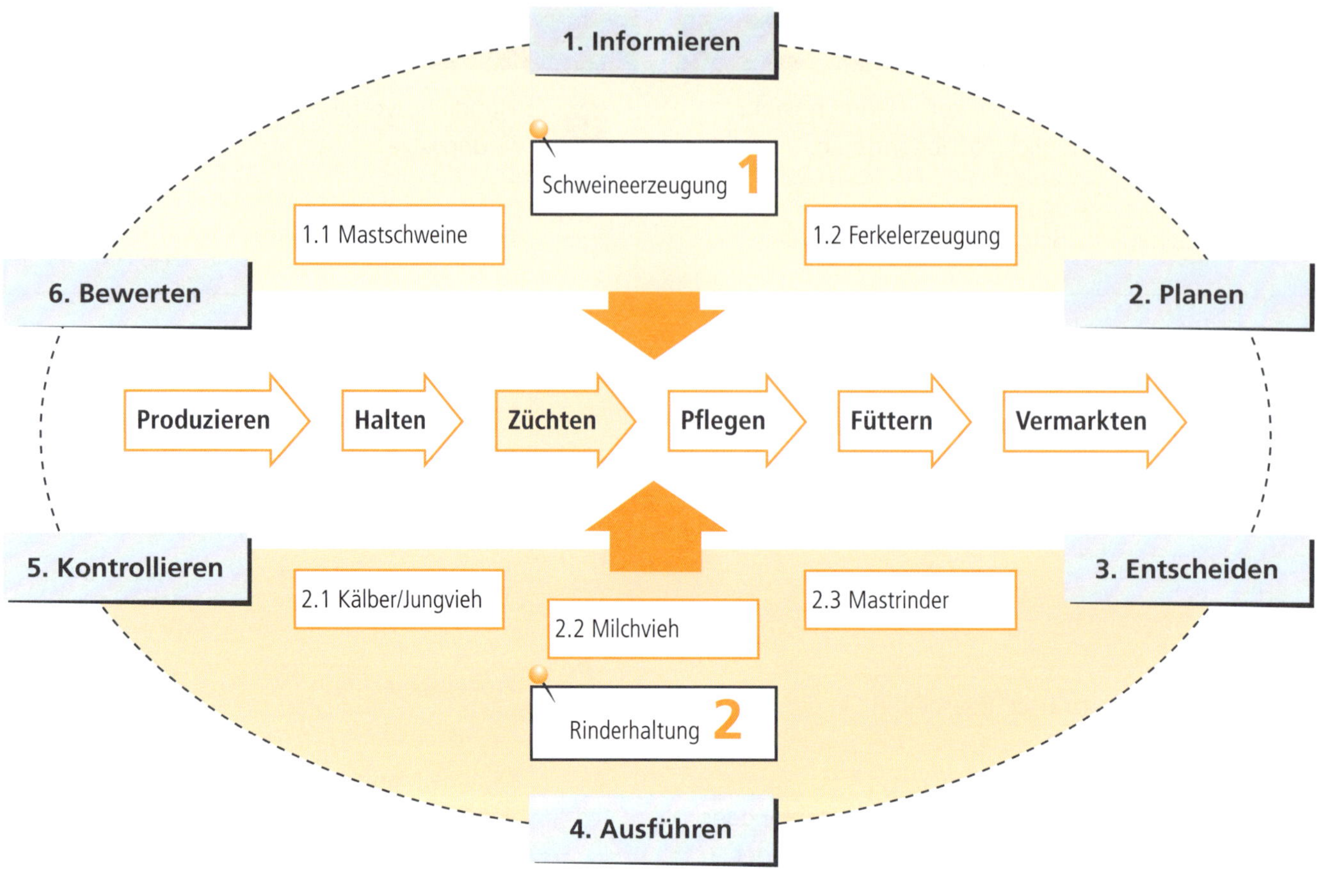

Abbildung 1: Aufbau der Lernsituation anhand der vollständigen Handlung

Die vielfältigen Anforderungen finden sich in den sechs Phasen des Handlungskreises wieder:

Tabelle 1: Vollständige Handlung

Informieren:	Analyse der Problem-/Aufgabenstellung oder des Phänomens (z. B. „Die Kuh frisst grünes Gras und bildet daraus weiße Milch!“). Recherche sowie Klärung der Ziele (z. B. ökologisch, konventionell, biologisch-dynamisch, bio-vegan).
Planen:	Festlegung der notwendigen Arbeitsschritte und Aufgaben etc. Wie viel Zeit brauche ich? Wer hilft mir?
Entscheiden	Welche Vor- und Nachteile müssen abgewogen werden? Welches ist der ökologisch, ökonomisch, sozial und gesellschaftlich sinnvollste Lösungsweg?
Ausführen:	Aktiv werden und handeln.
Kontrollieren:	Vergleichen, was man erwartet hat, mit dem, was dabei herausgekommen ist.
Bewerten:	Was können wir für die Zukunft ableiten? Was müssen wir wiederholen? Müssen wir den Versuch noch einmal durchführen?

Erstellen von Erklärvideos

Dieses Übungs- und Vertiefungsbuch beinhaltet als Aufgabentyp u. a. die Erstellung von Erklärvideos. Diese bieten die Möglichkeit, berufspraktische Situationen (z. B. Dokumentation des Melkvorgangs) in den Unterricht zu holen. Lernende können durch die Konzeption solcher Videos üben, Prozesse auf die wesentlichen Schritte zu reduzieren und sie zu beschreiben.

Erklärvideos können nach folgendem Schema erstellt werden:

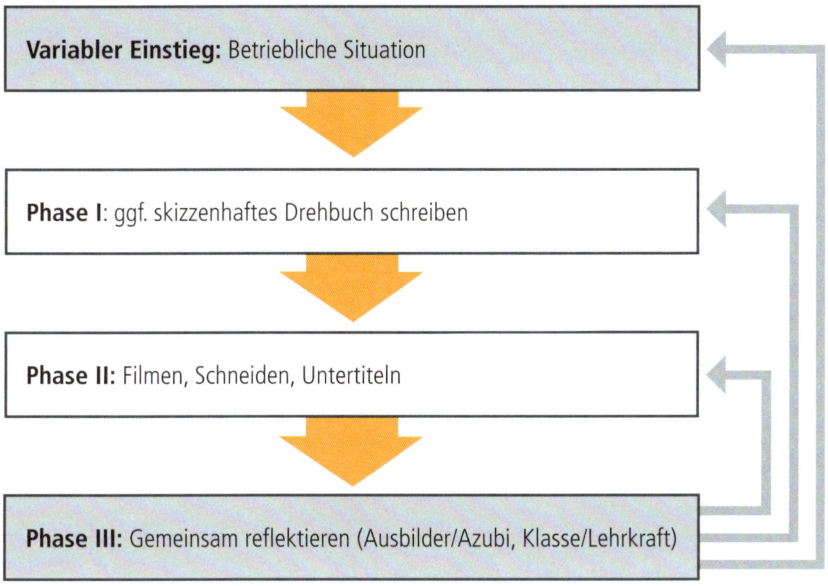

Abbildung 1: Schema für die Erstellung von Erklärvideos

Für die Erstellung eines Erklärvideos können **Smartphones**, **Tablets** oder ggf. klassische digitale **Kameras** verwendet werden. Die Aufnahme erfolgt über die Foto-/Filmfunktion am Handy, Tablet oder an der Kamera. Die (Nach-) Bearbeitung erfolgt mit entsprechender Software, z. B. Subtitle Workshop, Jubler Subtitle Editor, SubtitleCreator, Stop Motion Studio, iMovie usw.

Tabelle 1: Möglicher Ablauf eines Erklär-Video-Drehs

Rollen verteilen	Rollen nur dann verteilen, wenn ein Azubiteam eines Betriebes ein Lern-/Erklär-Video erstellen will; die Aufgaben ggf. über Rollenkarten präzisieren
Material bereitlegen	Alle notwendigen Materialien bereitlegen (ggf. Beschriftungen, Schemata usw.)
Ggf. Drehbuch besprechen	Ein Drehbuch ist nur dann sinnvoll, wenn das Video eine längere Laufzeit hat und mehrere fachliche Aspekte beinhaltet.
Regieanweisungen wählen	Auf Hintergrundgeräusche eingehen oder diese ausblenden, Abfolgen ändern usw.
Aufnahme starten und drehen	Die Aufgabenstellungen in diesem Band sind so konzipiert, dass die Erklärvideos nicht szenisch erfasst werden müssen, sondern an einem Stück abgedreht werden können.
Filmmaterial bearbeiten und untertiteln	Filmmaterial sichten, schneiden, in Sinnabschnitte einteilen und Untertitel einfügen

1 Schweineerzeugung

1.1 Mastschweine

Lernsituation 1.1.1 Erzeugung und Haltung

Übergeordnete Lernsituation

Sie absolvieren Ihr jetziges betriebliches Ausbildungsjahr auf einem spezialisierten Schweinemastbetrieb, der stallabteilweise im Rein-Raus-Verfahren betrieben wird. Der gesamte Betrieb hat 2000 Mastschweineplätze. Die Ferkel bezieht Ihr Ausbilder mit etwa 30 kg von einem spezialisierten Ferkelerzeuger aus der Region. Ihr Ausbilder ist nach kurzer Zeit von Ihren Fähigkeiten überzeugt und möchte Ihnen mehr Verantwortung im Betrieb übertragen. Sie sind motiviert, nach dem Ausstallen der letzten Schlachtschweine aus einem Stallabteil mit 190 Tieren die Organisation und Durchführung für den neuen Durchgang in Absprache mit ihm zu übernehmen.

Abbildung 1: Außenansicht Mastschweinestall

Abbildung 2: Frisch eingestallte Mastferkel mit durchschnittlich 30 kg Lebendmasse

1 Unabhängig davon, ob die Mastferkel im geschlossenen System selbst produziert oder zugekauft werden: Eine wirtschaftlich erfolgreiche Mast gelingt nur, wenn die Tiere gesund sind, sich wohlfühlen und optimale Leistungen erbringen können. Wirtschaftlich relevante Parameter und deren Zielwerte sind hier durcheinander geraten. Verbinden Sie die zusammengehörigen Kästchen.

Tägliche Zunahmen (TZ) | > 60 % | < 110 Tage

Futterverwertung | Muskelfleischanteil | < 2,7 kg Futter für 1 kg Zuwachs

Durchgänge/Umtriebe | > 2,8 pro Jahr | < 2 % | Verluste

Energieaufwand | Zwischen 90 und 110 kg | < 36 MJ ME je kg Zuwachs

> 850 g zwischen 28 und 120 kg LM | Schlachtgewicht | Mastdauer

2 Die in **Aufgabe 1** angegebenen Zielwerte unterscheiden sich in der Praxis oftmals. So liegt die Differenz zwischen mehr oder weniger erfolgreichen Schweinemästern laut Untersuchungen einiger Erzeugerringe im langjährigen Durchschnitt bei ca. 100 g täglichen Zunahmen. Die Auswahl der „richtigen" Ferkel ist der erste wichtige Schritt für einen erfolgreichen Mastverlauf. Erläutern Sie Faktoren für eine optimale Ferkelauswahl.

3 Praxisbetriebe arbeiten entweder nach dem Rein-Raus-Verfahren oder nach dem kontinuierlichen Verfahren. Charakterisieren Sie beide Verfahren und erläutern Sie jeweils Vor- und Nachteile.

Tabelle 1: Vor- und Nachteile des Rein-Raus-Verfahrens

Rein-Raus-Verfahren
Verfahrens-Erläuterung:
Vorteile: Ferkel können besser nach Wachstumsvermögen sortiert werden,
Nachteile:
Kontinuierliches Verfahren
Verfahrens-Erläuterung:
Vorteile:
Nachteile: Höhere Transportkosten,

4 Nach dem Ausstallen der letzten Schlachtschweine ist das Stallabteil für den neuen Durchgang vorzubereiten. Notieren Sie hierfür die wichtigsten Arbeitsschritte.

5 Die Abbildung zeigt das Stallabteil, für welches Sie die Organisation übernehmen wollen. Das Abteil besteht aus acht Buchten und wird im Rein-Raus-Verfahren betrieben. Sie haben bereits gelernt, dass vor dem Einstallen neuer Ferkel aus stallhygienischen Gründen eine fachgerechte Reinigung und Desinfektion erfolgen muss. Dies betrifft nicht nur das Stallabteil selbst, sondern auch zugehörige Bereiche wie Treibgänge und Verladerampen.

Bei der Reinigung erfolgt zunächst die Vorreinigung aller Oberflächen mit Wasser, danach eine Teilreinigung mit Schaumlösung.

Abbildung 1: Einblick in das Stallabteil

In der folgenden Tabelle finden Sie die stallbaulichen Größenangaben.

Tabelle 1: Maße des Abteils

Kriterium	Informationen
Abteilgröße (l × b)	12,54 m × 14,40 m
Buchtengröße (l × b)	5,87 m × 3,60 m
Anzahl Buchten pro Abteil	8
Mittelgangbreite	0,80 m
Buchtenwandhöhe	1 m
Raumteiler pro Bucht als Rückzugsmöglichkeit (nicht im Plan enthalten)	1 m lang
Raumhöhe	2,43 m

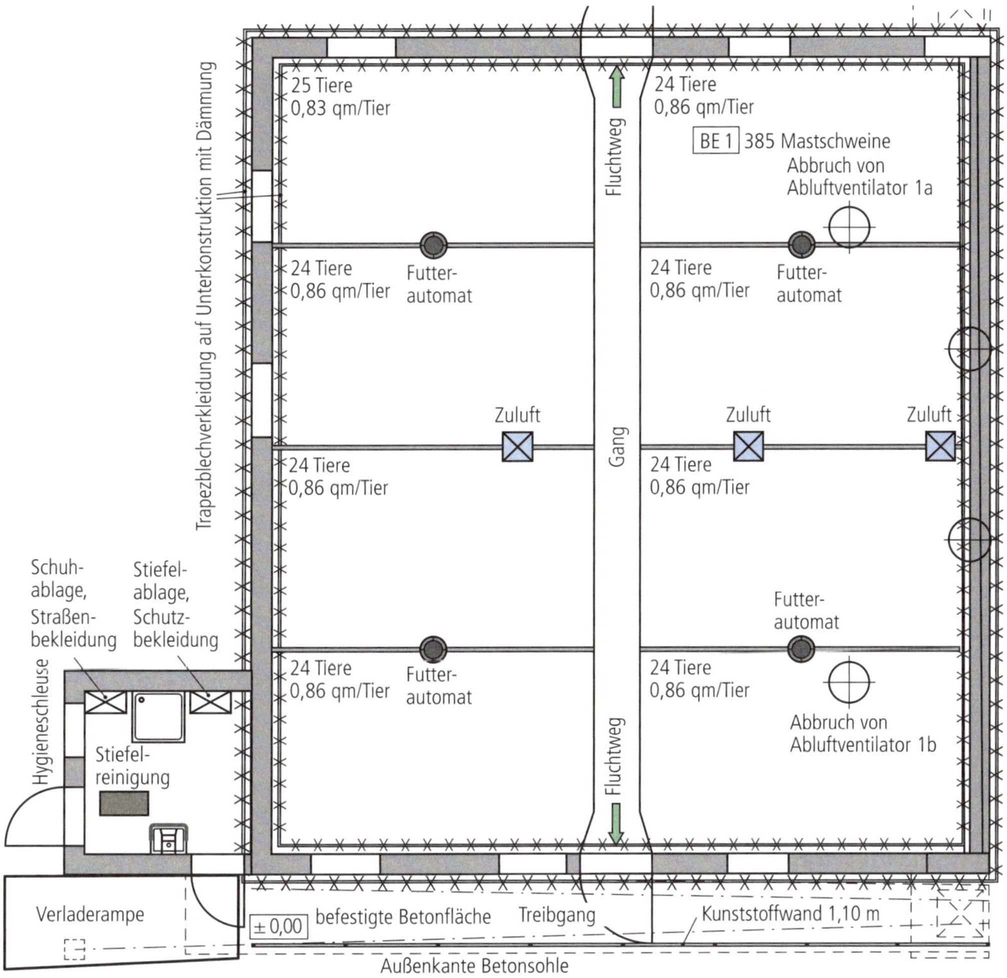

Abbildung 1: Bauplanausschnitt Mastschweineabteil

a Berechnen Sie die gesamte mit Wasser zu reinigende Oberfläche des Abteils.

Bodenfläche:

Decke:

Wandfläche (gemauert):

Plastik-Buchtenwände innen:

Mittelgangwände (Hinweis: Kopf- und Fußfläche wurden bei der Wandfläche bereits berechnet):

Raumteiler in den Buchten:

Gesamte Oberfläche/Abteil:

b Berechnen Sie die mit Wasser zu reinigende Oberfläche des Treibganges und der Verladerampe. Der zu reinigenden Treibgangabschnitt ist 8,3 m lang, 125 cm breit und 11 dm hoch. Zum Absperren sind 2 Türen mit den Maßen 120 cm × 85 cm vorhanden. Die Verladerampe ist trapezförmig, vorne 2,20 m und hinten 1,25 m breit und 5 m lang. Die Wände hier sind 5 m lang und ebenfalls 11 dm hoch.

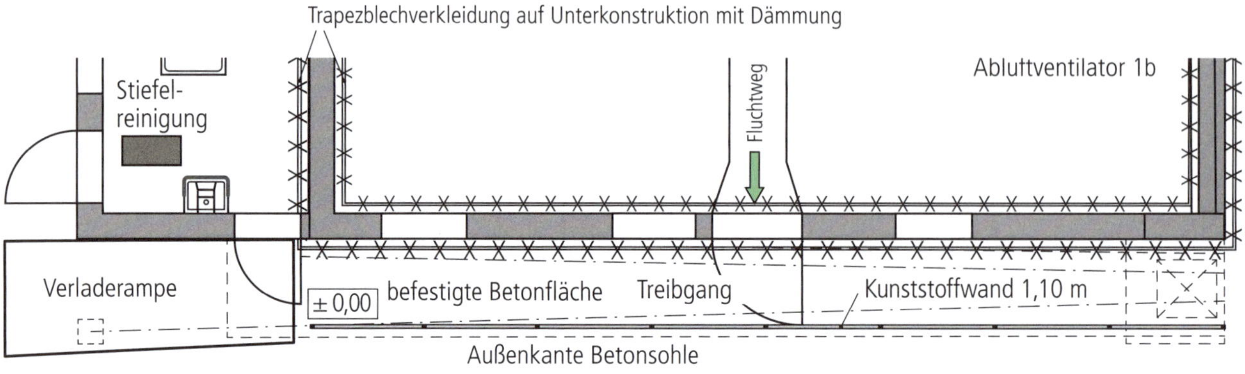

Abbildung 1: Plan – Verladerampe und Treibgang

Treibgang Bodenfläche:

Treibgang Wandflächen:

Absperrtür Treibgang (einseitig):

Absperrtür Verladerampe (beidseitig):

Verladerampe Bodenfläche:

Verladerampe Wandflächen:

Gesamtfläche Treibgang + Verladerampe:

c Es fehlen noch die Oberflächen der Futterautomaten (innen und außen) und der Rohrsysteme für Futter-, Wasser- und Einweich-Anlage des Abteils. Nehmen Sie hierfür 44 m^2 Oberfläche an. Berechnen Sie die gesamte zu reinigenden Oberfläche in m^2.

d Wenn Sie sich mit dem oben angenommenen Wert der zu reinigenden Oberflächen für die Fütterungstechnik nicht zufriedengeben möchten, haben Sie hier die Möglichkeit, die Oberflächen genau zu berechnen.

Tabelle 1: Angaben für die Berechnung

Breiautomat	
Kriterium	**Informationen**
Gesamthöhe (bis auf die Futterschale)	1,25 m
Deckel-∅	60 cm
Mantellänge Kegelstumpf	1,03 m
Höhe Metallrohr unten (unter dem Kegelstumpf)	0,25 m
Kegelstumpf-∅ oben	60 cm
Kegelstumpf-∅ unten	10 cm
∅ Metallrohr (unten)	10 cm
Futterschale	60 cm × 43 cm
Futterschale – Randhöhe	3 cm

Abbildung 1: Breiautomat Mastschweinestall

Deckel (außen + innen):

Kegelstumpf [Mantelfläche = (r1 + r2) · π · Mantellänge · 2[1]]:

Metallrohr (unten; außen + innen):

Futterschale (am Boden montiert → einfache Fläche):

Futterschalen-Rand (außen + innen):

Gesamtfläche des Breiautomaten (innen + außen):

Anzahl Breiautomaten/Abteil (siehe Abbildung „Einblick in das Stallabteil" auf S. 16):

Oberfläche aller Breiautomaten/Abteil:

1 Zweifache Mantelfläche entspricht der inneren und äußeren Behälteroberfläche.

e Wenn Sie sich mit dem oben angegebenen Wert der zu reinigenden Oberflächen für die Rohrleitungen auch nicht zufriedengeben möchten, haben Sie die Möglichkeit, den genauen Wert zu ermitteln.

Tabelle 1: Angaben zur Berechnung der Rohrleitungen

Stallabteil	
Kriterium	**Informationen**
Futter-Ringleitungen/Abteil	Anzahl siehe Abbildung 1 S. 16 „Einblick in das Stallabteil" → 1 Strang ist 12,54 m lang und hat 6 cm Ø
Futter-Fallrohre/Abteil	1 pro Futterautomat à 90 cm mit 7 cm Ø
Wasser-Ringleitungen/Abteil	Anzahl = Anzahl Futterleitungen; 1 Strang ist 12,54 m lang und hat 3 cm Ø
Wasser-Fallrohre/Breiautomat	1 à 90 cm mit 3 cm Ø
Wasser-Fallrohre/zusätzlicher Tränkestelle	2 Stichleitungen pro Bucht à 1,70 cm mit 3 cm Ø
Einweichanlage/Abteil	1 Strang quer (12,54 m), 3 Stränge längs (à 12,40 m), 3 cm Ø

Oberfläche Futter-Ringleitung/Abteil: __________

Oberfläche Futter-Fallrohre/Abteil: __________

Oberfläche Wasser-Ringleitung/Abteil: __________

Oberfläche Wasser-Fallrohre/Breiautomaten/Abteil: __________

Oberfläche Wasser-Fallrohre auf zusätzliche Tränke-Nippel/Abteil: __________

Oberfläche Einweichanlage/Abteil: __________

Gesamte Oberfläche der Rohrleitungen/Abteil: __________

Gesamtoberfläche von Futterautomat und Rohrleitungen/Abteil: __________

6 Nach der Vorreinigung mit Wasser werden alle Bereiche, in denen sich die Schweine dauerhaft aufgehalten haben – also das Abteil bis 1 m Höhe und die Breiautomaten – von außen mit einem Reinigungsmittel eingeschäumt. Die gesamte einzuschäumende Oberfläche des Abteils beträgt 363 m^2.

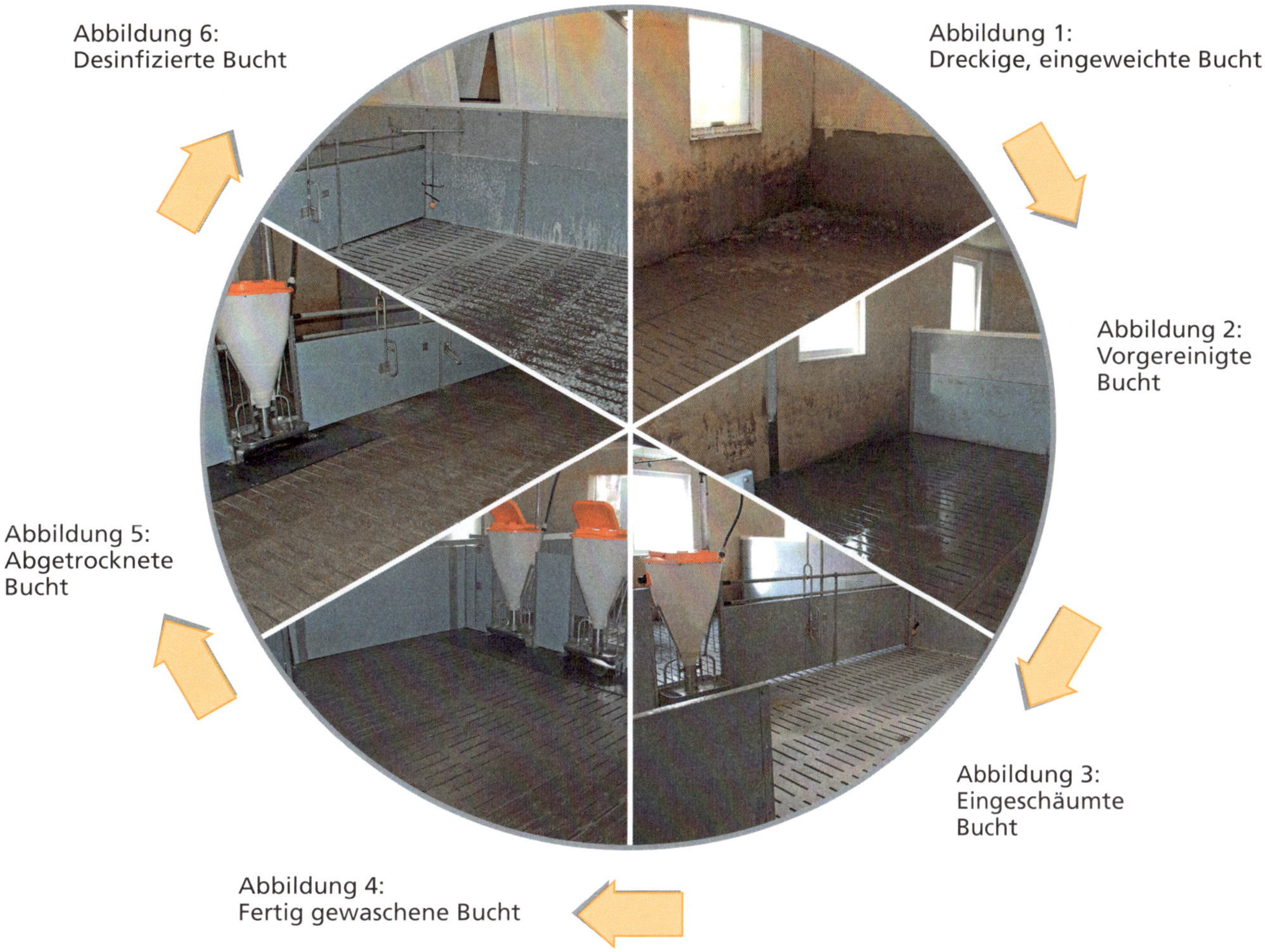

a Berechnen Sie die erforderliche Menge an Reinigungsmittel und Wasser für das Abteil, wenn die Konzentration 2 % beträgt und 0,4 l/m^2 aufgetragen werden.

Einschäumlösung:

Menge an Reinigungskonzentrat:

Wassermenge:

b Berechnen Sie die benötigte Dauer für das Einschäumen des Abteils (in Minuten), wenn die Durchflussmenge des Hochdruckreinigers 21 Liter pro Minute beträgt.

Einschäumdauer:

7 Nach der Reinigung muss das Abteil desinfiziert werden. Für die weiteren Berechnungen benötigen Sie zusätzliche Angaben, die Sie in der folgenden Auflistung finden.

Tabelle 1: Angaben zur Berechnung „Desinfektion des Abteils"

Kriterium	Informationen
Desinfiziert werden:	Boden, Wände bis 1 m Höhe, Raumteiler, Breiautomaten von außen (inkl. Deckel, Mittelgang), Treibgang, Absperrtür Treibgang (einseitig), Verladerampe und Absperrtür Verladerampe (zweiseitig)
Desinfektionsmittelkonzentration	1,2 %
Desinfektionshöhe der Wände	1 m
Desinfektionsmittel-Aufwandmenge	0,4 l/m² als Schaum
Durchflussmenge Hochdruckreiniger	21 Liter pro Minute

a Berechnen Sie die Menge an Desinfektionsmittel und die erforderliche Wassermenge.

Bodenfläche Abteil: 180,58 m²
Wandfläche (gemauert) bis 1 m Höhe:
(**Hinweis:** Gesamtfläche der 2,43 m hohen Außenwände aus Aufgabe 5 a ist 130,93 m²)

Buchtenwände aus Plastik: 99,24 m²
Raumteiler: 16 m²
Mittelgangwände links und rechts: 28,80 m²
Breiautomaten/Abteil (nur von außen): 15 m²

→ Summe (Boden- und alle Wandflächen bis 1 m Höhe und die Breiautomaten) =
+ Summe (Treibgang + Verladerampe + Türen) = 51,33 m²,
→ Gesamtsumme:

Benötigte Mengen an Desinfektionsmittel und Wasser:

b Berechnen Sie die reine Desinfektionsdauer (ohne Rüstzeiten).

8 Zur Schaumerzeugung werden in der Regel Schaumlanzen eingesetzt. Die Ausbringmenge dieses Desinfektionsgerätes hängt von vielen Faktoren ab, z. B. von der Durchflussmenge pro Minute und dem Druck des Hochdruckreinigers, vom Verschleiß der Schaumlanze, von der Umgebungstemperatur, von der Viskosität des Desinfektionsmittels und schließlich von der Konzentration der Desinfektionslösung. Deshalb muss die Schaumlanze immer dann neu „ausgelitert" werden, wenn sich einer dieser Faktoren ändert. Nur wenn die vom Hersteller vorgegebenen Konzentrationen und Einwirkzeiten eingehalten werden, ist die Desinfektion erfolgreich.

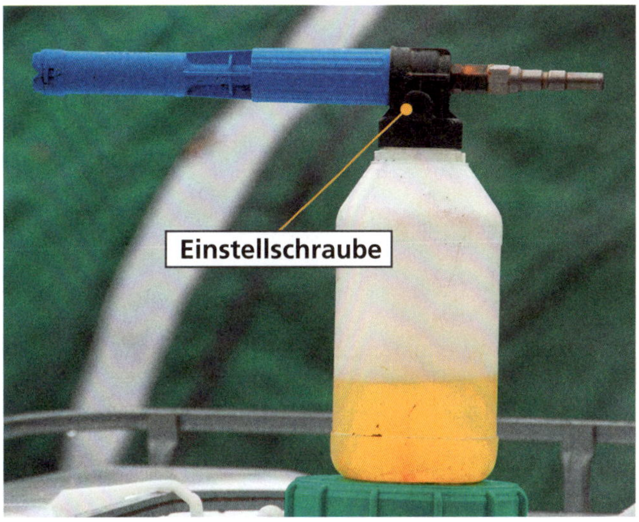

Abbildung 1: Schaumlanze

Der Anleitung mit der korrekten Vorgehensweise ist leider zerrissen. Nummerieren Sie die Textschnipsel in der sachlogischen Reihenfolge.

Tabelle 1: Anleitung „Auslitern der Schaumlanze"

1	Anleitung zum Auslitern der Schaumlanze für 450 ml/min einer 1,5 % Lösung
___	Jetzt die Einstellschraube der Sprühlanze so voreinstellen, dass sie 450 ml/min Desinfektionsmittel ausbringt.
___	Dann das Desinfektionsmittel in die Flasche einfüllen und Füllstand notieren.
___	Anschließend mit der Stoppuhr 1 Minute lang arbeiten, Füllstand wieder ablesen und die Differenz berechnen (Ergebnis muss 450 ml sein – sonst nachjustieren).
___	Ausbringmenge der neuen Schaumlanze ermitteln. Hierfür mit dem Hochdruckreiniger 20 Liter in einen Eimer spritzen.
___	Ergebnis: 40 Sekunden für 20 Liter bedeutet 30 Liter pro Minute ($20\,l \div 40\,s \times 60\,s = 30$) .
___	Bei der 1,5 %-Lösung werden somit für die 30 Liter Desinfektionslösung 450 ml Mittel und 29,55 l Wasser benötigt.

9 Recherchieren Sie die Hygienemaßnahmen in ökologisch wirtschaftenden Schweinemastbetrieben.

Reinigung:

Desinfektion:

10 Sie haben Ihr Stallabteil fachgerecht gereinigt und desinfiziert. Als nächster Schritt steht das Einstallen der neuen Mastferkel an. Ihr Ausbilder erklärt Ihnen, dass für einen wirtschaftlichen Erfolg insbesondere das Wohlbefinden (Tierwohl) und die Gesundheit der Tiere ausschlaggebend sind. Ihnen wird schnell klar, dass neben der Fütterung und Haltung eine intensive Beschäftigung mit den Tieren und deren Bedürfnissen unabdingbar sind.

Abbildung 1: Gereinigte und desinfizierte Bucht

a Der Wechsel vom Aufzuchtstall in den Maststall ist für die Ferkel mit viel Stress verbunden. Sie verlieren ihre gewohnte Umgebung, werden verladen, transportiert und im neuen Stall oft neu zusammengruppiert. Um den Stress bei der Umstallung zu minimieren, werden bestimmte Maßnahmen ergriffen. Verbinden Sie die Maßnahmen mit den dazugehörigen Zielsetzungen.

Tabelle 1: Maßnahmen und Zielsetzungen beim Umstallen

Maßnahme		Ziel
Ausreichend hohe Stall- und Spaltentemperatur (25 °C bzw. 26 °C)		Zusätzlichen Verdauungsstress vermeiden
Behutsamer Umgang mit den Tieren		Gleicher Geruch bedeutet weniger Rangkämpfe
Ferkel mit Schaumreiniger säubern/einschäumen		Durchfälle/Ödeme vermeiden
Nach Geschlechtern trennen		Bedarfs- und leistungsgerechte Versorgung
Nach Größe trennen		Chancengleichheit bei der Entwicklung, Kämpfe vermeiden
Schwache Ferkel zusammen in Reservebucht		Stresserhöhung vermeiden
Aufzuchtfutter eine Woche weiter füttern (Begrüßungsfutter)		Stress kompensieren, Übergang erleichtern
Eine Woche lang rationiert füttern		Individuelle Betreuung und Futterzulage möglich

b Reflektieren Sie die Einstallung in Ihrem Betrieb und notieren Sie das individuelle Vorgehen.

11 Manche Berater empfehlen eine Geschlechtertrennung bei der Einstallung von Mastebern und weiblichen Tieren. Diskutieren Sie Gründe, die dafür- und dagegensprechen.

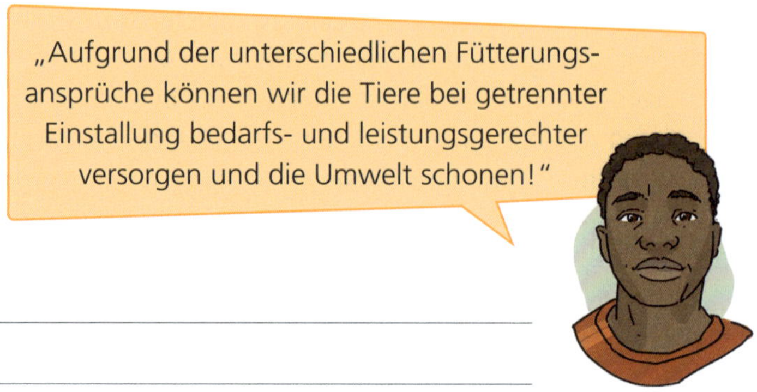

Pro

Contra

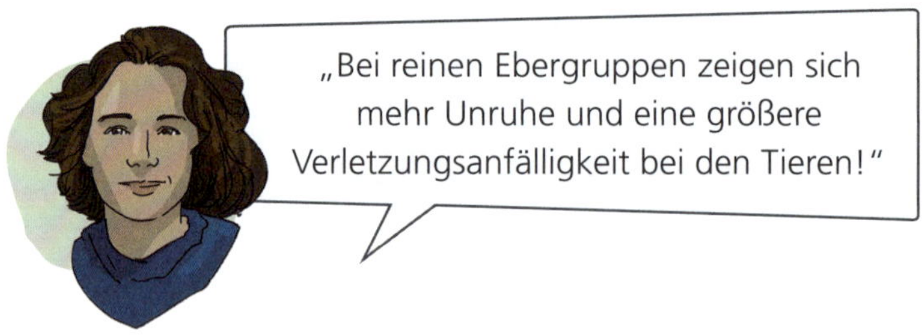

12 Bei der Mast von Jungebern kann bei ca. 5 % der Tiere Ebergeruch entstehen. Dieser wird durch Skatol (= ein bakterielles Abbauprodukt von Tryptophan im Dickdarm) und Androstenon (= ein im Hoden gebildeter Sexuallockstoff) verursacht. Zur Vermeidung dieses Ebergeruchs werden die männlichen Ferkel unter Betäubung kastriert. Eine Alternative zur Kastration ist die Ebermast. Erläutern Sie zu folgenden Aspekten die Besonderheiten dieses Verfahrens im Vergleich zur Mast von Kastraten und weiblichen Tieren.

Tabelle 1: Die Ebermast im Überblick

Aspekt	Besonderheiten der Ebermast
Tierverhalten	
Haltung	
Kranke/ verletzte Tiere	

13 Während der Mastperiode sind Mastschweine intensiv zu betreuen.

a Was ist bei der täglichen Stallkontrolle zu überprüfen?

b Sie finden bei einem Kontrollgang „auffällige" Tiere. Listen Sie mögliche Auffälligkeiten auf und nennen Sie jeweils zu ergreifende Maßnahmen.

14 Ihr Ausbilder legt großen Wert darauf, dass seine Mitarbeiter in allen Ställen eingesetzt werden. Deshalb lässt er die Zuständigkeiten regelmäßig wechseln. Bei einem solchen Vorgehen ist zur Vermeidung von Problemen eine Dokumentation der Ereignisse bzw. Maßnahmen in den verschiedenen Ställen unumgänglich. Bei einer Recherche sind Sie auf folgende Vorlage gestoßen. Überprüfen Sie sie auf Umsetzbarkeit in Ihrem Betrieb.

https://vel.plus/LSLAWI1

Gruppenkarte für Abteil-Nr.:

Hygienemaßnahmen

Datum	Reinigung	Desinfektion	Schadnager-Bekämpfung	Bemerkung (z. B. verwendete Mittel)

Einstallen

Einstall-datum	Lieferant/ Erzeuger	Tierzahl	Ø kg / Tier	Gesamt-gewicht kg	Geschlecht			Bemerkung (z. B. Binneneber, Brüchlinge, sonstige Abnormalitäten, Einstallprophylaxe wie z. B. Schaumreinigung der Ferkel, Sortierung nach Größe? ...)
					Gelte	Börge	Eber	

Während der Mast

Verluste			Krankheiten				Besonderheiten
Datum	Anzahl	Ursache	Datum	Anzahl	Tiere/Buchten-Nr.	Medikamentierung	

Ausstallen

Datum	Abnehmer	Tierzahl	Ø kg / Tier	Tatoo-Nr.	Restbestand	Sonstiges (z. B. Verbleib der restl. Tiere, Wartezeiten nach Medikamenten-Einsatz, Verluste, Verlust-Ursachen...)

Abbildung 1: Stallkarte

Platz für Notizen

15 Nicht zuletzt aufgrund von veränderten Wünschen der Verbraucher werden gesetzliche Vorgaben bezüglich der Haltung und Behandlung von Schweinen laufend angepasst und geändert. Der Tierwohlgedanke spielt bei vielen Verbrauchern eine immer größere Rolle. Hierzu gehören u. a. Maßnahmen der Landwirte, um das gegenseitige Schwanzbeißen zu verhindern.

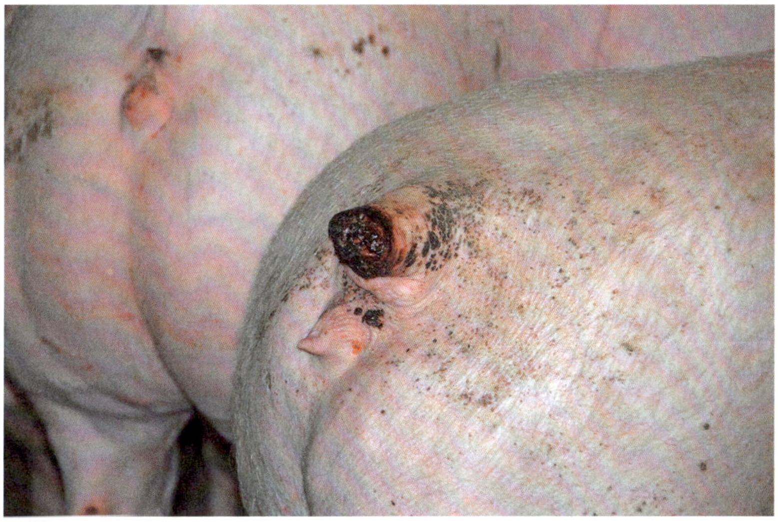

Abbildung 1: Folge von Schwanzbeißen

a Recherchieren Sie die aktuelle Gesetzeslage zum Kupieren von Schwänzen bei Schweinen.

b Listen Sie mögliche Ursachen für das unerwünschte Verhalten des Schwanzbeißens auf.

c In der ökologischen Schweinehaltung ist das systematische Kupieren der Schwänze verboten. Die folgende Auflistung zeigt Maßnahmen, die sowohl ökologisch als auch konventionell wirtschaftende Betriebe ergreifen können, um das Auftreten bzw. die Folgen von Schwanzbeißen zu minimieren. Ordnen Sie den Maßnahmen folgende Tätigkeitsfelder zu:

F = Fütterung ▪ **S** = Stallmanagement ▪ **T** = Tiermanagement

Tabelle 1: Präventive Maßnahmen „Schwanzbeißen"

Maßnahmen	Zuordnungsbereich
Tätertiere separieren	S, T
Mehrmals täglich Tierkontrolle	
Neugruppierungen vermeiden	
Krankheiten vermeiden (sorgfältige Reinigung und Desinfektion, Ferkel beim Einstallen waschen, Wurmkuren, Klimaführung u. v. m.)	
Tränkewasser regelmäßig checken (Qualität + Menge) und evtl. Wasser aufbereiten	
Bei Futterumstellungen Futtermittel mindestens eine Woche lang verschneiden	
Mehr und unterschiedliches, organisches, veränderbares Beschäftigungsmaterial (Stroh, Heu, Maissilage, Sisalseile, Pelletspender, Weichholzstöcke)	
Ausreichend XF, NDF, ADF und Strukturfutter einsetzen	
Buchtenstrukturierung (Hell- und Dunkelzonen, Strohraufen, Schweinedusche)	
Opfertiere separieren und ggf. behandeln	
Stallklima (Lüftung säubern und überprüfen, Zuluftkühlung, Unterflurabsaugung, Fensterbeschattung)	
Überprüfung der äußeren und inneren Futterqualität (besonders bei eigener Ernte)	

16 Neben der Verhaltensauffälligkeit des Kannibalismus gibt es bei Mastschweinen unterschiedliche Krankheiten. Ein weit verbreitetes Problem sind Erkältungskrankheiten, deren Ursachen, Symptome, Vorbeugungs- und Bekämpfungsmaßnahmen im folgenden Steckbrief aufgeführt sind.

Erstellen Sie nach diesem Schema einen oder mehrere Steckbriefe für Krankheiten, die auf Ihrem Betrieb vorkommen bzw. vorkamen (z. B. Rotlauf, PRRS, Durchfallerkrankungen, Schweinepest u. v. m.). Nutzen Sie dafür die Vorlage aus dem **Anhang Arbeitsblattvorlage 1** S. 384.

Steckbrief

Abbildung 1: Hundesitzigkeit

Krankheit

Erkältungskrankheiten

Ursache/Erreger

Wetterumschwünge, Stallklima, Zugluft,
Mycoplasmen u. a. Bakterien

Symptome

Husten, Kurzatmigkeit, Hundesitzigkeit

Behandlungsmöglichkeiten

Medikamente in Absprache mit dem Tierarzt (Dokumentationspflicht)

Präventive Maßnahmen

Rein-Raus-Prinzip, Reinigung + Desinfektion, Stallklima optimieren, Zugluft vermeiden

ÖKO **17** Ökologisch wirtschaftende Betriebe dürfen Antibiotika und herkömmliche Arzneimittel nur unter besonderen Auflagen einsetzen. Finden Sie Vorgehensweisen dieser Betriebe, um Krankheiten vorzubeugen bzw. zu heilen.

18 Wenn alternative Behandlungsmethoden nicht greifen, müssen auch ökologisch wirtschaftende Betriebe nach Rücksprache und auf Anweisung des Tierarztes Antibiotika einsetzen, um unnötiges Leid zu vermeiden. Erläutern Sie mögliche Folgen bei der Vermarktung dieser Tiere.

19 Die Haltung von Schweinen unterliegt gesetzlichen Vorgaben. Eine wichtige Rechtsgrundlage ist die Tierschutz-Nutztierhaltungsverordnung (TierSchNutztV). Finden Sie im Suchsel zehn wichtige Themen bei der Haltung von Mastschweinen.

Hinweis: Die Lösungswörter sind vorwärts, rückwärts, vertikal bzw. horizontal zu finden.

P	W	A	T	M	Y	U	U	Y	M	G	N	O	P	V	S	V	P	U	O	N	P	X	T	O	N	O
D	A	Z	A	Y	E	O	S	I	W	S	W	J	U	Y	T	Q	Z	G	W	S	O	A	N	Q	Q	Y
K	S	X	L	U	O	N	P	X	X	I	R	P	L	U	F	T	Q	U	A	L	I	T	Ä	T	G	E
V	S	T	S	G	W	S	O	Q	T	C	F	B	R	U	E	J	P	D	X	R	P	V	B	N	K	E
Q	E	G	R	A	C	P	J	Ä	H	H	I	G	E	R	F	V	C	W	H	F	B	R	B	D	G	Y
B	R	K	B	E	S	C	H	Ä	F	T	I	G	U	N	G	S	M	A	T	E	R	I	A	L	Z	I
X	V	V	N	U	E	A	Y	Z	B	K	E	O	X	L	U	O	N	P	X	T	O	N	O	T	P	U
Q	E	B	T	X	P	P	V	B	N	O	E	E	T	S	G	W	S	O	A	N	Q	Q	Y	W	Q	G
W	R	Z	R	R	A	B	R	B	D	N	Y	S	T	S	C	G	W	S	O	L	M	N	J	R	M	Y
H	S	C	H	U	R	M	K	C	K	T	I	B	X	I	W	H	W	J	U	L	N	V	O	J	C	O
W	O	E	A	P	A	O	N	O	T	A	U	X	L	S	T	S	C	G	O	A	S	O	W	C	P	S
O	R	H	G	W	T	Q	A	N	Q	K	G	L	Y	F	S	Q	V	K	T	F	F	K	I	U	B	U
R	G	A	I	W	I	W	Y	Z	X	T	O	N	O	T	H	R	I	G	E	N	B	M	N	J	R	B
V	U	M	S	T	O	C	V	B	A	N	Q	Q	Y	W	S	D	E	L	M	I	S	X	X	V	N	B
Q	N	M	F	S	N	V	R	B	Y	Z	G	E	R	Ä	U	S	C	H	P	E	G	E	L	B	E	R
G	G	D	Ä	H	R	I	G	T	C	H	N	X	C	S	D	J	W	Q	V	T	B	W	E	Z	U	B
B	C	Q	P	S	D	E	L	S	F	X	L	U	O	N	P	X	X	X	R	H	V	H	R	C	X	U
O	V	F	M	N	X	L	U	O	N	P	X	X	X	R	P	V	T	H	F	C	R	W	O	E	O	C
R	Y	L	J	Ä	T	S	G	W	S	O	Q	T	H	F	B	R	V	B	O	I	P	X	T	O	N	H
P	S	D	E	L	M	G	V	X	X	V	Q	E	G	M	M	N	Q	J	W	L	O	A	N	Q	Q	T
M	Q	Z	I	O	X	L	P	Q	T	B	M	G	V	Y	Y	E	B	S	Y	S	A	Y	Z	B	G	E
W	Y	B	O	D	E	N	G	E	S	T	A	L	T	U	N	G	X	X	X	E	P	V	B	N	K	N
K	A	Q	S	R	E	F	A	H	R	C	T	S	G	W	S	O	Q	T	H	G	B	R	B	D	G	G
Y	D	M	H	Z	E	G	Ä	W	O	E	B	U	L	Y	V	A	W	E	H	A	M	K	C	K	Z	R
K	B	E	W	E	G	U	N	G	S	M	Ö	G	L	I	C	H	K	E	I	T	E	N	O	T	P	Ö
X	B	F	O	Z	N	R	T	H	G	Z	L	S	T	S	C	G	N	T	A	N	Q	Q	Y	W	Q	ß
K	Z	F	T	O	O	Y	U	I	X	X	Y	F	S	Q	V	K	M	A	Y	Z	B	G	E	Y	M	E

20 Im Unterricht haben Sie sich mit dem Platzbedarf für Mastschweine auseinandergesetzt. Laut der aktuellen Tierschutz-Nutztierhaltungsverordnung (§ 29 Abs. 2 TierSchNutztV) brauchen diese ab 110 kg Lebendmasse mindestens 1 m^2 uneingeschränkt nutzbare Bodenfläche. In der Klasse entsteht folgende Diskussion:

Klären Sie diesen vermeintlichen Widerspruch auf.

21 Mastschweine haltende Betriebe in Deutschland haben mittlerweile durchschnittliche Bestandsgrößen von über 1 000 Mastplätzen. Die Schweinehaltungshygieneverordnung (SchHaltHygV) enthält für diese Betriebsgrößen zahlreiche Regelungen. Informieren Sie sich über wesentliche Vorgaben zu den Aspekten „Bauliche Maßnahmen" und „Tierarzt". Die folgenden Abbildungen geben Ihnen Hinweise.

Abbildungen 1 bis 8: Vorkehrungen für den Bestandsschutz

Bauliche Maßnahmen:

Tierarzt/-ärztin:

22 Verbraucher fordern vermehrt tierartgerechte Haltungsbedingungen. Ein Beispiel zur Förderung des Tierwohls in der Nutztierhaltung ist die „Initiative Tierwohl". Informieren Sie sich über Kriterien, die ein teilnehmender Betrieb heute erfüllen muss, um die aktuelle zusätzliche Vergütung eines Förderprogramms für Tierwohl zu bekommen.

https://vel.plus/LSLAWI2

23 Zwischen der ökologischen und der konventionellen Haltung von Mastschweinen gibt es zahlreiche Unterschiede. Recherchieren Sie einige Anforderungen an ökologische Haltungssysteme. Die Ziffern geben Ihnen Hinweise.

Abbildungen 1 bis 4: Mastschweinehaltung im Öko-Betrieb

1 ______________________________

____

2 ______________________________

____

3 ______________________________

____

____

4 ______________________________

____

5 ______________________________

____

____

____

____

6 ______________________________

____

24 In der Klasse melden sich mehrere konventionelle Schweinemäster und berichten, dass ihre Ausbilder einen Stallneubau in Erwägung ziehen. Denn was für Bio-Betriebe bereits Pflicht ist, wird von den Verbrauchern, dem Lebensmitteleinzelhandel (LEH) und der Politik auch für konventionelle Betriebe gefordert. Zwei Beispiele solcher zukunftsorientierten Schweinestallkonzepte mit Außenklima bzw. Auslauf sind Pig-Port-Ställe oder Tiefstreuhallen.

Kennzeichnen Sie die Tiefstreuhalle mit einem ausgefüllten Punkt (● ○) und den Pig-Port-Stall mit zwei ausgefüllten Punkten (● ●).

Lange, schmale Buchten (2,5 m × 9 m) für je 25 Tiere. Mehr als 1,05 m^2 pro Tier. ○○	Erhöhter, über Stufen erreichbarer Fressbereich ○○	Trennung zwischen Liegebereich und den anderen Bereichen durch Curtains (transparente Kunststofflamellen) ○○
Liegebereich kombiniert mit Aktivitätsbereich, befestigt und eigestreut ○○	Alle Bereiche außer Liegebereich sind Außenklimabereiche ○○	Fressbereich außerhalb des Liegebereichs, meist Spaltenboden ○○
Planbefestigt mit bis zu 5 % Gefälle, eingestreuter Liegereich mit höhenverstellbarem Deckel und Bodenheizung ○○	Außenklimareiz entsteht durch geöffnete Tore ○○	Geringer Strohbedarf, kleine Mengen per Handverteilung ○○
Strohballen als Einstreu, Verteilung durch die Schweine, hoher Strohbedarf ○○	Wegen wachsender Mistmatratze im Stall müssen Buchtenabtrennungen regelmäßig angehoben werden. ○○	Halle mit Holzbindern für Großgruppen bis 70 Tiere pro Bucht. Mehr als 1,05 m^2 pro Tier. ○○

25 Entwerfen Sie mit Ihrer Klasse Rollenkarten für ein Rollenspiel zum Thema Massentierhaltung. Das Rollenspiel soll fachlich durchgeführt werden. Es gibt folgende Rollen:

Tabelle 1: Rollen

Rolle Umweltschützer	Rolle Öko-Landwirt	Rolle konventioneller Landwirt	Rolle Verbraucher
Die Ziele sind reduzierte Tierbestände, um folgende Probleme für Mensch und Natur zu verringern: Stickstoffbelastung, Regenwaldzerstörung, Wasserverbrauch, Treibhausgase und Bildung von Resistenzen durch erhöhten Antibiotikaeinsatz.	Im Vordergrund stehen hier: Die natürlichen Bedürfnisse der Tiere wie ausreichende Bewegung, Ruhe- und Ausweichmöglichkeiten, Futtersuche, Suhlen und Sozialverhalten.	Ziel ist es, mit möglichst niedrigen Kosten wirtschaftlichen Erfolg zu haben. Bei sinkenden Preisen muss mehr produziert werden um den Gewinn zu halten.	Diese Person ist im Zwiespalt – einerseits sollen günstige Lebensmittel und eine reichhaltige Auswahl gewährleistet sein, andererseits soll es den Tieren möglichst gut gehen (Stroh, Auslauf).

Notizen:

____

____

____

____

____

____

____

____

____

____

____

____

____

Hinweise:

Ablauf der Diskussion:

Start-These: „Der Fleischkonsum sollte stark reduziert werden, um artgerechte Haltungsbedingungen für die Tiere gewährleisten zu können."

Vorbereitung:

- Vorkenntnisse aus Sicht der Rollen sammeln
- Eigene Erfahrungen einbringen
- Informationen kritisch hinterfragen
- Persönliche Interessen mit einbeziehen
- Argumentationen der Rollenspielteilnehmer mit einbeziehen

Regeln während der Diskussion:

- Zuhören, nicht unterbrechen
- Argumente höflich und sachlich austauschen.
- Während der Diskussion Notizen machen, um Gegenargumente vorzubereiten

26 Am „Tag der Landwirtschaft" stehen Sie als Agrar-Scout am „Schweine-Mobil".

Dieser mobile Informationsstand dient dazu, mit den Verbrauchern ins Gespräch zu kommen und Fragen zur Schweinehaltung zu beantworten bzw. zu diskutieren. Ein Besucher fragt Sie nach der Bedeutung der Haltungsstufenzahl, die er aus dem Supermarkt von Fleischprodukten kennt.

Ergänzen Sie die Bezeichnungen der vier Haltungsformen auf der Abbildung (Verpackungsaufschrift 1– 4) und ordnen Sie diesen jeweils die zugehörigen Vorgaben (Platz, Beschäftigung, Futter und Haltung) zu (Mehrfachzuordnungen sind möglich).

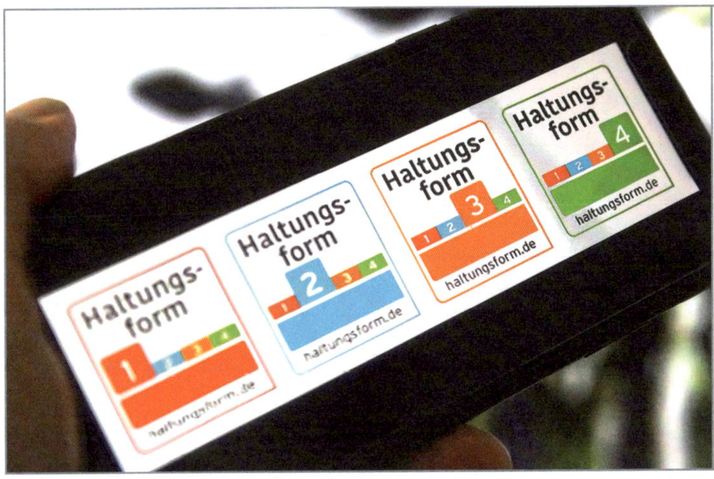

https://vel.plus/LSLAWI3

1 ______

2 ______

3 ______

4 ______

Abbildung 1: Deklaration der Haltungsformen für Verbraucher

- 0,85 m² pro Tier bzw. mindestens 10 % mehr als gesetzlich vorgeschrieben. ☐
- Futter ohne Gentechnik ☐
- Zugang zu Freigelände oder Freilandhaltung ☐
- Stroh oder andere Substrate immer verfügbar ☐
- 1,5 m² pro Tier bzw. mindestens 100 % mehr als gesetzlich vorgeschrieben. ☐
- Zusätzliches organisches Beschäftigungsmaterial ☐
- Nur Stall-haltung ☐
- Organisches Beschäftigungs-material und zusätzlich Stroh ☐
- 1,5 m² pro Tier bzw. mindestens 40 % mehr als gesetzlich vorgeschrieben. ☐
- 0,75 m² pro Tier ☐
- Veränderbares Beschäftigungs-material (Kette + Weichholz). ☐
- Mindestens Offenfront-stall (Außenklimareiz) ☐

27 Infolge der klimatischen Veränderungen nehmen die Tage mit sehr hohen Temperaturen im Sommer zu. Die normalen Lüftungssysteme in den Ställen sind für diese extremen Bedingungen nicht ausgelegt. Diskutieren Sie Maßnahmen, die der Landwirt ergreifen kann, um das Wohlergehen seiner Tiere zu gewährleisten.

Lernsituation 1.1.2 Fütterung

Situation

In der Praxis lassen sehr viele Betriebsleiter die Futterrationen von entsprechenden Beratern berechnen, die dann oft auch die erforderlichen Ergänzungsfuttermittel aussuchen. Gemäß dem Motto: „Vertrauen…" jeder Landwirt muss in der Lage sein, diese Berechnungen zu überprüfen, um bei eigenen abweichenden Ergebnissen mit dem Berater diskutieren zu können und ggf. Änderungen herbeizuführen. Auch eine Bestätigung der Beraterergebnisse zeigt diesem, dass er hier kontrolliert wird und seine Arbeit besonders gut gemacht hat bzw. besser machen muss.

Abbildung 1: Frisch eingestallte Ferkel mit durchschnittlich 28,7 kg Lebendmasse bei der Futter- bzw. Wasseraufnahme

1 Die Futtermittel unterscheiden sich hinsichtlich ihrer Inhaltsstoffe. Für den Praktiker ist wichtig zu wissen, warum ein bestimmtes Futtermittel hauptsächlich eingesetzt wird (Hauptinhaltsstoff).

a Ordnen Sie den folgenden Futtermitteln für Schweine die entsprechenden Ziffern der Hauptinhaltsstoffe zu. Weitere wichtige Komponenten/Inhaltsstoffe können Sie in Klammern angeben.

Ziffern für die Hauptinhaltsstoffe (H-Is):
- Eiweiße + Aminosäuren: **1**
- Energie (leicht verdauliche Kohlenhydrate wie Stärke und Zucker; Fette): **2**
- Rohfaser (schwer verdauliche und unverdauliche Kohlenhydrate wie Zellulose und Lignin): **3**
- Mineralien: **4**

Hinweis: Die Vitaminversorgung erfolgt entweder über Mineralfutter oder Ergänzungsfuttermittel.

Abbildung 2 bis 5: Futtermittel von links nach rechts: CCM, Gerste, Weizen, Rapsextraktionsschrot

Tabelle 1: Futtermittel

Futtermittel	H-Is (+ weitere Komponente)	Futtermittel	H-Is (+ weitere Komponente)	Futtermittel	H-Is (+ weitere Komponente)
Ackerbohnen	1 (+ 3)	Grünmehle	______	Maniokmehl	______
Apfeltrester	______	Rapsextraktios-schrot	______	Molke und Molke-Produkte	______
Bierhefe	______	Heu	______	Monocalcium-phosphat	______
Biertreber	______	Kartoffeln	______	Pflanzenöle	______
Corn-Cob-Mix (CCM)	______	Kleien	______	Erbsen	______
Gerste und Hafer	______	Kohlensaurer Kalk	______	Schlempen	______
Anderes Getreide	______	Körnermais	______	Viehsalz	______
Fasergranulate/ Fasermixe	______	Leinextraktions-schrot	______	Sonnenblumen-extraktionsschrot	______
Fischmehl	______	Luzernecobs	______	Stroh	______

b Ergänzen Sie nach obigem Schema weitere Schweinefuttermittel zu den vorgegebenen Hauptinhaltsstoffen.

Futtermittel	H-Is (+ weitere Komponente)	Futtermittel	H-Is (+ weitere Komponente)	Futtermittel	H-Is (+ weitere Komponente)
______ ______	1	______ ______	3	______ ______	2 (+ 3)
______ ______	1 (+ 3)	______ ______	1	______ ______	2
______ ______	3	______ ______	4	______ ______	2

2 Im Politik- und Gesellschaftsunterricht wurde ein Film über den weltweiten Sojahandel gezeigt. Inhaltlich ging es u. a. darum, dass multinationale Firmen in Südamerika Soja anbauen lassen, das als Futtermittel für Schweine in die ganze Welt exportiert wird. Das schadet sowohl dem Regenwald, dem Klima als auch den einheimischen Kleinbauern, die ihr Land an die Konzerne verlieren. In der Klasse entsteht eine kontroverse Diskussion.

„Die Schweine fressen den einheimischen Bauern die Lebensgrundlage weg!"

Bilden Sie zu diesem Sachverhalt eine begründete Meinung, indem Sie Eckdaten zu diesem Thema recherchieren.

3 Im Berufsschulunterricht haben Sie im Zusammenhang mit der Schweinefütterung u. a. intensiv die Verdauungsvorgänge beim Schwein behandelt.

Hinweis: Im ersten Buch dieser Reihe wurden Aufgaben zu den Verdauungsorganen beim Schwein und deren Funktionen bearbeitet.

a Erläutern Sie den enzymatischen Verdauungsvorgang in der Mundhöhle.

b Vervollständigen Sie in der Tabelle (graue Felder) die fehlenden Verdauungssysteme.

Tabelle 1: Verdauungsvorgänge beim Schwein

		Magen	Dünndarm			
Nährstoffe		Magensaft*	Galle** aus der Leber	Bauchspeichel-drüsensaft**	Darmsaft**	**Endergebnis(se)**
Eiweiß		→		→ Peptide	→	Aminosäuren
Kohlenhydrante	Stärke			→ Maltose	→	2 × Glukose
	Lacktose				→	Glukose + Galaktose
	Saccharose				→	Glukose + Fruktose
Fette			Emulgierung***		→	Mono- und Diglyceride, freie Fettsäuren + Glycerin

* + Salzsäure (HCL) → tötet Bakterien ab; ** + Neutralisation = Abpuffern der Magensäure;
*** = Prozess, durch den die (großen) Fetttropfen in viele kleine Fetttröpfchen gespalten werden

4 In der Rationsberechnung für Mastschweine finden Sie u. a. folgende Abkürzungen für die Inhaltsstoffe der eingesetzten Futtermittel.

a Erläutern Sie die Bedeutung der Abkürzungen bzw. ergänzen Sie die fehlenden Inhaltsstoffe.

Tabelle 1: Inhaltsstoffe von Futtermitteln für die Mastschweinefütterung

Inhaltsstoff	Erläuterung/Bedeutung
ME	
NE	
pcv Lysin	

______	Essenzielle Aminosäuren (= Eiweißbausteine), die dem Schwein über das Futter zugeführt werden müssen, weil es diese nicht durch Umbau anderer Aminosäuren bzw. durch Nährstoffe herstellen kann.
XP	______
______	Rohfaser (= strohige Substanz im Futter): die Rohfasermenge im Futter bestimmt die Geschwindigkeit der Darmpassage, weil sie nährstoffmäßig wertlos für das Schwein ist und deshalb wieder ausgeschieden wird. Eine bestimmte Menge im Futter ist nötig als Schutz vor Durchfall, Verstopfung und der Ödem-Krankheit. Die Rohfaser ist auch „Sättigungsfutter".
$aNDF_{om}$	______
______	Säure-Detergentien-Faser in der organischen Masse (= aschefrei): Enthält Cellulose und Lignin. Diese Rohfaserbestandteile sind für das Schwein unverdaulich, aber wichtig für die Darmpassagerate und damit auch darmgesundheitsfördernd.
vP_{Ph}	______

b Erläutern Sie die Bedeutung von Phytase in der Schweinefütterung.

____

____

____

____

____

5 Die zu berechnenden Inhaltsstoffe werden mittels (modifizierter) Weender Futtermittelanalyse bzw. nach der NIRS-Methode ermittelt.

a Erläutern Sie wesentliche Unterschiede zwischen diesen beiden Methoden.

Weender Analyse:

____

____

____

____

NIRS (Nah-Infrarot-Spektroskopie):

____

____

____

____

b Als Ergebnis für den Energiegehalt wird bei den Futteruntersuchungen die gesamte im Futtermittel enthaltene Energie (Brutto-Energie) ermittelt. Für die Futterrationsberechnung werden allerdings die MJ (Megajoule) ME bzw. MJ NE benötigt. Erläutern Sie deren Berechnung aus der Brutto-Energie.

Energieform			**Energieverluste**
			Kot-Energie
		Harn-Energie	
	Wärme-Energie		
Verbleibende Energie für Erhalt und Leistung			

6 Recherchieren Sie, warum bei Lysin – im Gegensatz zu anderen Aminosäuren – auch die praecaecal verdauliche (pcv) Form berechnet wird.

7 Beim Thema Fütterung fallen in der Schule und in der Praxis immer wieder die Begriffe „Verdauung" und „Stoffwechsel". Diese Begriffe müssen fachlich eindeutig unterschieden werden. Kennzeichnen Sie die folgenden Aussagen und Stichpunkte mit „**V**" für Verdauung oder mit „**S**" für Stoffwechsel.

Tabelle 1: Aussagen zur Verdauung und zum Stoffwechsel

Leistungsbedarf decken	
Ausscheidung von Abfallstoffen über Harn, Kot und Schweiß	
Ausscheidung unverdaulicher Reste als Kot	
Herauslösen und Aufnahme von Nährstoffen aus dem Futter im Dünndarm	
Umsetzung der aufgenommenen Futternährstoffe	
Vorgänge, die mit dem Futter vom Maul bis zum After geschehen	
Futteraufnahme, Zerkleinerung, Einspeicheln, Abschlucken	
Leistungsbedarf decken	
Resorption von Wasser und Kotformung im Dickdarm	

8 Ihr Ausbilder hat Ihnen die Organisation und Durchführung für den neuen Durchgang eines Stallabteils mit 190 Tieren übertragen (vgl. S. 14). Zu Ihrem Aufgabenbereich gehört somit auch die Berechnung, Beurteilung und Optimierung von Futterrationen. Ihr Betrieb füttert eine Hofmischung aus selbst produzierter Triticale, zugekauftem Sojaextraktionsschrot und Mineralfutter.

Sie bereiten die Getreideprobe für eine Nährstoffuntersuchung im Labor vor. Erläutern Sie die wichtigsten Arbeitsschritte. Fertigen Sie ggf. ein Erklärvideo an.

9 Im Folgenden sind die Einzelschritte für den Einsatz einer selbst hergestellten Futtermischung (Eigenmischung) in der Futterrationsberechnung aufgelistet. Bringen Sie diese in eine sinnvolle Reihenfolge.

____	Ist-Soll-Vergleich und Rationsbeurteilung
____	Berechnung, wie viele Inhaltsstoffe jedes einzelne Futtermittel in die Mischung einbringt
____	Aufsummierung der Inhaltstoffgruppen
____	Berechnung der prozentualen Abweichung vom Bedarf
____	Evtl. Verbesserungen/Änderungen vornehmen
____	Ermittlung der Versorgungsempfehlungen
____	Festlegung der Anteile (in kg) bezogen auf 1 kg Futtermischung
____	Auflistung der eingesetzten Futtermittel mit ihren Inhaltsstoffen je Kilogramm Frischmasse
____	Umrechnung auf 88 % TM

10 Vielfach werden die Rationsergebnisse auf 88 % TM/kg umgerechnet. Erklären Sie den Hintergrund dieses Rechenschrittes.

11 Die Futtermittel Ihrer Hofmischung für Mastschweine (weibliche und Kastraten, Proteinansatztyp hoch; 850 g TZ) im Lebendmasseabschnitt 70 kg beinhalten folgende Inhaltsstoffe.

Die Angaben stammen aus Futterwerttabellen. Die Futtermittel werden zu folgenden Anteilen eingesetzt: 80 % Triticale, 17 % Sojaextraktionsschrot und 3 % Mineral Mast + Aminosäuren.

Abbildung 1 bis 3: Triticale, Sojaextraktionsschrot, Mineralfuttermittel

Tabelle 1: Inhaltsstoffe der eingesetzten Futtermittel pro kg Frischmasse/Originalsubstanz

Futtermittel	TM g	ME MJ	pcv Lysin g	Lysin (brutto) g	XP g	Met + Cys g	Thr g	XF g	aNDFom g	ADFom g	Ca g	P g	vP_{Ph} g	Na g	Phytase (Zusatz) FYT od. Units
Triticale	880	13,57	2,59	3,5	106	4,2	3,3	22	104	18	0,4	3,4	2,2	0,3	0
Sojaextr. schrot, 44% XP	880	13,1	23,4	26,9	440	12,3	17,2	60	138	97	2,7	6,2	4	0,2	0
Mineral Mast + Aminosäuren	985	4,5	80	80	145	10	25	0	0	0	200	20	20	60	23.345

a Berechnen Sie die Futterration nach folgender Vorlage.

Hinweis: Ergebnisse > 100 auf ganze Zahlen, Ergebnisse < 100 auf 2 Stellen nach dem Komma runden.

Tabelle 1: Inhaltsstoffe in 1 kg Futtermischung mit 88 % TM

Futtermittel	Anteil kg	TM g	ME MJ	pcv Lysin g	Lysin (brutto) g	XP g	Met + Cys g	Thr g
Σ:	1	884	13,23	8,45	9,77	164	5,75	6,31
Umgerechnet auf 880 g TM								
Umgerechnet auf 88 % (nur bei den Werten mit der Einheit „g“)				0,84	0,97	16,3	0,57	0,63

Futtermittel	XF g	aNDFom g	ADFom	Ca g	P g	vP Ph g	Na g	Phytase (Zusatz) FYT od. Units
Σ:	27,8	107	30,89	6,78	4,37	3,04	2,07	700
Umgerechnet auf 880 g TM								
Umgerechnet auf 88 % (nur bei den Werten mit der Einheit „g“)	2,77	10,7	3,08	0,68	0,44	0,3	0,21	–

b Recherchieren Sie entsprechende, regionaltypische Versorgungsempfehlungen und berechnen Sie die prozentualen Abweichungen vom Bedarf.

$$\left[\frac{\text{Ist-Wert nach Umrechnung auf 880 g TM pro kg Futtermischung}}{\text{Versorgungsempfehlung} \times 100}\right] - 100$$

Beispiel:
[13,17 MJ ME (Ist-Wert) ÷ 13 MJ ME (Versorgungsempfehlung) − 100] × 100 = 1,3 % Abweichung

Tabelle 1: Versorgungsempfehlungen und prozentuale Abweichungen

	ME MJ	pcv Lysin g	Lysin (brutto) g	XP g	Met + Cys g	Thr g	XF g
Umgerechnet auf 880 g TM	13,17	8,41	9,73	163	5,72	6,28	27,67
Versorgungsempfehlungen für 1 kg Futtermischung mit 880 g TM*	13,0						>35
Prozentuale Abweichung von den Versorgungsempfehlungen (auf 1 Stelle nach dem Komma runden)	1,3						–20,9

	aNDFom g	ADFom	Ca g	P g	vP Ph g	Na g	Phytase* (Zusatz) FYT od. Units
Umgerechnet auf 880 g TM	107	30,75	6,75	4,35	3,03	2,06	697
Versorgungsempfehlungen für 1 kg Futtermischung mit 880 g TM*		<70					min 750
Prozentuale Abweichung von den Versorgungsempfehlungen (auf 1 Stelle nach dem Komma runden)		ok					–7,1

*Die Versorgungsempfehlungen für Phytase hängen vom eingesetzten Phytaseprodukt ab (siehe Gruber Tabelle „Futterberechnung für Schweine", online abrufbar unter: https://www.lfl.bayern.de/mam/cms07/publikationen/daten/informationen/futterwerttabelle_schwein_lfl-information.pdf)

https://vel.plus/LSLAWI4

c Nach der Berechnung muss die Ration beurteilt werden. Hierbei gilt Folgendes zu beachten:

> Bei ausschließlicher Verwendung exakter Daten (Untersuchungsergebnisse, Herstellerangaben) können ca. 5 % Abweichungen toleriert werden, bei ausschließlicher Verwendung von Tabellenwerten ca. 10 %. Bei einer Mischung von genauen Daten und Tabellenwerten ist die %-Angabe anzupassen; ebenso, wenn die MJ ME-Versorgungsempfehlungen etwas von den Ist-MJ ME abweichen.

Füllen Sie die Tabelle entsprechend der jeweiligen Kategorien aus.
Hinweis: Abweichungen bis 10 % können bei dieser Berechnung toleriert werden.

Tabelle 1: Zuordnung der Abweichungen von den Versorgungsempfehlungen.

okay (= innerhalb des Toleranzbereiches)	
zu viel (= + 10 % außerhalb des Toleranzbereiches)	
viel zu viel (= + > 10 % außerhalb des Toleranzbereiches)	
zu wenig (= −10 % außerhalb des Toleranzbereiches)	
viel zu wenig (= − > 10 % außerhalb des Toleranzbereiches)	XF

d Leiten Sie aus der Lösung aus **Teilaufgabe c** Folgen für die Tiere und die Umwelt ab. Geben Sie evtl. Verbesserungsvorschläge an.

Grundsätzlich gilt:

Inhaltsstoffe „zu viel“:

Inhaltsstoffe „viel zu viel":

Inhaltsstoffe „zu wenig":

Inhaltsstoffe „viel zu wenig":

12 Ein weiteres Beurteilungskriterium einer Ration ist das Verhältnis von Lysin brutto (g) zu Energie (MJ ME). Der Soll-Wert in der Praxisration beträgt 0,66 : 1.

a Ermitteln Sie das Verhältnis in der zuvor berechneten Ration.

b Erläutern Sie die Bedeutung des Verhältnisses 0,66 : 1 sowie die Folgen der beiden angegebenen Beispielabweichungen von diesem Sollwert.

Bedeutung:

Beispiel 1: Verhältnis von 0,9 : 1

Beispiel 2: Verhältnis von 0,4 : 1

13 Berechnen Sie die weiteren Beurteilungskriterien für die Hofmischung (siehe Rationsberechnungsschablone im **Anhang** auf S. 386) und werten Sie diese aus.

Tabelle 1: Berechnung und Beurteilung von Aminosäuren- und Mineralstoffverhältnissen

Verhältnis	Soll- Werte (aus Infoquellen)	Ist- Werte (berechnet)	Beurteilung
g Lysin (Brutto) : MJ ME	0,66 : 1	0,74 : 1	Ist-Wert etwas höher (besser als zu niedrig)
Lys (brutto) : Met+Cys : Thr	1 : ______	1 : ______	Bei Met + Cys Ist-Wert etwas höher; Thr okay
g Ca : g vP	______ : 1	______ : 1	okay

14 Berechnen und beurteilen Sie eine Futterration Ihres Ausbildungsbetriebes und diskutieren Sie mit Ihrem Ausbilder das Ergebnis und mögliche Verbesserungsvorschläge. Liegt eine Futtermittelberater-Berechnung vor, dann überprüfen Sie diese und diskutieren Sie mit dem Berater und Ihrem Ausbilder Ihr Ergebnis. Nutzen Sie hierfür die Rationsberechnungsschablone im **Anhang** auf S. 386.

Hinweis: Diese Aufgabe ist recht umfangreich und bietet sich dafür an, ins Berichtsheft übernommen zu werden.

15 Ermitteln Sie die Menge der berechneten Hofmischung (13,23 MJ ME/kg FM), um den täglichen Energiebedarf von den weiblichen Tieren und den Kastraten bei 70 kg LM mit täglichen Zunahmen von 850 g zu decken. Verwenden Sie hierfür regionaltypische Bedarfswerte.

Weibliche Tiere:

Kastrate:

16 Wie können Sie überprüfen, ob die berechneten Futtermengen von den Tieren tatsächlich aufgenommen werden?

17 Damit eine wirtschaftlich rentable Schweinemast sichergestellt ist, spielen die leistungsgerechte Versorgung der Tiere und die Kosten der Futtermittel eine entscheidende Rolle. Ihr Ausbilder möchte die Futtermittelbeschaffung kritisch reflektieren und ggf. preiswertere Futtermittel einkaufen. Sie analysieren zusammen die hofeigene Futtermittelbeschaffung.

Ihr Ausbilder verfüttert die Hofmischung (80 % Triticale, 17 % Sojaextraktionsschrot, 3 % Mineralfutter) als Universalfutter über die gesamte Mast (28,7 kg bis 122 kg). Die Futterverwertung liegt bei 1 : 3 und die Preise der Komponenten sind wie folgt:

Tabelle 1: Angaben zur Hofmischungsberechnung

Nettopreis pro dt	Lieferkonditionen
19,50 €	Verkaufspreis eigene Triticale
36,00 €	Sojaextraktionsschrot, lose, Lieferung frei Hofsilo, Mindestabnahme von 5 t
65,00 €	Mineralfutter, Lieferung in Big Packs frei Hof, Mindestabnahme von 1,5 t

a Berechnen Sie die Kosten pro kg Universalfutter.

b Berechnen Sie die Kosten pro Mastschwein.

c Um Mastrationen preislich vergleichen zu können, werden sie auf Cent/10 MJ ME standardisiert. Berechnen Sie den Wert für Ihre Hofmischung mit einem Energiegehalt von 13,23 MJ ME pro kg.

d Beurteilen Sie grundsätzlich den Einsatz Ihrer Hofmischung als Universalfutter in der Schweinemast und nennen Sie ggf. eine mögliche Alternative.

Beurteilung:

Alternative:

18 Der Einsatz von nicht-europäischem und gentechnisch verändertem Soja in der Fütterung steht in der Kritik. GVO[1] freies Sojaextraktionsschrot ist jedoch knapp und dadurch teuer. Alternative, heimische Eiweißfuttermittel sind Ackerbohnen, Lupinen und Rapsextraktionsschrot. Bevor ein Futtermittel durch ein anderes ersetzt wird, sollte geklärt werden, ob dies wirtschaftlich sinnvoll ist.

a Klären Sie in diesem Zusammenhang die beiden folgenden Begriffe:

Nährstoffäquivalenz (Energie und Eiweiß):

Preiswürdigkeit:

b Ermitteln Sie die Menge an Rapsextraktionsschrot, die benötigt wird, um 1 kg Sojaextraktionsschrot – bezogen auf Energie- und Eiweißgehalt – zu ersetzen. Verwenden Sie Werte aus Ihren Futterwerttabellen.

1 GVO = „Genetisch veränderte Organismen"

c Berechnen Sie die Preiswürdigkeit von Rapsextraktionsschrot (RES). Wie viel Euro darf 1 kg RES kosten, damit die berechnete Hofmischung genauso viel kostet wie mit Sojaextraktionsschrot?

1. Schritt: Wie viel kg Rapsextraktionsschrot ersetzen die 0,17 kg Sojaextraktionsschrot pro kg berechneter Hofmischung (Ergebnis auf 2 Stellen nach dem Komma runden)?

2. Schritt: Bei welchem Preis für Rapsextraktionsschrot (€/t) ist 1 kg Hofmischung genauso teuer wie die Mischung mit Sojaextraktionsschrot (SES)? Verwenden Sie hierzu folgende Preise (vgl. **Aufgabe 17**): 195 €/t Triticale, 360 €/t SES, 650 €/t Mineralfutter (Mischungsverhältnis 80 : 17 : 3 pro kg Universalfutter).

Preis mit SES:

Ersatz durch RES mit der Formel:

(Menge Triticale × Preis Triticale) + (Menge RES × Preis RES) +
(Menge Mineralfutter × Preis Mineralfutter) = Ct Hofmischung mit SES

d Erfragen Sie den aktuellen Rapspreis beim Futterlieferanten Ihres Praxisbetriebes und überprüfen Sie, ob die Preiswürdigkeit aktuell gegeben ist.

e Futtermittelpreise unterliegen starken Schwankungen. Einerseits beeinflussen Lagerbestände, Missernten, globale Konflikte u. v. m. das Angebot, andererseits wirkt sich der Strukturwandel (Betriebsaufgaben) auf die Nachfrage aus. Berechnen Sie, bei welchem Preis für Rapsextraktionsschrot (RES) (€/t) 1 kg Hofmischung genauso teuer ist wie die Mischung mit Sojaextraktionsschrot (SES). Verwenden Sie hierzu die folgenden neuen Preise:

- Triticale 257 €/t
- Sojaextraktionsschrot 540 €/t
- Mineralfutter 118 €/t (Mischungsverhältnis bleibt bei 80 : 17 : 3 pro kg Universalfutter)

Gehen Sie zudem davon aus, dass 1,3 kg RES energie- und eiweißmäßig 1 kg SES ersetzen.

f Der zu den Preisen in **Teilaufgabe e** passende Tagespreis für Rapsextraktionsschrot lag bei 36,70 €/dt. Vergleichen Sie diesen mit Ihrem Ergebnis und ziehen Sie notwendige Schlussfolgerungen.

19 Ihr Ausbilder erklärt Ihnen, dass besonders an heißen Tagen mit Außentemperaturen über 30° C die Tröge bei rationierter Fütterung vor der nächsten Mahlzeit überprüft werden müssen. Sie fragen nach dem Grund, da Sie auf Ihrem Elternbetrieb die Tiere und Tröge nur während der Fütterungszeiten beobachten. Er verweist auf die besonderen hygienischen Anforderungen bei der im Betrieb vorhandenen Fütterungsanlage und den eingesetzten Futtermitteln. Auf Ihrem Ausbildungsbetrieb werden die Tiere flüssig gefüttert.

Abbildung 1 bis 3: Futtervorlage-Arten: Mehl, Pellets, Granulat/Brösel

Abbildung 4: Mastschweine mit ca. 70 kg bei der Flüssigfutteraufnahme am Längstrog

a Zählen Sie Vorteile und Nachteile dieser Art der Futtervorlage gegenüber der Trockenfütterung auf.

Vorteile:

Nachteile:

b Bei der Flüssigfütterung sind u. a. folgende Grundsätze zu beachten:
- TM-Gehalt zwischen 25 und 30 %
- Energiegehalt zwischen 3,7 und 4,1 MJ ME/kg Fließfutter

Recherchieren Sie, warum diese Angaben einzuhalten sind.

TM-Gehalt:

Energie:

c Die berechnete Hofmischung wird als Flüssigfutter mit einem TM-Gehalt von 27 % vorgelegt. Ermitteln Sie die Menge an Wasser, die Sie pro kg Futtermischung (88,4 % TM) zugeben müssen. Folgende Formel kann Ihnen bei der Berechnung helfen:

$$\text{Wassermenge (l)} = \left[\frac{\text{IST-TM-Gehalt (g) in 1 kg der Originalmischung}}{\text{Ziel-TM-Gehalt (g) in 1 kg Fließfutter}}\right] - \text{1 kg Futtermenge}$$

d Warum werden bei dieser Formel am Ende 1 kg Futtermenge abgezogen?

e Berechnen Sie den Energiegehalt in 1 kg Fließfutter, wenn 1 kg der berechneten Futtermischung 13,23 MJ ME enthält.

f Ermitteln Sie die Menge an flüssiger Hofmischung, die weibliche Tiere und Kastrate bei 70 kg LM und täglichen Zunahmen von 850 g aufnehmen müssen, um ihren täglichen Energiebedarf zu decken. Verwenden sie hierfür regionaltypische Versorgungsempfehlungen.

Weibliche Tiere:

Kastraten:

20 Sie bekommen in der Schule den Auftrag, die Fütterungstechnik auf Ihrem Betrieb vorzustellen. Erstellen Sie hierfür ein Lernvideo und präsentieren Sie es im Unterricht.

Hinweise zum Inhalt: Futterlagerung – Futterannahme (z. B. CCM) – Mischungstechnik – Transporttechnik – Ausdosierung – Anlagenhygiene

21 In einer Fachzeitschrift finden Sie folgende Grafik. Sie zeigt die Wachstums- und die Futterkurve für weibliche Tiere und Kastraten bei durchschnittlichen Tageszunahmen von 900 g. Beschreiben und interpretieren Sie die Grafik.

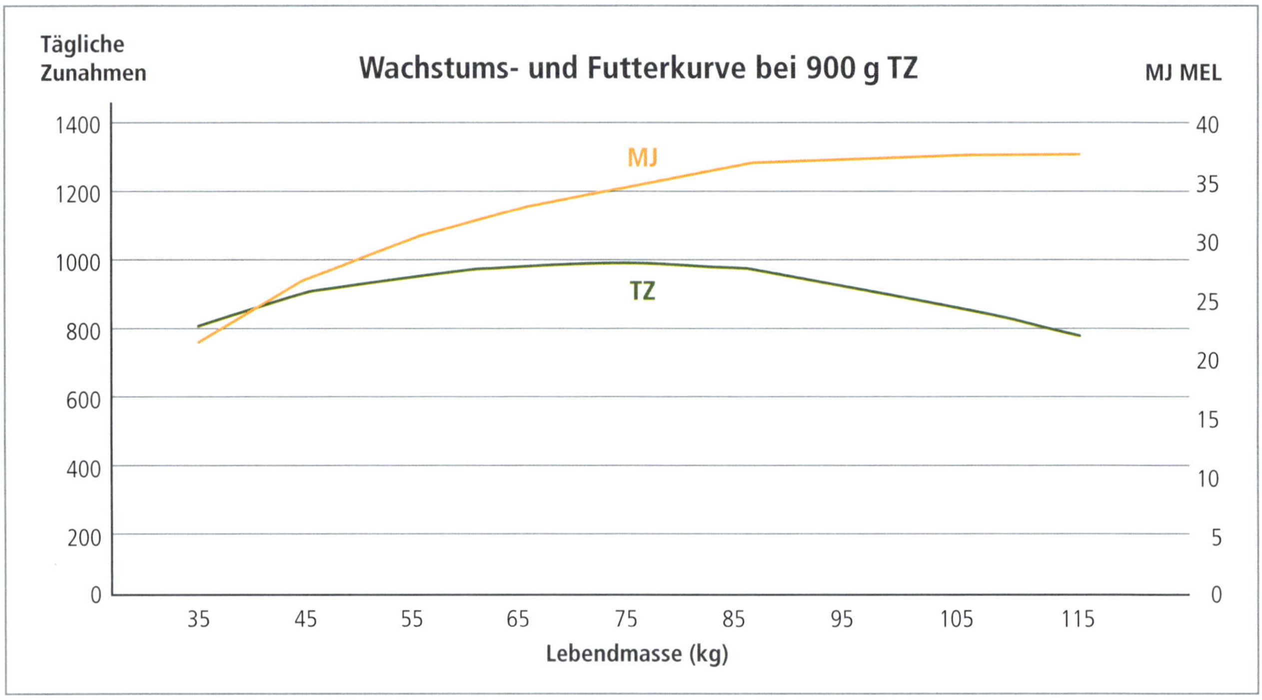

Abbildung 1: Wachstums- und Futterkurve bei 900 g täglichen Zunahmen.

22 Besonders in der warmen Jahreszeit nehmen Mastschweine häufig zu wenig Futter auf, sodass die optimale Wachstumsleistung nicht ausgeschöpft wird. Listen Sie Maßnahmen auf, die Abhilfe schaffen können.

23 In Ihrem Ausbildungsbetrieb wird während der gesamten Mastdauer nur eine Futtermischung gefüttert (Hofmischung). Auch in aktuellen Futterwerttabellen stehen solche Universalfuttermittel mit „mittleren" Versorgungsempfehlungen.

a Beurteilen Sie den Einsatz eines solchen Universalfutters über die gesamte Mastperiode und ziehen Sie ein Fazit.

Beurteilung:

Fazit:

b Finden Sie Möglichkeiten, die Unter- und Überversorgung der Tiere während der Mast zu vermeiden.

24 Ihr Ausbilder beauftragt Sie für einen Monat mit der täglichen Tierkontrolle aller Mastgruppen während den Fütterungszeiten. In dieser Zeit sind Ihnen einige Verhaltensweisen aufgefallen, die in der Tabelle aufgelistet sind.

Tragen Sie die fehlenden Ursachen und Lösungsvorschläge in die Tabelle ein.

Abbildung 1: Mastschweine mit etwa 70 kg Lebendmasse, teilweise bei der Futteraufnahme

Tabelle 1: Auffälligkeiten, Ursachen und Lösungsvorschläge in Mastgruppen

Auffälligkeiten	Ursachen	Lösungsvorschläge
Nach der Fütterung legen sich die Schweine nicht hin, sondern es herrscht permanente Unruhe		
Rangkämpfe am Trog		
Futterreste bleiben übrig		
Leere Bäuche trotz ausreichendem Futterangebot; nicht unerhebliche Futterreste im Trog		
Durchfall trotz hygienisch einwandfreiem Futter		
Einige Schweine bleiben trotz Fütterungszeit liegen		

25 Für die exakte Rationsberechnung haben Sie bereits Futtermittel im Labor auf die Nährstoffgehalte untersuchen lassen. Zusätzlich können dort auch die hygienischen Zustände des Futters bestimmt werden.

Abbildung 1: Verdorbenes CCM

a Erläutern Sie in diesem Zusammenhang die Zusatzuntersuchung „mikrobiologisch-hygienische Beschaffenheit" bzw. „Mikrobiologie".

b Welche Folgen hat es für die Tiere, wenn die Untersuchung aus **Teilaufgabe a** positiv ausfällt (d. h. wenn Bakterien, Pilze etc. festgestellt werden)?

c Die Gruppe der Fusarien-Pilze (v. a. in Weizen, Triticale und Mais) produzieren die Mykotoxine ZEA (Zearalenon), DON (Deoxynivalenol) und in Mais zusätzlich Fumonisin (FB1 + FB2). Stellen Sie fest, wie die Mykotoxin-Belastung folgender Futtermittel durch gezielte Maßnahmen vermieden werden kann, und kreuzen Sie entsprechend an.

Tabelle 1: Maßnahmen gegen Mykotoxine im Futter

Maßnahme	Getreide (Körner)	Feucht-getreide (gemahlen)	CCM
Anbau von resistenten Sorten			
Grundsätze der Fruchtfolgegestaltung beachten			

Auf Pflügen kann nicht verzichtet werden.			
Schonender Drusch (geringer Bruchkornanteil)			
Erntegut reinigen			
Erntegut zusätzlich belüften (Lagerungstemperatur < 15° C gewährleisten)			
Frisches Erntegut erst 2 Wochen lagern und dann langsam anfüttern			
Evtl. Mykotoxin-Binder wie Hefe, Biertreber-Hefe oder Probiotika der Futtermischung zugeben			
Hohe Vermahlungstemperaturen beim Einlagern vermeiden			
Gezielte Konservierung (organische Säuren)			
Optimale Siliervorgänge garantieren (Zusätze, Technik, Dauer)			
Vorschub einhalten (> 10–15 cm/Tag)			
Glatte Anschnittsflächen			
Gehalte an Vitaminen und Spurenelementen erhöhen			

26 Neben seiner Funktion als „Hauptort der Verdauung" ist der Darm auch das größte Organ des Immunsystems. Rund 70 % der Antikörper werden in der Darmschleimhaut gebildet. Voraussetzung hierfür ist eine optimale Darmgesundheit. Viele Erkrankungen haben ihren Ursprung im Darm, wenn sich pathogene Keime vermehren und Toxine bilden.

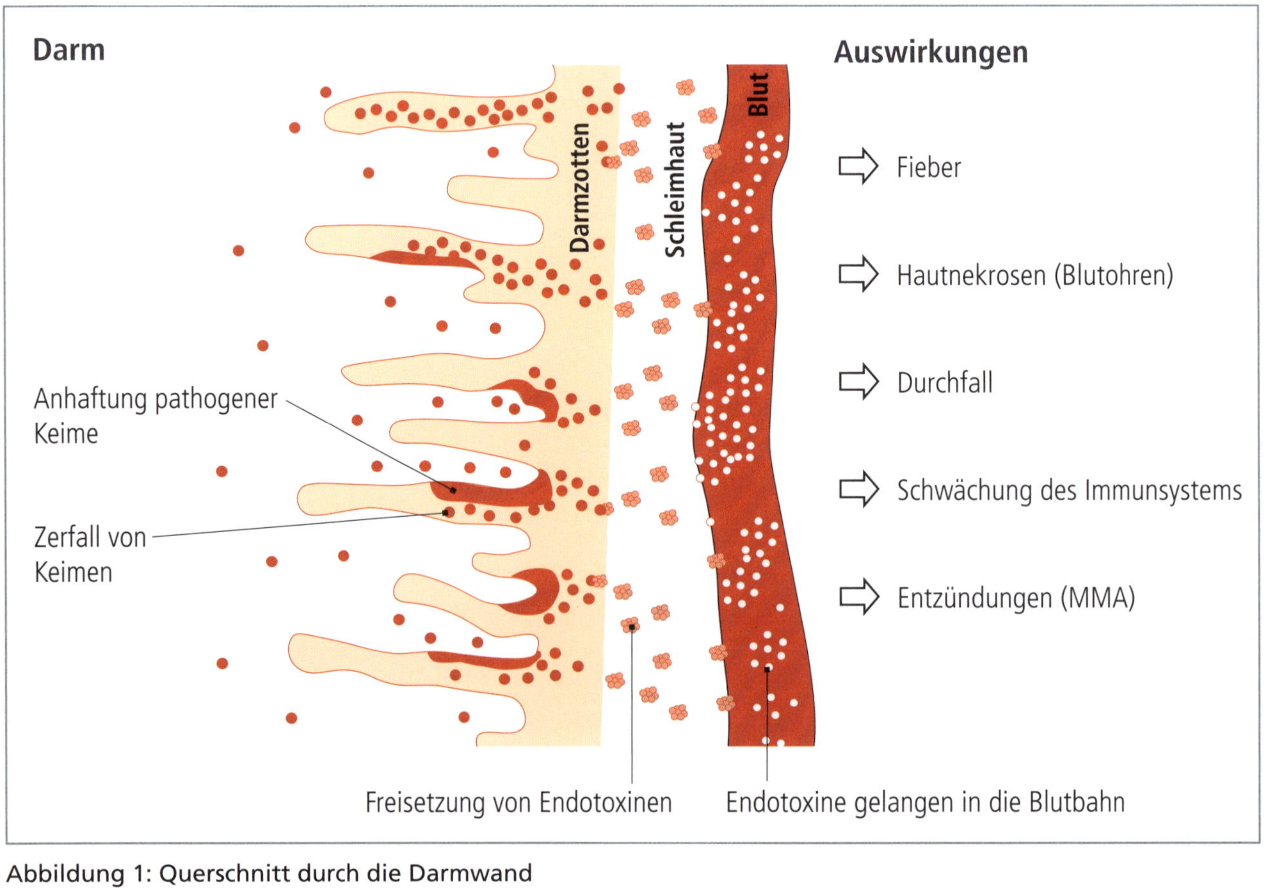

Abbildung 1: Querschnitt durch die Darmwand

a Eine wichtige Rolle bezüglich der Darmgesundheit spielt der Vermahlungsgrad des Getreides, der mithilfe einer Futtersiebprobe festgestellt werden kann. Vervollständigen Sie die Tabelle durch Abschätzung der einzelnen Fraktionen (Summe muss 100 % ergeben) und beurteilen Sie das Ergebnis.

Abbildung 1: Futtersiebprobe der Hofmischung

Tabelle 1: Zusammensetzung des Futters nach Teilchengröße

Teilchengröße (mm)	Ziel-Anteile (%) in Schweinemischungen	Ist-Anteil im Foto in %	Beurteilung
> 3 mm	0–5		
3–2 mm	5–20		
2–1 mm	25–40		
< 1 mm	70–35		

b Welche Auswirkungen haben zu fein bzw. zu grob verarbeitete Futtermittel für die Tiere?

Zu fein gemahlen:

Zu grob gemahlen:

c Eine Möglichkeit zur Verbesserung der Nährstoffverdaulichkeit und letztlich der Darmgesundheit ist die Fermentierung von Einzelfuttermitteln. Erläutern Sie diesen Begriff.

27 Die Fütterung mit Hinblick auf einen gesunden Darm der Tiere beginnt schon mit der Ernte. Ordnen Sie die Ziele aus dem Wortkasten den einzelnen Maßnahmen in der Tabelle zu.

Stabile Lagerung ▪ Entmischung vorbeugen ▪ Verbesserung der Verdaulichkeit = besserer Nährstoffaufschluss ▪ Optimale Futterzuteilung und Einhaltung der Futterhygiene ▪ hoher Reinheitsgrad und geringe Verpilzung ▪ < 2 % Bruchkorn und < 1 % Spreu ▪ Erstellung eines homogenen Futterbreis/einer homogenen Futtermischung

Tabelle 1: Maßnahmen und Ziele zur Erhaltung bzw. Förderung der Futterqualität

Maßnahmen	Ziel
Optimaler Drusch	
Konservierung und Lagerung (trocknen, kühlen, Zusatz von Säuren bzw. Milchsäurebakterien)	
Reinigung	
Vermahlen bzw. Quetschen	

Mischen	
Pelletieren und ggf. anschließendes Bröseln	
Verfütterung	

28 Seit einiger Zeit fordert der Lebensmitteleinzelhandel auf Druck der Verbraucher vermehrt Fleisch von ökologisch erzeugten bzw. nicht kastrierten Tieren. In der Klasse wird darüber diskutiert, warum dieser arbeitsintensive Eingriff bei männlichen Tieren überhaupt vorgenommen wird. Die Recherchen zum Thema ergeben, dass bei der Mast von Jungebern bei 5 % der Tiere die Gefahr von Ebergeruch besteht. Dieser wird verursacht durch Skatol (ein bakterielles Abbauprodukt von Tryptophan im Dickdarm) und durch Androstenon (ein im Hoden gebildeter Sexuallockstoff). Fleisch mit diesem speziellen Geruch will der Verbraucher nicht. Zur Vermeidung dieses Ebergeruchs werden die Ferkel in der Regel unter Narkose kastriert.

Eine Alternative zur Kastration ist die Ebermast. Erläutern Sie die Besonderheiten dieses Verfahrens im Vergleich zur Mast von Kastraten und weiblichen Tieren zu den in der Tabelle dargestellten Aspekten:

Tabelle 1: Besonderheiten der Ebermast in Abgrenzung zu anderen Mastformen

Aspekt	Besonderheiten bei der Ebermast
Fütterung	
Fütterungstechnik	
Leistungsdaten (Zunahmen, Futterverwertung, -kosten)	

29 Zwischen ökologisch und konventionell wirtschaftenden Betrieben bestehen Unterschiede hinsichtlich der Fütterung von Mastschweinen. Ergänzen Sie den Lückentext mit den Begriffen aus dem Wortkasten.

verboten ■ 35 kg ■ Ölkuchen ■ (Kreislaufprinzip) ■ gentechnisch ■ Verhaltens ■ Lysin und Methionin ■ Leistungsförderer ■ Eiweißqualität ■ synthetischer ■ verteuern

Seit dem 01.01.2021 dürfen für Mastschweine ab ____________ Lebendmasse nur noch ökologisch erzeugte Futtermittel eingesetzt werden. Diese sollen möglichst aus eigener Erzeugung stammen ________________________. Der begrenzende Faktor in der Fütterung ist die ____________________ der Futtermittel. Hierbei geht es um die ausreichende Versorgung mit essenziellen Aminosäuren wie __________ ____________________. Der Einsatz ____________________ Aminosäuren ist im Ökolandbau verboten. Deshalb werden dort – wenn möglich – verschiedene ________________ von Soja, Raps oder Sonnenblumen eingesetzt, die wegen geringerer Verfügbarkeit die Futterrationen zum Teil erheblich ________________ (laut Ökolandbau.de um ca. 30–40 Euro – Stand 05/23). Um den ________________-Bedürfnissen gerecht zu werden, muss den Mastschweinen auch frisches, getrocknetes oder siliertes Raufutter (Grünfutter, Heu, Silage) angeboten werden. Vitamine und Spurenelemente müssen natürlichen Ursprungs sein. Chemisch-synthetische ________________________ (z. B. Antibiotika, Hormone) und Futterzusätze sind ebenfalls ______________. Außerdem sind im Ökolandbau ____________________ veränderte Futtermittel verboten. Einige deutsche Bioverbände fordern pro Mastschwein einen Fressplatz, damit alle Tiere gleichzeitig fressen können.

30 Die Düngeverordnung (DüV)[2] regelt die bedarfsgerechte Nährstoffversorgung unserer Böden. Wichtige Berechnungsgrundlagen hierfür sind u. a. die anrechenbaren Nährstoffmengen aus der Tierhaltung. Durch eine nährstoffreduzierte Fütterung lassen sich die Gehalte deutlich reduzieren. Vervollständigen Sie folgende Tabelle unter Zuhilfenahme der aktuell gültigen DüV.

Tabelle 1: Nährstoffausscheidung je Stallplatz/Jahr

Mittlere Nährstoffausscheidung landwirtschaftlicher Nutztiere je Stallplatz und Jahr				
			Nährstoffanfall je Jahr	
Kategorie	Produktionsverfahren		kg N	kg P_2O_5
Mastschwein; 28–118 kg	850 g Tageszunahme	Universalfutter Nicht N/P-reduziert	12,2	5,0
		N/P-reduziert	______	______
		Stark N/P-reduziert	______	______
N-Mindestwirksamkeit von Schweinegülle (%)			______	
Stand der DüV			______	

2 Verordnung über die Anwendung von Düngemitteln, Bodenhilfsstoffen, Kultursubstraten und Pflanzenhilfsmitteln nach den Grundsätzen der guten fachlichen Praxis beim Düngen

31 Ein Teil der von Ihnen betreuten Tiere ist ausgemästet. Beurteilen Sie mit Ihrem Ausbilder Ihren Arbeitserfolg, indem Sie die wichtigsten Arbeitsschritte, Meilensteine und Hürden während der Mast notieren und reflektieren.

Lernsituation 1.1.3 Schlachtschweinevermarktung und Wirtschaftlichkeit

Situation

Die ersten Tiere der von Ihnen betreuten Mastschweinegruppe sind ausgemästet. Die Auswertung unzähliger Schlachtabrechnungen durch Verbände, Erzeugergemeinschaften bzw. Erzeugerringe zeigt, dass immer noch zu viele Schweine zu schwer oder auch zu leicht geschlachtet werden. Unproblematisch ist dies, wenn die Ursachen hierfür bekannt sind, z. B. bei den ersten „Überfliegern", Kümmerern oder verletzten Tieren. Problematisch ist dies aber, wenn der Verkäufer davon überrascht wird, dass das angestrebte Zielgewicht verpasst wurde. Ziel ist es, Fehler beim Absuchen zu vermeiden und das optimale Schlachtgewicht möglichst genau zu treffen.

Abbildung 1: Schlachtreife Endmastschweine, sortiert und markiert

1 Bevor Sie den Viehhändler informieren, müssen Sie die Anzahl der Tiere für den Abholtag ermitteln. Diese Zahl braucht der Viehhändler für die Anmeldung beim Schlachthof. Sie nutzen dies, um mit Ihrem Ausbilder die wichtigsten Erkennungsmerkmale eines schlachtreifen Mastschweins zu wiederholen.

Das Rätsel erklärt die gewünschten Ausprägungen der gesuchten Köperpartien. Beschreiben Sie anschließend, wie Sie das Lösungswort überprüfen können.

1 Nach außen gewölbt, hebt sich deutlich vom Körper ab (4-Schinken-Schwein)
2 Sollte deutlich eingeschnürt sein
3 Deutlich nach außen gewölbt, halbkugelförmig, weit am Fuß herunterreichend, gut ausgeprägte Innenkeule
4 Breit, mit tiefer Rinne entlang der Wirbelsäule zwischen den beiden deutlich nach oben gewölbten Kotelettsträngen
5 Sollte möglichst trocken sein statt fett (gepolstert)
6 Breit und voll ausgebildet zur Erzeugung großer ...-steaks

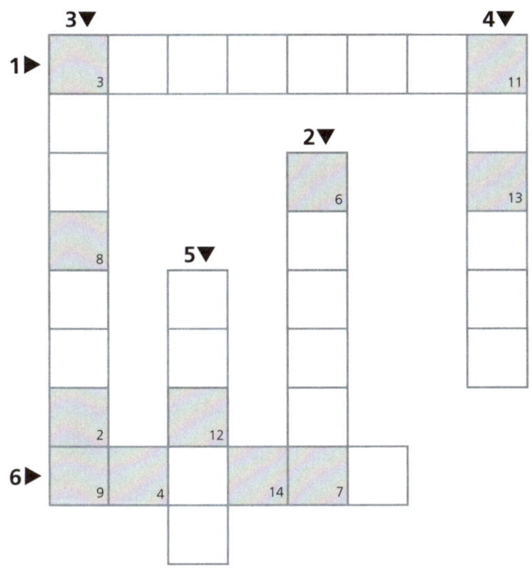

Lösungswort:

G				M					D				
1	2	3	4	5	6	7	8	9	10	11	12	13	14

Überprüfung:

____

____

____

____

2 Bei der praktischen Anwendung obiger Erkenntnisse im Stall stellen Sie schnell fest, dass es gar nicht so einfach ist, hiernach die Schlachtreife zu beurteilen. Darauf angesprochen entgegnet Ihr Ausbilder, dass diese Merkmale nur der Orientierung dienen. Das einzige, wirklich genaue Kriterium sei das Lebendgewicht. Auf den Punkt gebracht sagt er:

„Ohne Wiegen geht es nicht!"

Gemeint ist damit der Vergleich zwischen dem Ziel-Lebendgewicht (nüchtern) am Abholtag und dem entsprechendem IST-Gewicht. Die Zielgröße wird mittels folgender Formel berechnet:

$$\text{Ziel-Lebendgewicht (kg, nüchtern) am Abholtag} = \frac{\text{Ziel-Schlachtgewicht (kg)}}{\text{Ausschlachtung (\%)}}$$

a Begründen Sie das „Nüchtern" der Schlachtschweine mindestens 12 Stunden vor dem Verladen.

____

____

____

____

b Überschlagen Sie das Verladegewicht je Tier bei der Abholung anhand Ihrer bisherigen Erfahrungen.

____

c Erfragen Sie beim Viehhändler bzw. beim Schlachthof Ihres Betriebes die erforderlichen Angaben und berechnen Sie das Ziel-Lebendgewicht (nüchtern).

Ziel-Schlachtgewicht: kg

Ausschlachtung (%): weibliches Tier und Kastrat: , Masteber:

3 In der Regel werden die potenziellen Verkaufskandidaten vor dem Verladen beurteilt, sortiert und markiert, damit das Verladen schneller geht. Dies erfolgt aus Zeitgründen durchaus häufiger auch einige Tage vor dem Verladen. Gewöhnlich sind die Tiere beim Beurteilen dann aber nicht nüchtern und es muss auch der Zuwachs bis zum Abholtermin berücksichtigt werden. Zur Berechnung des Ziel-Sortier-Gewichts (satt) werden folgende Daten vorgegeben:

1. Die Sortierung erfolgt am Donnerstagnachmittag um 15.00 Uhr, das Verladen am darauffolgenden Montag um 03.00 Uhr.
2. Bei einer Nüchterungszeit von 12 Stunden vor dem Verladen beträgt der Nüchterungsverlust/Gewichtsverlust bis zum Abholtermin 4,5 kg.
3. Die Tageszunahmen gegen Mast-Ende liegen bei 850 g.

Berechnen Sie folgende Werte. Nutzen Sie hierfür die errechneten Werte aus **Aufgabe 2c**.

a Zuwachs vom Sortieren bis zum Abholen

b Ziel-Sortier-Gewicht **nüchtern** am Donnerstag

Weibliche Tiere und Kastraten:

Masteber:

c Ziel-Sortier-Gewicht **satt** am Donnerstag

Weibliche Tiere und Kastraten:

Masteber:

4 Die „theoretischen" Berechnungen aus **Aufgabe 3** unterstellen, dass täglich schlachtreife Schweine verladen werden. Da in der Praxis die Tiere einer Mastgruppe aber unterschiedlich schnell wachsen und zudem der Viehhändler am liebsten einen vollen Zug bzw. mindestens einen vollen LKW laden will, wird eine Mastgruppe üblicherweise in mehreren Partien verkauft. Deshalb muss der zugehörige Gewichtskorridor um das optimale Ziel-Sortier-Gewicht herum ermittelt werden. Gehen Sie von einem zehntägigen Abholrhythmus aus und legen Sie weitere Angaben aus **Aufgabe 3** zugrunde.

a Berechnen Sie den Zuwachs in diesem Verkaufsintervall/Abholrhythmus.

____

b Berechnen Sie den Ziel-Sortier-Gewichts-Korridor um das optimale Ziel-Sortier-Gewicht (**satt**) herum für **Masteber** und ziehen Sie Schlussfolgerungen aus Ihren Ergebnissen.

Letzter Abholtag	**Sortiertag** (Donnerstag)	Nächster Abholtag
← ______ Tage vor dem Wiegetag →		← ______ Tage nach dem Wiegetag →
← – ______ kg Zuwachs →		← + ______ kg Zuwachs →
______ kg (satt)	126,20 kg (satt)	______ kg (satt)

Schlussfolgerung:

____

____

____

____

____

____

____

____

____

____

____

____

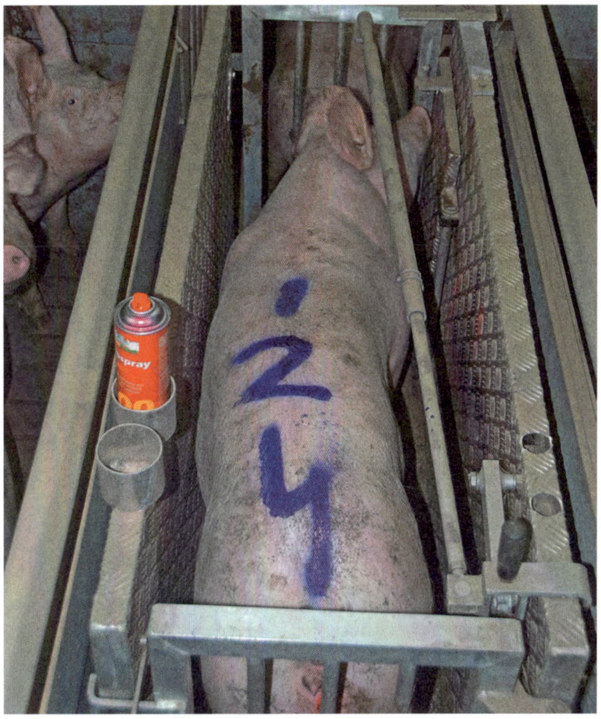

Abbildung 1: Beispielhaft – schlachtreifes, weibliches Endmastschwein auf der Waage.

5 Anhand der Schlachtabrechnung lässt sich überprüfen, ob die abgelieferten Tiere mit den optimalen Schlachtgewichten verkauft wurden. Berechnen Sie für die Masteber aus **Aufgabe 4** den zugehörigen Ziel-Schlacht-Gewichts-Korridor und erläutern Sie Ihre Ergebnisse.

SG = Schlachtgewicht
As = Ausschlachtung

Abholtag

← ____ Tage vor dem Abholtag →	← ____ Tage nach dem Abholtag →
← – ____ kg Zuwachs →	← + ____ kg Zuwachs →

____ kg (nüchtern)	124,68 kg Ziel-Verladegewicht (nüchtern)	____ kg (nüchtern)
× 77 % As	× 77 % As	× 77 % As
= ____ kg SG	= 96 kg SG	= ____ kg SG

Erläuterung:

____

____

____

____

____

6 Listen Sie mögliche Ursachen für zu geringe bzw. zu hohe Schlachtgewichte auf.

Zu geringes Schlachtgewicht:

____

____

____

____

Zu hohes Schlachtgewicht:

____

____

____

____

7 Wenden Sie die gewonnenen Erkenntnisse aus den **Aufgaben 2** bis **5** auf Ihrem Praxisbetrieb an. Hierzu steht Ihnen die **Arbeitsblattvorlage 4** (S. 387) eine Sortierübungsschablone zur Verfügung, anhand derer Sie die betrieblichen Zielgewichte ermitteln bzw. berechnen können.

8 Der Verladetermin von „Kümmerer"-Schweinen wird unterschiedlich diskutiert. Viele Experten raten dem Praktiker, solche Tiere beim ersten Termin mit aufzuladen. Erläutern Sie Gründe hierfür.

9 In der Praxis werden Schlachtschweine oft zu schwer, also zu spät vermarktet. Gefragt nach den Ursachen, wird häufig geantwortet, dass man sich gewichtsmäßig verschätzt habe.

a Zählen Sie Möglichkeiten auf, wie der Verantwortliche rechtzeitig daran erinnert wird, die Schweine zu sortieren.

b Die sicherste, aber zeitaufwendigste Methode, um Schätzfehler zu vermeiden, ist das Wiegen jedes Schweines. Um seine Personal- und Transportkosten so gering wie möglich zu halten, wünscht sich der Viehhändler bei jeder Tour einen vollen Zug mit ca. 160 Tieren. Der Zeitaufwand für das Wiegen aller Tiere für einen Abholtermin ist unverhältnismäßig hoch und wird in der Praxis selten durchgeführt. In der linken Spalte der Tabelle sind einige praktische Vorgehensweisen zur Gewichtsermittlung aufgelistet. Erklären Sie diese.

Tabelle 1: Vorgehensweisen bei der Gewichtsermittlung

Zu Beginn des Sortierens das Auge wieder „schulen"	

„Grenzschweine" wiegen und als „Eich"-Schweine" nutzen	
Unterschiedliche Markierungen verwenden	
Sortierprofis bestellen	
Automatische Sortiereinrichtungen installieren	
Verkaufsplanung/ Verkaufsintervalle optimieren	

10 Sie haben für Ihre Mastschweinegruppe den optimalen Ziel-Gewichts-Korridor ermittelt und den Viehhändler für den Transport angerufen. Beim Aufladen und Transport der Tiere gibt es einige gesetzliche Vorgaben, die beachtet werden müssen. Eine solche Vorgabe ist z. B. die Tierschutztransportverordnung. Seit Januar 2022 dürfen Tiere hiernach bei Außentemperaturen von über 30 °C innerhalb Deutschlands höchstens 4,5 Stunden transportiert werden (§ 10 Abs 1 TierSchTrV).

Laut derzeit gültiger Tierischer Lebensmittel-Hygieneverordnung (Tier-LMHV) dürfen medikamentierte Tiere oder Tiere mit Wartezeiten erst 7 Tage nach Ablauf der Frist (Wartezeit) verladen werden (Anlage 7 Tier-LMHV). Wie finden Sie solche betroffenen Tiere in Ihrer Verkaufsgruppe heraus?

____

____

Tabelle 1: Exemplarischer Auszug aus dem Stallbuch

Name und Adresse des Tierhalters:			Tierhalternummer:		
Bestandsbuch über die Arzneimittelanwendung					
Anzahl, Art und Identität der Tiere	**Standort des Tieres während der Behandlung**	**Arzneimittelbezeichnung, Bezugsdatum beim Veterinäramt**	**Datum/Zeitraum der Anwendung** **Art der Verabreichung und verabreichte Menge**	**Wartezeit in Tagen**	**Name der anwendenden Person**
1	*Abteil 5, Bucht 8*	*Metacam 20 mg/ml (Wirkstoff Meloxicam), bezogen: 14.04.20XX*	*18.04.20XX* *2 ml intramuskulär in Ohrregion*	*5*	*Landwirt*

11 Füllen Sie den Lückentext über die verschiedenen vorgeschriebenen Kennzeichnungen von Schlachtschweinen mithilfe des Wortkastens aus.

> zweizeilige ▪ Z ▪ Schlagstempel ▪ Absetzen ▪ Ohrmarke ▪ vier ▪ weißem Grund ▪ Erzeugerbetrieb ▪ Rückverfolgbarkeit ▪ KFZ-Kennzeichen ▪ 7 Ziffern ▪ DE ▪ Gemeindeschlüssel ▪ Tierseuchen

Jedes Schwein muss vom ____________________ mit einer betriebsspezifischen ______________ gekennzeichnet werden. Diese muss spätestens beim _____________ der Ferkel eingezogen sein. Die Ohrmarke ist in der Mitte offen und enthält auf der Vorderseite in schwarzer Schrift auf ___________________ folgende Informationen: _______ für das Herkunftsland Deutschland, den Zifferncode des Bundeslandes, das amtliche _____________________ des Landkreises bzw. der kreisfreien Stadt, wo der Betrieb registriert ist, sowie die letzten ____________ der VVVO-Nummer des Betriebes. Werden Mastschweine geschlachtet, erhält jedes Schwein beim Verladen eine ______________ Markierung mittels __________________ oder Tätowierhammer. Die erste Zeile des Tattoos enthält das amtliche KFZ-Kennzeichen des Landkreises bzw. der kreisfreien Stadt, wo der Betrieb registriert ist. Die drei folgenden Ziffern sind der jeweilige ______________________. In der zweiten Zeile des Tattoos steht die ________ stellige Betriebsnummer. Werden Masteber geschlachtet, erhalten diese das Zusatzzeichen _____. Diese Markierungen sollen eine bundesweite _____________________ vom fertigen Fleischprodukt bis zum Erzeuger ermöglichen. Ebenso kann dadurch die Ausbreitung von _______________ über den Viehverkehr durch frühes Eingreifen verhindert werden.

12 In Deutschland haben Mastschweine haltende Betriebe mittlerweile durchschnittliche Bestandsgrößen von über 1 000 Mastplätzen. Listen Sie wichtige Regelungen der Schweinehaltungshygieneverordnung (SchHaltHygV) für Stallhaltungen dieser Größenordnung auf, die bei der Verladung bzw. beim Transport von Schlachttieren beachtet werden müssen.

13 Beim Umgang mit Schweinen kommt es immer wieder zu Arbeitsunfällen. Listen Sie vorgeschriebene Maßnahmen auf, die aus Gründen der Arbeitssicherheit beim Treiben und Verladen von Schlachtschweinen angewendet werden müssen. Ergänzen Sie persönliche Maßnahmen, welche helfen, Unfälle bei Treibarbeiten zu vermeiden.

https://vel.plus/LSLAWI5	https://vel.plus/LSLAWI6
Abbildung 1: Unfallverhütungsvorschriften Schweinehaltung (Quelle: Sozialversicherung für Landwirtschaft, Forsten und Gartenbau)	Abbildung 2: Gefährdungsbeurteilung (Quelle: Sozialversicherung für Landwirtschaft, Forsten und Gartenbau)

Unfallverhütungsvorschriften:

Maßnahmen zur Erleichterung der Treibarbeiten:

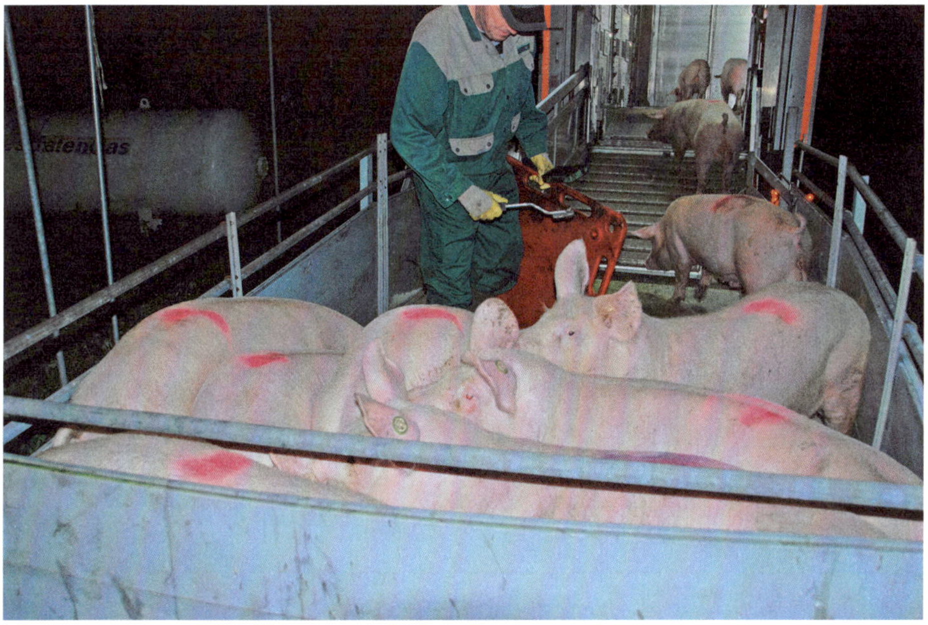

Abbildung 1: Schlachtreife Masteber beim Aufladen

14 Bevor der Transporter losfährt, muss der Tierhalter die sogenannte Standarderklärung ausfüllen und dem LKW-Fahrer zur Abgabe am Schlachthof mitgeben. Erklären Sie die Funktion der Standarderklärung und ergänzen Sie die anzugebenden Daten.

Funktion:

Daten:

Name des Mastbetriebes,

Mit der Unterschrift wird bestätigt, dass…

– amtlich anerkannte kontrollierte Haltungsbedingungen vorliegen,

15 Diskutieren Sie die Sichtweise des Ausbilders und begründen Sie Ihre Meinung.

Zu lange darf nicht gewartet werden, weil:

16 Mäster sollten jederzeit die Preise und Preisentwicklungen kennen. Zählen Sie entsprechende Informationsquellen auf.

17 Für viele Mäster ist die Mast mit dem Verladen zu Ende, weil die Tiere ab hier dem Händler bzw. dem Schlachthof gehören. Aus Gründen der Verantwortung und auch des Images der Landwirtschaft ist das aber zu kurz gedacht. Ihr Ausbilder ist der Meinung, dass Schweinemäster bis zum „fertigen Schnitzel" für ihre Tiere verantwortlich sind und in der Lage sein sollten, dem Verbraucher die Abläufe am Schlachthof – auch aus Sicht des Tierschutzes – erklären zu können. Daher plant er mit Ihnen einen Besuch der Schlachtstätte seiner Schweine.

Finden Sie im Suchrätsel sechs Begriffe zum Thema „Rund um die Schlachtung" und erläutern Sie weiter unten jeweils wichtige Aspekte zu den gefundenen Begriffen (Begriffe können vorwärts, rückwärts, horizontal, diagonal und vertikal gelesen werden, Umlaute werden als ae, oe oder ue geschrieben).

R	M	B	E	R	U	H	I	G	U	N	G	J	V	C	W	H	Q
L	T	R	K	O	W	F	S	Q	V	K	N	V	H	V	E	H	K
G	E	A	C	P	T	X	L	M	A	H	U	Z	Z	G	V	S	V
H	A	G	U	S	V	D	L	Y	M	H	K	P	V	N	S	F	Q
C	T	L	H	V	U	X	L	W	R	X	N	U	S	V	D	L	R
E	I	D	E	X	B	B	J	A	T	O	E	M	N	B	R	I	I
X	L	W	E	X	B	B	J	R	Z	G	L	J	Z	I	O	X	W
A	A	E	O	S	E	N	K	T	A	U	B	E	E	K	F	L	A
M	U	V	F	Y	S	F	S	E	R	I	A	H	K	H	A	S	R
M	Q	S	G	V	S	D	Q	B	P	E	G	V	Q	C	S	D	T
O	H	D	N	S	F	Y	S	U	D	N	I	D	N	S	K	Q	E
J	C	R	V	D	L	P	E	C	B	B	J	B	U	S	V	K	Z
F	S	O	B	R	I	W	Z	H	S	T	O	F	E	H	J	V	E
L	I	F	I	O	X	G	N	T	O	V	N	M	Q	N	B	Q	I
D	E	A	K	F	L	H	W	J	U	S	A	M	G	F	L	B	T
Z	L	S	X	L	P	E	X	B	B	J	P	U	H	V	D	N	P
E	F	K	L	I	W	Z	T	S	T	O	R	C	H	S	C	H	N

18 Bringen Sie die Textbausteine des Schlachtvorgangs in die richtige Reihenfolge.

____	Einhängen in eine Schlingkette und Transport zum Entblutungskarussell
____	Die toten Tiere werden gebrüht, geflämmt und mechanisch bearbeitet, um die Borsten zu entfernen.
____	Absenkung der Tiere mittels Aufzug/Paternoster in eine mit CO_2 gefüllte Grube.
____	Anschließend werden die Tiere geöffnet, ausgenommen und durch Tierärzte auf Schäden und Lebensmittelsicherheit untersucht.
____	Durch die fehlende Versorgung mit Sauerstoff (Gehirn und lebenswichtige Organe) tritt in kurzer Zeit der Tod ein.
____	Nach dem Schlachtvorgang, der etwa 12 Minuten dauert, erfolgt die Verwiegung und das Herunterkühlen und Reifen bei 0 °C.
____	Verweildauer für Betäubung zwischen 120 und 140 Sekunden.
____	Überprüft werden kann der Tod durch den Gewichtsverlust (mind. 1,8 %) und Reflextest (Lidschluss am Auge).
____	Hier pumpt das Herz 45 Sekunden lang „aktiv" Blut über das Hohlstichmesser aus dem Körper.

19 Benennen Sie die Teilstücke des Schlachtschweins in der folgenden Abbildung.

1 ____________________

2 ____________________

3 ____________________

4 ____________________

5 ____________________

6 ____________________

7 ____________________

8 ____________________

9 ____________________

6 + 7 + 8 + 9 = ____________________

10 ____________________

11 ____________________

12 ____________________

13 ____________________

14 ____________________

15 ____________________

16 ____________________

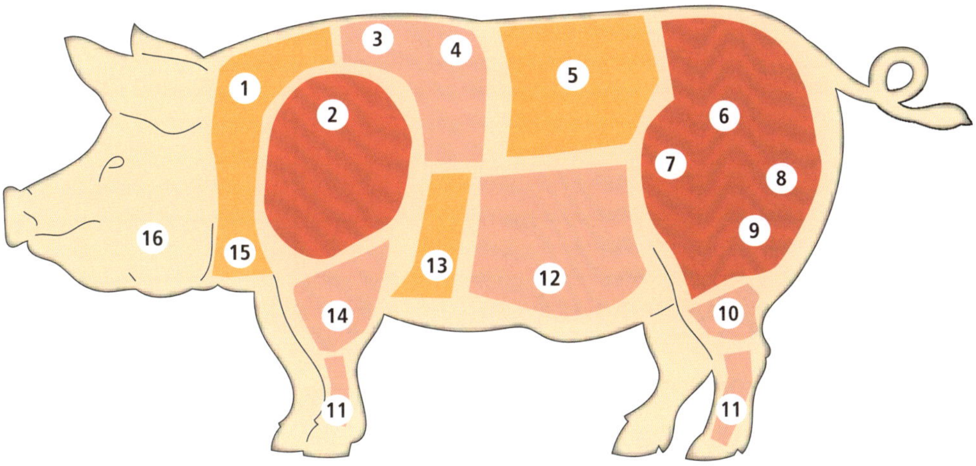

Abbildung 1: Teilstücke des Schlachtweines

20 Beim Verwiegen muss der Schlachthof die Schweineschlachtkörper-Handelsklassenverordnung (SchwHKlV) beachten. Ergänzen Sie zu den Fragen das fachlich richtige Vorgehen gemäß SchwHKlV.

https://vel.plus/LSLAWI7

Beantworten Sie die Fragen bezüglich des Vorgehens gemäß SchwHKlV fachlich richtig.

Wann muss die Verwiegung erfolgen?

Welche Körperteile dürfen vorher entfernt werden?

21 In größeren Schlachtbetrieben werden die Schlachtschweine heute standardmäßig mittels AutoFOM-Verfahren klassifiziert, auf Wunsch des Landwirts aber auch nach dem FOM-Verfahren. Unterscheiden Sie beide Verfahren und ergänzen Sie dementsprechend die Tabelle.

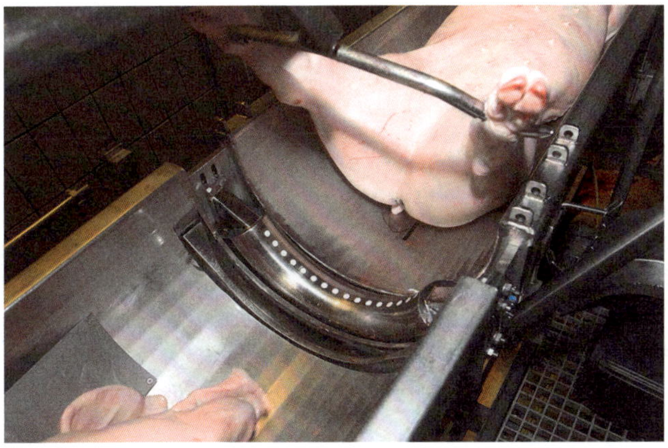

Abbildung 2: AutoFOM-Verfahren

Verfahren	Was wird gemacht bzw. gemessen?	Was wird aus den Messdaten mittels Formeln berechnet?
AutoFOM		
FOM		

Abbildung 1: Schweinehälften im Kühlhaus

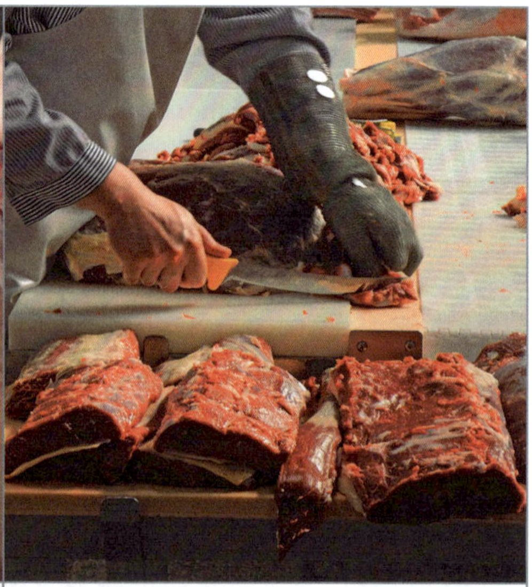

Abbildung 2: Zerlegung

22 In Ihrer Klasse entsteht eine Diskussion darüber, ob die Klassifizierungsergebnisse von den Schlachthofbetreibern beeinflussbar sind. Finden Sie den richtigen Weg durch das Labyrinth, dann erhalten Sie die Antwort.

	N	K	H	R	B	H	U	H	Z	I	O		S	M	I	T	A	R	B	E	I	T
S	S	A	L	E	G	E	L	A	S	S	E	N	E		U	H	Z	I	O	X	S	E
E	K	Z	ß	M	U	G	W	O	O	F	M	W	R	E	N	R	E	T	X	E		R
N	T	P	I	W	Z	Z	I	O	M	Q	Z	W		M	W	O	O	M	M	W	W	
E	X	V	N	U		E	G	I	S	S	A	L	K		W	O	E	A	P	E	F	B
Q	T	B	T	X	D	K	Z	F	W	Q	S	T	S	C	G	O	P	N	T	R	W	W
K	E	Z	R	R	N	T	P	I	Y	M	F		W	E	C	H	S	E	L	N		R
L	R	C	E		U	W	Q	Z	H	M	E	N	O	P	N	T	Q	K	Z		G	E
A	O	E	T	P	J	Y	M	I	E	Q	V	K	W	O	E	L	E	G	E	R	S	G
	S	S	E	Z	R	R	W	E	N	L	M	G	G	W	O	O	X	X	V	J	W	E
N	K	H	D	C	H	U	H	R	R	O	X	S	Z	I	O	M	Q	T	B	W	W	L
	G	W	L	E	A	P	E	U	E	M	H	Z	T	H	C	A	L	H	C	S	S	M
U	Z	V	I	H	G	W	O	N	T	M	J	M	H	Y	M	F	S	Q	U		A	Ä
N	Ä	I	B	H	Z	I	O	G	N	Z	V	Z	Ö	G	W	O	E	A	P	E	Q	ß
D	E	Y	E	K	R	P	V	S	U	K	H	R	F	T	F	Y	B	G	W	I	M	I
	V	A	G	S	U	A	V	Z	E	G	W	O	E	K	E	P	N	E	I	D		G
R	Y	W	T	H	U		K	C	K		M	U					Ö	H	A	S		
P	P	A	W	M	Y	L	E		M	E		E	L	M	G	V	Y	Y	J	Q	E	X
D	B	G	W	E	Z	L	R	A	D	I	E		Z	U		V	E	R	H	I	N	D
H	I	O	X	S	I	E	H	U	I	N	M	ß				Ä	K	L		N	R	E
Ö	A	Q	S	Y	L	I	Z	S	G	F	H	E	A	P	E	F	B	A	W	W	S	R
F	D	M	Ä	U	M	Z	Z	K	Z	L	A	H	G	D		S	F	S	W	W	F	N
E	Q	C	H	S	P	E	C	T	P	U	N	R	A	H	M	E	N	S	W	J	Ä	▶ Ende
X	B	F	O	▲ Start	H	Z	Y	W	Q	S	S	U	N	D	S	C	H	Ö	N	E	W	S

Lösungssatz: ____

____

____

____

23 Im Vergleich zu weiblichen Schlachtschweinen und Kastraten weist die Vermarktung und Verarbeitung von Mastebern einige Besonderheiten auf. Vervollständigen Sie den Lückentext mit den Wörtern im Wortkasten.

gewogen ▪ Verarbeitungswege ▪ 1,5–2 % ▪ Tattoo ▪ schwerer ▪ Frisch- bzw. Rohware ▪ verarbeitet ▪ Rangkämpfen ▪ leicht ▪ Stoppschild-Funktion ▪ Hoden ▪ 2,5–3 kg ▪ Alpha-Tiere ▪ Ebergeruchsstoffe

Bei gemischtgeschlechtlicher Mast müssen Masteber auf jeden Fall ______________ werden. Denn wegen des höheren Fleischanteils sind sie bei gleicher Größe und Breite in der Regel ______________ als ihre Buchtengenossen. Beim Vergleich mit weiblichen Tieren und Kastraten werden sie häufig zu __________ geschätzt und infolgedessen später mit zu hohen Schlachtgewichten verkauft. Da die ____________ vor dem Wiegen entfernt werden, ist die Ausschlachtung um _____________ geringer. Um die gleichen Schlachtgewichte zu erzielen, müssen sie deshalb _____________ schwerer gemästet werden. Weil jedes Absuchen in reinen Mastebergruppen zu neuen _______________ führt – besonders, wenn ________________ verladen wurden – sollten höchstens drei Verkaufstermine geplant werden. Hindernisse auf dem Weg zum Transporter haben für Masteber eine __________________________. Werden sie nicht im Vorfeld weggeräumt, laufen die Tiere nicht daran vorbei. Damit Masteber wegen getrennter ________________________ am Schlachthof erkannt werden, enthält ihr ___________ zusätzlich das Zeichen „Z“. Zudem werden sie beim Verladen von den anderen Schlachtschweinen getrennt als erste oder letzte Gruppe aufgeladen und abgegattert. Wegen möglicher Fleischqualitätsbeeinflussung durch _______________________ wird Eberfleisch ausschließlich _______________ und gelangt nicht als ___________________________ in den Handel.

24 Ihr Ausbilder erzählt Ihnen, dass Schweine früher lebend vermarket wurden. Der Viehhändler kam auf den Betrieb und zahlte nach einer Begutachtung und Gewichtsfeststellung den ausgehandelten Preis bei Abholung. Heute erfolgt der Kontakt zum Händler nur telefonisch, der Preis ist vorgegeben und der Erlös wird einige Tage nach der Schlachtung überwiesen. Der Preis folgt den Marktgesetzen (Angebot und Nachfrage) und hängt von weiteren Faktoren wie z. B. Schlachtgewicht, Fleischanteil bzw. Gewicht der wertvollen Teilstücke ab. Aus wirtschaftlichen Gründen suchen einige Mäster alternative Vermarkungsmöglichkeiten für ihre Schweine.

Beim AutoFOM-Verfahren erfolgt die Abrechnung tier-individuell auf Grundlage der erreichten Indexpunkte. Für die nächsten Berechnungen soll beispielhaft folgende Abrechnungsmaske für weibliche Tiere und Kastraten dienen.

Tabellen 1–6: Abrechnungsmasken für weibliche Tiere und Kastraten

Kriterium	Bandbreite (kg)	Indexpunkte (IXP/kg)
Schinken	0–15,99	1,70
	16–16,49	1,80
	16,50–16,99	2,20
	17,00–20,50	2,30
	20,51–21,00	2,15
	21,00–100,00	2,00

Kriterium	Bandbreite	Indexpunkte (IXP/kg)
Lachs[1])	0–5,99	2,70
	6,00–7,79	3,20
	7,80–100	3,15

[1]) Kotelett ohne Knochen

Kriterium	Bandbreite (%)	Indexpunkte (IXP/kg)
Bauch MFL[2])	0–47,99	0,90
	48,00–52,99	1,00
	53,00–61,99	1,10
	62,00–100,00	1,05

[2]) Mager-Fleisch-Anteil

Kriterium	Bandbreite (kg)	Indexpunkte (IXP/kg)
Schulter	0–100,00	1,50

Max. IXP/kg Bauch < 12 kg 0,90 IXP/kg

Abzüge Schlachtgewicht	
Bandbreite (kg)	**XP/kg Unter- bzw. Übergewicht**
0–84,99	–1,00
85,00–89,99	–0,50
107,01–200,00	–1,50

Preisabsicherung und Systemobergrenze		
Mind. IXP/kg SG	ab 75 kg	0,70
Mind. IXP/kg SG	ab 95 kg	0,80
Max. IXP/kg SG	75,00–89,99 kg	1,00
Max. IXP/kg SG	ab 90 kg	1,03

a Schweine, die bei jedem Kriterium im optimalen Maskenbereich liegen und so jeweils die höchsten Indexpunkte erzielen, werden als „Normschweine" bezeichnet. Übertragen Sie aus den obigen Tabellen die Anforderungen an dieses Normschwein und ergänzen Sie den angefangenen Satz.

Schinkengewicht: ____________ kg

Lachsgewicht: ____________ kg

Bauch-MFL: ____________ %

Schulter-kg: ____________

Schlachtgewicht: ____________ kg

Unter- und Übergewichte werden ____________________.

b Auf einer Schlachtabrechnung finden Sie folgende Angaben zu einem Schlachtschwein:

Tabelle 1: Exemplarische Schlachtabrechnung 1

Hkl	Schinken kg	Lachs kg	Bauch kg	Bauch-MFL %	Schulter kg	IXP je Tier	IXP je kg	SG kg	Preisfaktor €	Preis €/kg SG	Erlös €
S	18,89	7,49	13,12	60,10	9,08	95,47	1,022	93,40	1,30	1,329	124,11

Überprüfen Sie die Erlösberechnung (rechnen Sie mit allen Stellen nach dem Komma, sonst ergeben sich Ungenauigkeiten).

Hinweis: Beachten Sie dabei folgende Schritte:
Schritt 1: Berechnung der gesamten Indexpunkte
Schritt 2: Beachtung evtl. Abzüge (durch Überschreitung der Systemgrenzen)
Schritt 3: Berechnung des Gesamterlöses

Schritt 1: Berechnung der gesamten Indexpunkte

Schritt 2: Beachtung evtl. Abzüge (durch Überschreitung der Systemgrenzen)

Schritt 3: Berechnung des Gesamterlöses

c Auf der gleichen Schlachtabrechnung finden Sie folgende Daten zu einem anderen, gleich schweren Schlachtschwein:

Tabelle 1: Exemplarische Schlachtabrechnung 2

Hkl	Schinken kg	Lachs kg	Bauch kg	Bauch-MFL %	Schulter kg	IXP je Tier	IXP je kg	SG kg	Preisfaktor €	Preis €/kg SG	Erlös €
S	19,38	7,74	12,55	61,10	9,16	96,20	1,03	93,40	1,30	1,339	125,06

Überprüfen Sie auch hier die Erlösberechnung und interpretieren Sie diese.

Schritt 1: Berechnung der Gesamtindexpunkte:

Schritt 2: Überprüfung der Systemgrenzen:

Schritt 3: Berechnung des Gesamterlöses:

d Auf einer Schlachtabrechnung finden Sie dieses schwere Schlachtschwein mit folgenden Informationen:

Tabelle 1: Exemplarische Schlachtabrechnung 3

Hkl	Schinken kg	Lachs kg	Bauch kg	Bauch-MFL %	Schulter kg	IXP je Tier	IXP je kg	SG kg	Preisfaktor €	Preis €/kg SG	Erlös €
S	22,40	9,28	16,52	60,70	10,80	98,20	0,863	113,80	1,30	1,122	127,66

Überprüfen Sie den Erlös des Schweins.

Schritt 1: Berechnung der gesamten Indexpunkte

Schritt 2: Beachtung evtl. Abzüge

Schritt 3: Berechnung des Gesamterlöses

25 Auf vielen Schlachtabrechnungen werden die Schlachtbefunde (= Schlachtkörpermängel) mit ausgewiesen. Sie sollen dem Landwirt Hinweise darauf geben, was im Betrieb zu verbessern ist. Ordnen Sie die unten aufgeführten Bausteine/Wortschnipsel nach dem vorgegebenen Schema den weiteren vier Schlachtbefunden zu. Ergänzen Sie zudem die unvollständigen Schlachtbefunde.

Tabelle 1: Schlachtbefunde und präventive Maßnahmen

Charakterisierung/ Ursachen		Schlachtbefund		Vorbeugemaßnahmen/Optimierungsmöglichkeiten
Weiße „Stippen" auf der Lunge, verursacht durch Lungenwürmer	→	Hepatitis parasitaria = Leberentzündung	←	Wurmkur, Stallhygiene
Ruppiges, unachtsames Verhalten beim Aufladen und Transport		Abszesse an der Wirbelsäule/am Kotelett ______ ______		Behutsam aufladen, transportieren und abladen
Infektionen der Atemwege		Frakturen ______ ______		Hygiene, Stallklima, Impfungen
Keimeintritt in nicht behandelte Verletzungen		Pneumonie + Pleuritis ______ ______		Tier-Beobachtung, verletzte Tiere unverzüglich auf Anweisung des Tierarztes behandeln
Offene, blutige Wunden durch Schwanzbeißen (Kannibalismus)		Sepsis ______ ______		Täter (Schwanzbeißer) aussondern, Bissverletzungen behandeln

26 Ergänzen Sie den nachfolgenden Lückentext hinsichtlich Besonderheiten oder Problemen bei der Vermarktung von ökologisch erzeugten Mastschweinen.

kurzen ▪ Auflagen ▪ staatlich ▪ Abnahmevertrag ▪ Verladen ▪ Neueinstieg ▪ Vermarktung ▪ Nachfragemenge ▪ Naturkostläden ▪ Erzeugergemeinschaft ▪ Direktvermarktung ▪ wöchentliche Belieferung ▪ Ökofleisch-Verarbeiter

Die ______________ größerer ökologisch erzeugter Fleischmengen ist oftmals schwierig. Zum einen haben die normalen Schlachtbetriebe wegen der noch kleinen ______________ nach Öko-Schweinefleisch und der ______________ (z. B. Verzicht auf Nitritpökelsalz und Phosphate) wenig bis kein Interesse. Zum anderen könnte für kleinere Schlachtbetriebe (und Erzeuger) die kontinuierliche ______________ mit entsprechenden Stückzahlen ein Problem darstellen. Spezialisierte Metzger bzw. Fleischverarbeiter beliefern die ______________, von denen bekannt ist, dass sie Biofleisch verkaufen. Die Werbung hierfür betreibt dieser Handel selbst oder wird hierbei auch ______________ unterstützt. Ein kleiner Teil der Bioware wird über die ______________ nach Kundenwünschen verkauft. Für einen __________ in die ökologische Mastschweine-Erzeugung ist ein __________ mit einem Verband, einer __________ bzw. einem __________ unabdingbar.

Beim __________ dürfen keine elektrischen Viehtreiber und Schlaginstrumente eingesetzt werden. Regionale Schlachtstätten mit möglichst __________ Transportwegen und -zeiten sind anzustreben.

27 Bei der konventionellen Schweinevermarktung über einen Händler sind die Erzeuger mit dem erzielten Preis oft unzufrieden. Der einzelne Mäster kann ihn nicht beeinflussen, weil der Preis fremdbestimmt ist und sich am Marktgeschehen orientiert. Ein befreundeter Berufskollege möchte die Wertschöpfung seiner Schweinemast über eine „regionale" Vermarktung verbessern.

Sie sollen ihn beraten, wie er dieses Ziel erreichen kann. Recherchieren Sie Beispiele und erstellen Sie einen „Spickzettel" mit Aspekten, die er beachten muss, wenn sein Vorhaben gelingen soll. Die folgenden Abbildungen zeigen mögliche Beispiele.

Abbildung 1: Regionales Schweinefleisch in der Ladentheke einer großen Handelskette

Abbildung 2: Strohschweine

Abbildung 3: Weideschweine mit Eichelmast

https://vel.plus/LSLAWI8

Abbildung 4: Schweineleasing

28 Sie haben bislang Aufgaben zu den Themen Erzeugung, Haltung, Fütterung und Vermarktung bearbeitet und betriebliche Erfahrungen gesammelt. Mit Ihrem Ausbilder haben Sie über wichtige Aspekte wie Tierwohl, Nachhaltigkeit und Vermarktungsalternativen diskutiert und deren Übertragbarkeit auf den Ausbildungsbetrieb geprüft. Ihnen ist natürlich klar, dass Schweinehalter mit Ihren Tieren auch Geld verdienen müssen.

Ihr Ausbilder beauftragt Sie, entsprechende Berechnungen zur Wirtschaftlichkeit durchzuführen.

a In der folgenden Auflistung finden Sie die Einflussgrößen und Leistungsdaten für die Wirtschaftlichkeitsberechnung. Berechnen Sie die fehlenden Daten (Ergebnisse auf zwei Stellen nach dem Komma runden).

Tabelle 1: Einflussgrößen und Leistungsdaten

Ferkelpreis	€/25 kg-Ferkel	62,00
Ferkelpreiszuschlag	bis 30 kg €/kg > 30 kg €/kg	1,50 1,00
Einstallgewicht	kg	30
Ausstallgewicht	kg	120
Zuwachs	kg	
Tägliche Zunahmen	g	840
Mastdauer (im ∅)	Tage	
Futterverwertung (FVW) **= kg Futter pro kg Zuwachs**		2,77
Futterverbrauch	kg/Tier/Tag	
Futterverbrauch	kg/Schwein	
Futterpreis	€/dt	24,00
Futterkosten	€/kg Zuwachs	
Tierverluste	%	2,4
Gülle-Abgabekosten **Annahme: 0,7 m³ Gülle/Schwein davon werden 30 % für 15,00 €/m³ entsorgt**	€/Mastschwein	
Umtriebe	pro Mastplatz	2,75
Ausschlachtung	%	79,5
Muskelfleischanteil	%	56,7
Arbeitszeit	Akh/Mastplatz	0,75
Stallplatzkosten (Gebäude und Technik in den vorhandenen Beständen)	€/Mastplatz	333,00
Lohnansatz	€/Akh	25,00

b Berechnen Sie die fehlenden Werte in der rechten Spalte. Ziehen Sie abschließend ein Fazit.

Tabelle 1: Berechnung der Marktleistung (ohne Mehrwertsteuer)

Schlachtgewicht (SG)	kg/Schwein	
Erlös	€/kg SG	1,65
Marktleistung	€/Tier	

Tabelle 2: Berechnung der Kosten (ohne Mehrwertsteuer)

Ferkelzukauf-Preis (inkl. Gewichts- und Qualitäts-Zuschläge)	€/Tier	67,00
Futterkosten	€/Schwein	
Tiergesundheit	€/Schwein	1,05
Tierverluste (55 % der berechneten Marktleistung × % Tierverluste)	€/Schwein	
Energie (Strom und Heizung)	€/Schwein	
Wasser	€/Schwein	
sonstige Direktkosten (QS, Tierseuchenkasse, Kadaverentsorgung...)	€/Schwein	4,10
Unterhaltung und Reparaturen von Stall und Technik	€/Schwein	
Versicherungen	€/Schwein	
Gülle-Abgabekosten (siehe Tabelle 1 in Teilaufgabe a)	€/Schwein	3,15
Direktkosten	€/Schwein	

Tabelle 1: Berechnung der Wirtschaftlichkeit (ohne Mehrwertsteuer)

Direktkostenfreie Leistung/Schwein (Marktleistung – Direktkosten)	€	
Direktkostenfreie Leistung/ Mastplatz	€	
Festkosten: AfA (15 Jahre → 6,66... %) €/Mastplatz	€/Mastplatz	
Festkosten: Zinsansatz (4 % von der Hälfte der Stallplatzkosten) €/Mastplatz	€/Mastplatz	
Arbeitskosten	€/Mastplatz	
Summe Festkosten/Mastplatz	€	
Summe Festkosten/Mastschwein	€	
Überschuss über Faktorkosten (Direktkostenfreie Leistungen/ Mastschwein – Summe Festkosten/ Mastschwein)	€/Schwein €/Mastplatz	
Erzeugungskosten (Vollkosten)	€/Mastschwein	
Erzeugungskosten (Vollkosten)	€/kg SG	

c Ziehen Sie aus Ihren Berechnungen für die **Teilaufgaben a** und **b** ein entsprechendes Fazit.

Fazit:

29 Berechnen Sie die prozentualen Anteile der Ferkel- und Futterkosten bezogen auf die Direktkosten. Interpretieren Sie das Ergebnis.

Tabelle 1: Berechnung der prozentualen Anteile wichtiger Kostenpositionen

	In % der Direktkosten
Ferkelzukaufs-Preis	
Futterkosten	
Summe	

Fazit:

30 Wenden Sie nach Rücksprache und mit Zustimmung Ihres Ausbilders die Erkenntnisse aus den **Aufgaben 28** und **29** auf Ihren Ausbildungsbetrieb an. Verwenden Sie hierfür die Schablone zur Wirtschaftlichkeitsberechnung von Mastschweinen im **Anhang Arbeitsblattvorlage 5** (siehe S. 388 f.). Präsentieren Sie Ihren Mitschülern Ihre Ergebnisse und diskutieren Sie in der Klasse die aktuelle Situation der Schweinemäster.

31 Vergleichen Sie Ihre Betriebsergebnisse mit den Ergebnissen aus den **Aufgaben 28** und **29**. Diskutieren Sie mit Ihrem Ausbilder mögliche Ursachen für Unterschiede und suchen Sie bei Defiziten gemeinsam realistische Verbesserungsmöglichkeiten.

1.2 Ferkelerzeugung

Lernsituation 1.2.1 Erzeugung und Haltung von Sauen

Situation

Sie absolvieren Ihr jetziges Ausbildungsjahr in einem Ferkelerzeugungsbetrieb. Dieser verkauft seine Ferkel mit etwa 30 kg an einen Schweinemastbetrieb in der Region. Grundsätzlich ist er seit längerem im Zwiespalt zwischen gesetzlichen Anforderungen, Verbraucherforderungen und wirtschaftlichen Zwängen. Eine Überlegung, diesem Dilemma zu entkommen, ist die Umstellung vom bisherigen Ein-Wochen-Rhythmus auf einen Mehr-Wochen-Rhythmus. In der Berufsschule haben Sie bereits wichtige Ziele und Kenngrößen der Sauenhaltung kennengelernt und diskutiert. Ihr Ausbilder beauftragt Sie, einige dieser Parameter (z. B. geborene und aufgezogene Ferkel je Sau und Jahr bzw. je Sauenleben, Saugferkelverluste, Aufzuchtverluste, Würfe je Sau und Jahr, u. v. m.) für seinen Betrieb zu ermitteln, damit Sie erkennen können, wie der Ausbildungsbetrieb im Vergleich zu anderen Ferkelerzeugern steht.

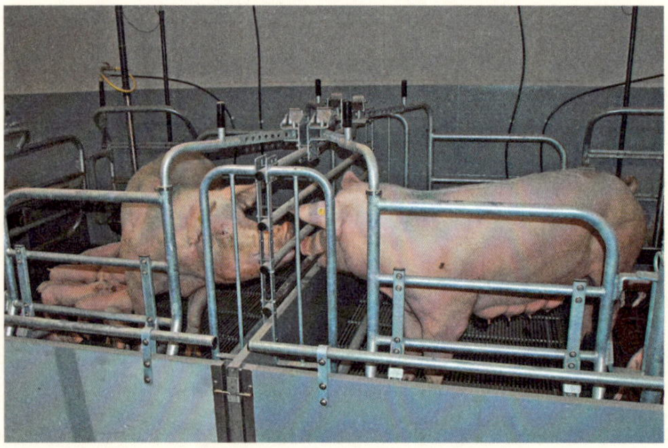

Abbildung 1: Begrüßung nach Öffnung der Bewegungsbuchten

Abbildung 2: Gruppensäugen in einem ökologisch bewirtschafteten Betrieb

Abbildung 3: Wartestall im Öko-Betrieb

Abbildung 4: Ferkelaufzuchtstall

1 Wie bei den anderen Betriebszweigen geht es auch bei der Ferkelerzeugung letztlich darum, Geld zu verdienen. Voraussetzung hierfür sind hohe biologische Leistungen. Dokumentieren Sie für die in der Tabelle aufgelisteten Parameter entsprechende Zielvorgaben.

Tabelle 1: Zielvorgaben Ferkelerzeugung

Parameter		Orientierungswert/ Leistungsziel
Trächtigkeitsrate der besamten/belegten Sauen (%)		
Umrauscherquote (%)		
Abferkelquote von den tragenden Sauen (%)		
Ferkel-Index (= Anzahl lebend geborener Ferkel pro 100 besamte Sauen)		
Lebend geborene Ferkel/Wurf		2–3 Ferkel mehr, als funktionsfähige Zitzen
Tot geborene Ferkel/Wurf		
Ø Geburtsgewicht der Ferkel (kg)		
Saugferkelverluste (%)		
Ferkelverluste im Aufzuchtstall, 25–30 kg Lebendmasse (%)		
Substanzverluste in der Säugezeit	* Jungsau	
ab Abferkeln bis Absetzen (kg)	* Altsau	
Aufgezogene Ferkel/Sau/Jahr		
Würfe/Sau/Jahr		
Würfe pro Sauenleben		
Abgesetzte Ferkel je Sauenleben (Lebensleistung)		
Aufgezogene Ferkel der Sau (Lebensleistung)		
Anteil Jungsauen pro Wurf (%)		
Remontierungsrate (%)		

2 In **Tabelle 1** aus **Aufgabe 1** ist der Parameter „Ferkel-Index" aufgelistet. Er beschreibt, wie viele Ferkel je 100 Besamungen geboren werden. Recherchieren Sie die (Verlust-)Parameter zwischen Besamung und Geburt, welche im Ferkel-Index berücksichtigt werden.

3 Die Geburtsgewichte der Ferkel variieren zum Teil sehr stark. Sie hängen u. a. von der Genetik, der Fitness und der Kondition der Sau sowie der Ferkelzahl ab.

Berechnen Sie das durchschnittliche Geburtsgewicht unter folgenden Annahmen:

14 funktionsfähige Zitzen, an jeder Zitze wird ein Ferkel bis zum Absetzen gesäugt, realisierbare Ferkelverluste von 12 % (inkl. Totgeburten) in der 21-tägigen Säugephase, 25 kg Wurfmasse aller Ferkel

Abbildung 1: Säugende Sau in der Bewegungsbucht

4 Ermitteln Sie in Ihrem Praxisbetrieb das durchschnittliche Geburtsgewicht der Ferkel eines konkreten Wurfes (ohne Berücksichtigung der Kolostrumaufnahme). Erläutern Sie Ihre Vorgehensweise.

5 Mit steigenden Ferkelzahlen sinken nicht nur die Geburtsgewichte, sondern steigen wegen der begrenzten Anzahl funktionsfähiger Zitzen (bei Jungsauen mind. 14–16) auch die Ferkelverluste. Im Mittel liegen diese bei 15 % (davon etwa 12 % in der Saugferkelphase). Spitzenbetriebe mit einem sehr guten Management können Ferkelverluste auf unter 10 % reduzieren, aber weniger gute Betriebe erreichen einen Wert über 18 %.

a Berechnen Sie die Anzahl geborener Ferkel und die Anzahl abgesetzter Ferkel pro Jahr bei folgenden Annahmen: 2,35 Würfe/Sau/Jahr, Ø 13 funktionsfähige Zitzen über alle Würfe, an jeder Zitze wird ein Ferkel bis zum Absetzen gesäugt, realisierbare Ferkelverluste von 10 % in der Säugephase.

b Berechnen Sie die mögliche Lebensleistung (= aufgezogene Ferkel) einer Sau bei sechs Würfen, wenn im Aufzuchtstall weitere 2 % Verluste zugrunde gelegt werden.

6 In einem Ferkelerzeugungsbetrieb wurden in einem bestimmten Zeitraum 1 042 Ferkel geboren. Davon kamen 30 tot zur Welt, 32 Ferkel mussten als nicht lebensfähig notgetötet werden, 36 verendeten während der Säugezeit und 75 wurden erdrückt.

a Ermitteln Sie die gesamten Ferkelverluste in Prozent.

b Wie viel Prozent machten die folgenden Ursachen am Gesamtverlust aus? Setzen Sie hierbei die gesamten Ferkelverluste gleich 100 %.

Tot geborene Ferkel:

Nicht lebensfähige Ferkel:

Verendete Ferkel:

Erdrückte Ferkel:

7 Im Ferkelerzeugungsbetrieb beträgt der durchschnittliche Wurfabstand 159 Tage. Berechnen Sie die Zahl der Würfe pro Sau und Jahr.

8 In einem Ferkelerzeugungsbetrieb wurden innerhalb von drei Tagen insgesamt 70 Ferkel geboren. Die Geburtsgewichte aller Ferkel betrugen 98 kg. Beim Absetzen nach 21 Tagen wog die Gruppe 490 kg, beim Verkauf aus dem Flatdeck-Stall am 70. Lebenstag 2 065 kg.

a Berechnen Sie das Gewicht eines einzelnen Ferkels an den drei Wiegeterminen.

Geburtsgewicht:

Absetzgewicht:

Verkaufsgewicht:

b Ermitteln Sie die Zunahmen während der Säugeperiode und während der Zeit im Flatdeck-Stall.

9 Ein Ferkelerzeuger führt einen Betrieb mit 400 Sauen. Er erzielt 2,45 Würfe/Sau/Jahr. Seine Sauen verlassen im Durchschnitt nach sechs Würfen den Betrieb. Berechnen Sie den Jungsauenbedarf pro Jahr und die Remontierungsquote (= Bestandsergänzungsrate) in Prozent.

10 **a** Im folgenden Suchrätsel sind acht grundsätzlich mögliche Ursachen für Ferkelverluste versteckt. Finden Sie diese.

P	M	A	T	M	Y	U	U	Y	M	G	G	O	P	V	S	V
D	Y	Z	A	Y	U	N	T	E	R	G	E	W	I	C	H	T
K	U	Ü	L	U	O	N	O	O	N	P	B	P	V	I	I	S
F	E	R	K	E	L	Z	A	H	L	X	U	B	R	U	S	J
Q	V	G	P	V	S	V	P	Ä	H	Q	R	C	H	S	T	Y
B	M	I	L	C	H	Q	U	A	L	I	T	Ä	T	Y	A	O
X	U	V	V	I	I	S	D	Z	B	H	S	X	L	U	L	R
E	U	C	H	L	U	O	N	P	Ä	W	B	A	I	E	L	V
R	E	E	A	G	W	S	W	W	Y	L	E	M	U	E	K	Q
D	E	H	G	O	N	P	X	X	O	S	G	M	C	S	L	H
R	Ä	A	I	X	R	H	V	T	T	S	L	D	Ä	S	I	S
Ü	Ä	M	S	W	O	Q	Y	N	Q	Y	E	L	Y	F	M	Q
C	Ä	A	I	W	R	W	Y	G	X	O	I	N	O	T	A	R
K	Ä	M	S	T	Ü	C	V	B	I	N	T	U	X	L	J	O
E	F	M	F	S	Q	V	Ö	B	Y	E	U	G	T	S	X	W
N	T	D	Ä	H	R	I	G	T	C	H	N	X	C	S	D	J
B	W	Q	M	I	L	C	H	M	A	N	G	E	L	N	P	X

b Beschreiben Sie Maßnahmen, wie die im Suchrätsel gefundenen Ursachen für Ferkelverluste reduziert werden können.

Begriffe aus dem Suchrätsel	Maßnahmen zur Verlustreduzierung

c Bei hohen Ferkelzahlen pro Wurf gibt es untergewichtige Ferkel, die ohne Hilfe nicht überleben können („Verliererferkel"). Beschreiben Sie Maßnahmen, um diese Verlustursache zu minimieren.

11 Ferkelerzeugungsbetriebe in Deutschland halten zurzeit im Durchschnitt etwa 250 Sauen pro Betrieb. Berechnen Sie, wie viele Plätze ein solcher Durchschnittsbetrieb in den einzelnen Stallabteilen mindestens benötigt.

Folgende Informationen liegen Ihnen für Ihre Berechnungen vor:

Der Betrieb fährt im Ein-Wochen-Rhythmus.

5 Tage vor der Geburt werden die Sauen in das Abferkelabteil eingestallt, die Säugezeit beträgt 28 Tage.

5 Tage nach dem Umstallen ins Deckzentrum erfolgt die Besamung (Güstzeit).

Insgesamt bleiben die Sauen hier 35 Tage, bevor sie in den Wartestall wechseln.

Zykluslänge:

____

____

Daraus ergeben sich in den Abteilen folgende Verweilzeiten und Platzbedarfe:

Tabelle 1: Verweilzeiten und Platzbedarfe

Stallabteil	Verweilzeit in Tagen	Entspricht Anteil der Zykluslänge (%)	Ergibt anteilige Plätze bei 250 Gesamtplätzen (auf ganze Zahlen runden)
Abferkelstall			
Deckzentrum			
Wartestall			

12 Recherchieren Sie Vor- und Nachteile des Drei-Wochen-Rhythmus.

Parameter	Beschreibung
Vorteile	
Nachteile	

13 Lösen Sie folgende Aufgaben zum Vier-Wochen-Rhythmus für 440 Sauen.

a Berechnen Sie den möglichen Produktionsrhythmus in Wochen (gerundet) bei 21 Tagen Säugezeit und sechs Tagen „Leerzeit".

b Berechnen Sie die Anzahl der Gruppen.

c Berechnen Sie die Anzahl der Sauen pro Gruppe.

d Berechnen Sie die Anzahl der Sauen-Gruppen, die sich gleichzeitig in den einzelnen Stallbereichen befinden. Folgende Annahmen liegen zugrunde: 35 Tage im Deckzentrum, 80 Tage im Wartestall und 33 Tage im Abferkelstall (5 Tage vor der Geburt + 21 Säugetage + 2 Tage Reserve für Reinigung und Desinfektion).

Hinweis: Endergebnisse auf ganze Zahlen runden. Reserveplätze für Umrauscher und Jungsauen sollen bei dieser Rechnung nicht berücksichtigt werden.

Stallbereich	Berechnung der Anzahl von Sauen-Gruppen (Anzahl der Wochen im Stallbereich/Produktionswochen × Gruppenanzahl)
Deckzentrum	
Wartestall	
Abferkelstall	

e Berechnen Sie die Anzahl der erforderlichen Plätze pro Stallbereich und insgesamt, wenn in Abferkelstall und Deckzentrum jeweils 10 %, im Wartestall 12,5 % Reserveplätze eingeplant werden. (Jungsauen-Plätze im Deckzentrum werden hier vernachlässigt, weil diese Tiere sechs Wochen im Quarantänestall untergebracht sind.)

14 Laut Tierschutz-Nutztierhaltungsverordnung (TierSchNutztV) dürfen Ferkel erst im Alter von über vier Wochen abgesetzt werden. Die meisten Ferkelerzeuger setzen aber schon mit 21 Tagen ab. Verhalten sie sich regelwidrig?

15 Der Verbraucher fordert seit Jahren bessere Haltungsbedingungen und mehr Tierwohl in den Ställen. Diesen Anforderungen hat der Gesetzgeber durch Änderungen der Tierschutz-Nutztierhaltungsverordnung (TierSchNutztV) und entsprechender Ausführungshinweise Rechnung getragen. Wegen anstehender hoher Investitionen für Umbauten bzw. Erweiterungen gelten bestimmte Übergangsvorschriften. Ergänzen Sie die folgende Tabelle entsprechend den aktuellen Vorgaben.

Wichtige Gesichtspunkte		Wichtige Regelungen
Betreuungspersonal		Muss sachkundig sein
Beleuchtung	Im Aktivitätsbereich	
	Im Liegebereich	
	Außerhalb der Aktivitätsphase	
Beschäftigungsmaterial		
Fütterung		
Abferkelbucht		
Deckzentrum		
Wartestall		

16 Durch die Umstellung auf Haltungssysteme mit mehr Freilauf in der Gruppenhaltung haben Klauenprobleme infolge von Rangkämpfen deutlich zugenommen.

a Benennen Sie die gekennzeichneten Bereiche und die dort auftretenden Probleme.

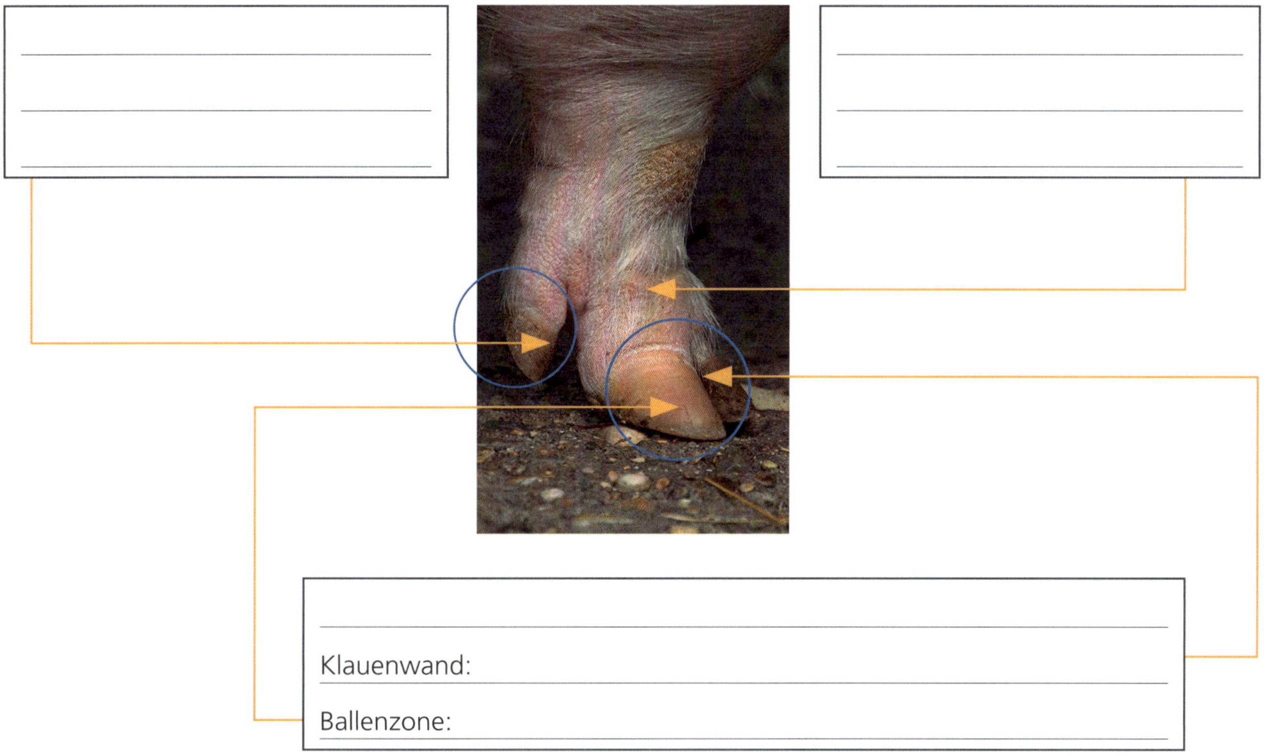

Abbildung 1: Klauenprobleme bei einer Sau

b Sowohl im Wartestall als auch im Abferkelstall zeigen sich die Folgen von Klauenproblemen. Erläutern Sie anhand der beispielhaft aufgeführten Folgen den fachlichen Zusammenhang zur Klauenproblematik.

Geringere Milchproduktion:

Liegebeulen:

Höhere Erdrückungsverluste:

c Erläutern Sie praktikable Vorbeugemaßnahmen und deren Wirkung gegen die folgenden Probleme.

Rangkämpfe:

Klauenprobleme:

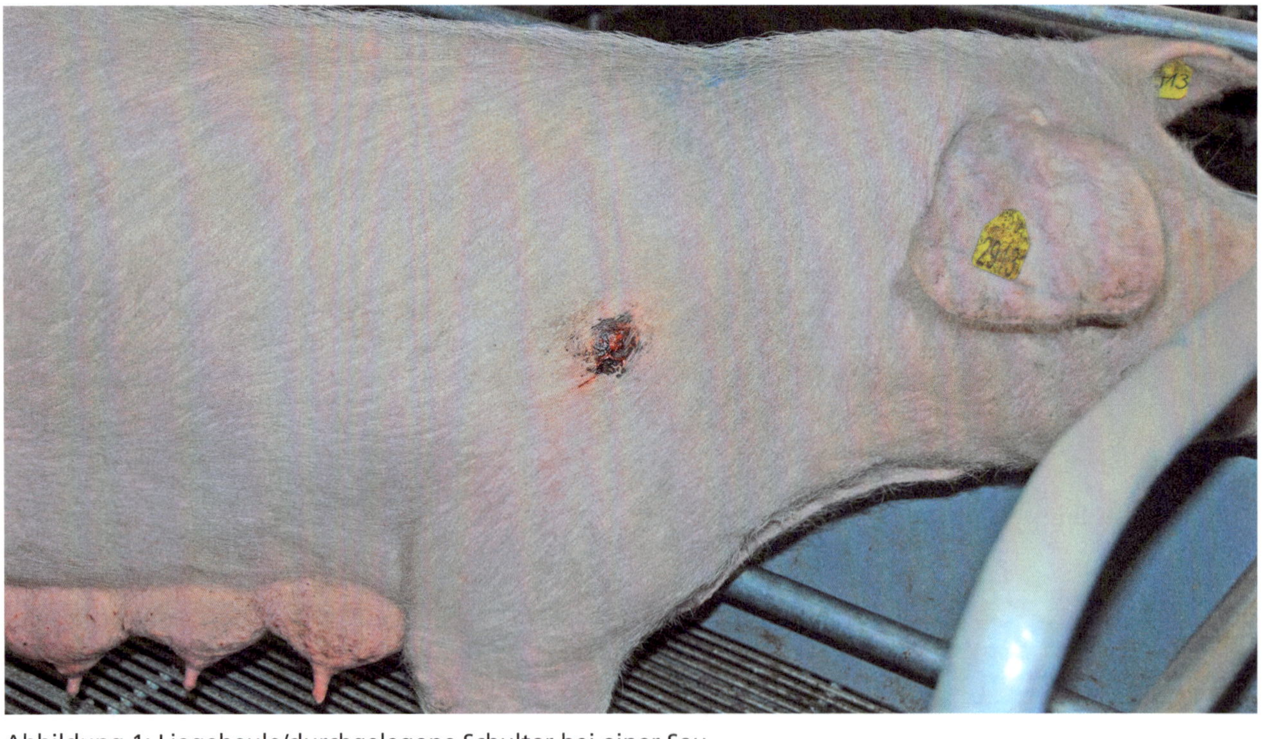

Abbildung 1: Liegebeule/durchgelegene Schulter bei einer Sau

d Erläutern Sie die Bedeutung der Fütterung in Bezug auf Klauenprobleme in den folgenden Bereichen.

Tabelle 1: Vorbeugung von Klauenproblemen in verschiedenen Bereichen

Jungsauenaufzucht	
Sauen im Wartestall und Deckzentrum	

17 Beim Umtreiben von Sauen und Jungsauen von einem Funktionsbereich zum anderen (z. B. vom Deckzentrum in den Wartestall) und bei der täglichen Kontrolle im Wartestall (Gruppenhaltung) kommt es nach Auskunft der Berufsgenossenschaften immer wieder zu Arbeitsunfällen. Listen Sie vorgeschriebene Maßnahmen auf, die aus Gründen der Arbeitssicherheit beim Umgang mit Sauen zu beachten sind, und weitere geeignete Maßnahmen, die helfen, derartige Unfälle zu vermeiden.

Tabelle 2: QR-Codes – Informationen zu Arbeitssicherheit und Gefährdungsbeurteilung.

https://vel.plus/ LSLAWI9	https://vel.plus/ LSLAWI10
Abbildung 1: Unfallverhütungsvorschrift Tierhaltung (VSG 4,1), SVFLG	Abbildung 2: Gefährdungsbeurteilung, SVLFG

Unfallverhütungsvorschriften:

Maßnahmen zur Erleichterung der Treibarbeiten:

Lernsituation 1.2.2 Jungsauen

Situation

Auswertungen des Arbeitskreises für Ferkelerzeugung, in dem Ihr Ausbilder Mitglied ist, zeigen Ihm, dass er mit seinen Leistungen im Vergleich zu anderen Mitgliedern nur im Durchschnitt liegt. Gemeinsame Überlegungen im Arbeitskreis ergeben einen möglichen Ansatzpunkt für Verbesserungen bei den Jungsauen. Die bisher zugekauften Tiere hatten hohe Umrauscherquoten – u. a. durch eine höhere Krankheitsanfälligkeit. Ihr Ausbilder überlegt daher auf Eigenremontierung umzustellen. Zusätzlich zu den bisherigen Aufgaben kommen nun die Erzeugung und Aufzucht von Jungsauen hinzu. Sie unterstützen Ihren Ausbilder bei seinen Überlegungen mit Ihrer bisherigen praktischen und schulischen Erfahrung tatkräftig.

Abbildung 1: Deckfähige Jungsau mit etwa 150 kg Lebendmasse

1 In Ihrer Klasse entsteht eine Diskussion über die Begriffe „Remontierungsrate" und „Erstlingswürfe".

a Erklären Sie den Unterschied zwischen den beiden Begriffen und recherchieren Sie hierfür erstrebenswerte Zielwerte.

Remontierungsrate	
Erstlingswürfe	

b Berechnen Sie die Erstlingswürfe in Prozent bei 2,35 Würfen pro Sau und Jahr und einer Remontierungsrate von 40 %.

2 Immer mehr Ferkelerzeuger gehen zur Eigenremontierung („Closed Herd") über, statt die Jungsauen zuzukaufen. Erklären Sie Vorteile dieses Verfahrens.

3 Bei Beständen bis 600 Sauen ist die Wechselkreuzung („Criss-cross“) das Mittel der Wahl. Hier wird bei jeder Belegung die jeweils andere Vaterrasse eingesetzt als in der vorhergehenden Generation.

a Beschreiben Sie die Vorgehensweise bei einer F1-Sau (Deutsche Landrasse x Deutsches Edelschwein).

b Die Vererbung der Rassen folgt hier den Mendel'schen Regeln. Gehen Sie von der Einfachkreuzung 50 % DL x 50 % DE aus (P-Generation). Vervollständigen Sie folgende Tabelle.

Tabelle 1: Prozentuale Verteilung bei der Vererbung

Generation	Rassenanteile (%)				Führt zu	Nachkommen (Nk) (Rassenanteile DL, DE)		Nk in % (Anteile gesamt)
	Sau vor der Meiose	Sau nach der Meiose	Eber vor der Meiose	Eber nach der Meiose				
Eltern	DL 100	50	DE 100	50	→	DL 50 %	DE 50 %	100
F_1*	DL ___ DE ___	DL ___ DE ___	DL 100	___	→	___ ___	___ ___	100
F_2*	DL ___ DE ___	DL ___ DE ___	DE 100	___	→	___ ___	___ ___	100
F_3*	DL ___ DE ___	DL ___ DE ___	DL 100	___	→	___ ___	___ ___	100

DE = Deutsches Edelschwein, DL = Deutsche Landrasse
* Für die Fortpflanzung werden die genetischen Anteile der Rassen der jeweiligen Elterntiere in den Keimzellen durch die Meiose halbiert.

4 Bei der Auswahl der Mütter für die nächste Eigenremontierungs-Jungsauen-Generation spielen neben den Charaktereigenschaften deren Eigenleistungen eine wichtige Rolle. Um diese sicher einschätzen zu können, sind mindestens zwei Würfe abzuwarten. Listen Sie Entscheidungskriterien für die Auswahl geeigneter Mütter nach zwei Würfen auf.

Sauenkriterien:

____

____

____

____

____

____

Wurfkriterien:

____

____

____

____

5 Bei der konventionellen Haltung werden aufgrund der Tierwohl-Initiative bei Neubauten statt der bisherigen Abferkelbuchten Bewegungsbuchten mit mindestens 44 % mehr Platz eingebaut. Möglichst bald nach dem Abferkeln sind hier die Ferkelschutzkäfige zu öffnen, damit sich die Sau bewegen kann. In der Praxis steigen dadurch die Erdrückungsverluste. Auch Leiter von Öko-Betrieben, bei denen das freie Abferkeln vorgeschrieben ist, beklagen deutlich höhere Verluste. Eine Möglichkeit, dieses Problem in den Griff zu bekommen, ist die besondere Berücksichtigung des Merkmals „Mütterlichkeit" bei der Remontierung der Zuchtsauen. Füllen Sie folgenden Lückentext mittels der Begriffe im Wortkasten aus.

Abbildung 1: Abferkelbucht mit Abferkelkäfig

Abliegeverhalten ■ Absetztag ■ aggressiv ■ aggressive ■ attackiert ■ Biestmilch ■ Einstreu ■ Erdrückungsverluste ■ etwa gleich lange ■ fürsorgliche ■ Geburtsverhalten ■ hinten ■ homogenen ■ Jutesack ■ Milchabgabe ■ Milchleistung ■ Nestbau ■ ruhig ■ Säugeverhalten ■ tödlich ■ umgänglichen ■ unruhig ■ Verteidigungsverhalten ■ Vitale ■ Vorderbeine ■ Wurfqualität ■ zügig

Die qualitative Einschätzung der Mütterlichkeit erfordert eine intensive Tierbeobachtung rund um die Geburt. Dieser Merkmalskomplex beginnt schon ca. 12 Std. vor der Geburt mit dem ______________. Bei vorhandener ______________ speichelt die Sau Stroh ein und schiebt es zu einem Haufen zusammen. Bei der strohlosen Haltung ahmt die Sau dieses Verhalten am ______________ nach. Dieser wird in Kopfhöhe der Sau angebracht. Ohne diese einfachen Hilfsmittel zeigt die Sau mittels unruhiger Kopfbewegungen den Nestbautrieb an. Das zweite Merkmal ist das ______________. Während dieser Phase bleibt die Sau ______________ liegen. Die Geburt selbst verläuft ______________ und das Gesäuge verfügt über ausreichend ______________ für alle Ferkel. Letztlich verhält sich eine mütterliche Sau auch dem Geburtshelfer gegenüber friedlich. Am ersten Lebenstag ist die ______________ zu beurteilen. Hierbei geht es um die Merkmale Vitalität und Homogenität. ______________ Ferkel sind rosa und aktiv. Sie kommen ohne Geburtshilfe auf die Welt, befreien sich zügig aus den Fruchthüllen und suchen sofort das Gesäuge auf. Von ______________ Würfen spricht man, wenn die Ferkel etwa gleich groß sind. Erfahrungsgemäß ist das bei kleineren Ferkelzahlen eher der Fall als in großen Würfen. Die Homogenität wird ein zweites Mal am ______________ beurteilt.

Wichtig ist auch, wie sich die Sau ihren Ferkeln gegenüber verhält. Eine ______________ Sau lässt sich von ihnen nicht aus der Ruhe bringen. Unerwünscht ist eine ______________ Sau, die ihre Ferkel wegbeißt oder sogar ______________ verletzt. Ein weiteres Merkmal ist das ______________, besonders in der ersten Säugewoche, wo die Ferkel noch nicht so beweglich bzw. schnell sind. Durch vorsichtiges Abliegen werden ______________ vermieden. Beim freien Abferkeln und in Bewegungsbuchten sucht sich die fürsorgliche Sau eine Stelle aus und signalisiert den Ferkeln, dass sie sich ablegen will. Anschließend legt sie sich auf die ______________ ab, wartet kurz, um anschließend ihren Körper ______________ langsam abzusenken. Für hohe Aufzuchtleistungen spielen natürlich auch das ______________, der Milchfluss und die ______________ eine wichtige Rolle. Während der Säugephase sollte die Sau sich durch Ferkelrangeleien nicht irritieren lassen und ruhig liegen bleiben. Ist die Milchabgabe gleichmäßig, verweilen alle Ferkel ______________ an ihrer Zitze. Legen sich alle Ferkel nach dem Säugen hin, so ist dies ein Zeichen für eine ausreichende Milchaufnahme. Noch hungrige Ferkel sind ______________, versuchen die Sau am Gesäuge zur weiteren ______________ zu stimulieren oder irren auf der Suche nach weiterer Nahrung in der Bucht herum. Schließlich ist das ______________ zu bewerten, besonders in der ersten Woche. Bei ______________ Sauen kann der Betreuer die Bucht betreten und Ferkel zur Behandlung herausnehmen, ohne dass sich die Sau ihm gegenüber ______________ verhält und ihn ______________.

6 In der Regel werden Sauenkarten nur einseitig beschrieben. Auf der freien Rückseite können folglich Angaben für mögliche Remontierungskandidatinnen dokumentiert werden. Im Folgenden ist eine mögliche Dokumentationshilfe dargestellt. Wenden Sie diese auf Ihrem Betrieb an.

Hinweis: Kreuzen Sie das Zutreffende an.

<table>
<tr><th colspan="6">Merkmale für das Selektionskriterium „Mütterlichkeit“</th></tr>
<tr><td rowspan="2">Nestbau</td><td>Material</td><td>Nein</td><td colspan="2">Jutesack</td><td>Stroh</td></tr>
<tr><td>Verhalten</td><td>Ja</td><td colspan="2">Nein</td><td>Nicht beobachtet</td></tr>
<tr><td rowspan="2">Geburt</td><td>Verhalten</td><td>Ruhig</td><td colspan="2">Unruhig</td><td>Nicht beobachtet</td></tr>
<tr><td>Hilfe nötig?</td><td>Nein</td><td colspan="2">Wehenmittel</td><td>Manuell</td></tr>
<tr><td rowspan="3">Wurfqualität</td><td colspan="2">Vitaler Wurf</td><td>Ja</td><td>Nein</td><td>Nicht beobachtet</td></tr>
<tr><td rowspan="2">Homogener Wurf</td><td>Am 1. Tag</td><td>Ja</td><td>Nein</td><td>Nicht beobachtet</td></tr>
<tr><td>Am Absetztag</td><td>Ja</td><td>Nein</td><td>Nicht beobachtet</td></tr>
<tr><td>Verhalten der Sau gegenüber den Ferkeln</td><td>Ruhig, fürsorglich</td><td>Unruhig, leicht aggressiv</td><td colspan="2">Stark aggressiv, bissig</td><td>Nicht beobachtet</td></tr>
<tr><td colspan="2">Abliegeverhalten*)</td><td>Legt sich vorsichtig ab</td><td colspan="2">Lässt sich fallen</td><td>Nicht beobachtet</td></tr>
<tr><td rowspan="3">Säugephase</td><td>Verhalten</td><td>Ruhig</td><td colspan="2">Nervös</td><td>Nicht beobachtet</td></tr>
<tr><td>Milchfluss</td><td>An allen Zitzen gleichmäßig</td><td colspan="2">An allen Zitzen ungleichmäßig</td><td>Nicht beobachtet</td></tr>
<tr><td>Milchmenge</td><td>Ferkel nachher satt</td><td colspan="2">Nachher noch unruhige Ferkel</td><td>Nicht beobachtet</td></tr>
<tr><td colspan="6">*) Bitte mehrfach beobachten</td></tr>
<tr><td>Verteidigungs-verhalten</td><td>Sau ist friedlich</td><td>Sau ist unruhig, leicht aggressiv</td><td colspan="2">Sau ist stark aggressiv</td><td>Nicht beobachtet</td></tr>
</table>

7 In ökologisch wirtschaftenden Sauenbetrieben ist die freie Abferkelung vorgeschrieben. Dort sind verständlicherweise besonders mütterliche Sauen gefragt, um die im Vergleich zur konventionellen Haltung höheren Ferkelverluste zu verringern. Neben solchen Sauen der Rassen Deutsches Landschwein (DL), Deutsche Edelrasse (DE) und Kreuzungen daraus werden auch ausländische Herkünfte/Genetiken eingesetzt. Informieren Sie sich über die angegebenen Rassen und beurteilen Sie diese begründet hinsichtlich ihrer Eignung für ökologisch wirtschaftende Betriebe.

Tabelle 1: Eignung nach Rasse

Rasse/Herkunft/Genetik	Eignung für Bio-Betriebe (inkl. Begründung)
Dänische Landrasse	
Norwegische Landrasse	
Schwedische Landrasse	
Schweizer Edelschwein	

8 Beschreiben Sie die Vorgehensweise Ihres Praxisbetriebes bei der Jungsauenbeschaffung.

9 Nicht alle Jungsauen erreichen ihre Geschlechtsreife exakt zum gleichen Zeitpunkt und rauschen somit an unterschiedlichen Terminen. Beim Mehrwochen-Rhythmus sollen aber Gruppen von Jungsauen mit gleichem Zyklusstand in den jeweiligen Betriebsrhythmus integriert werden. Dies ist nur mittels hormoneller Steuerung (Brunstsynchronisation) möglich.

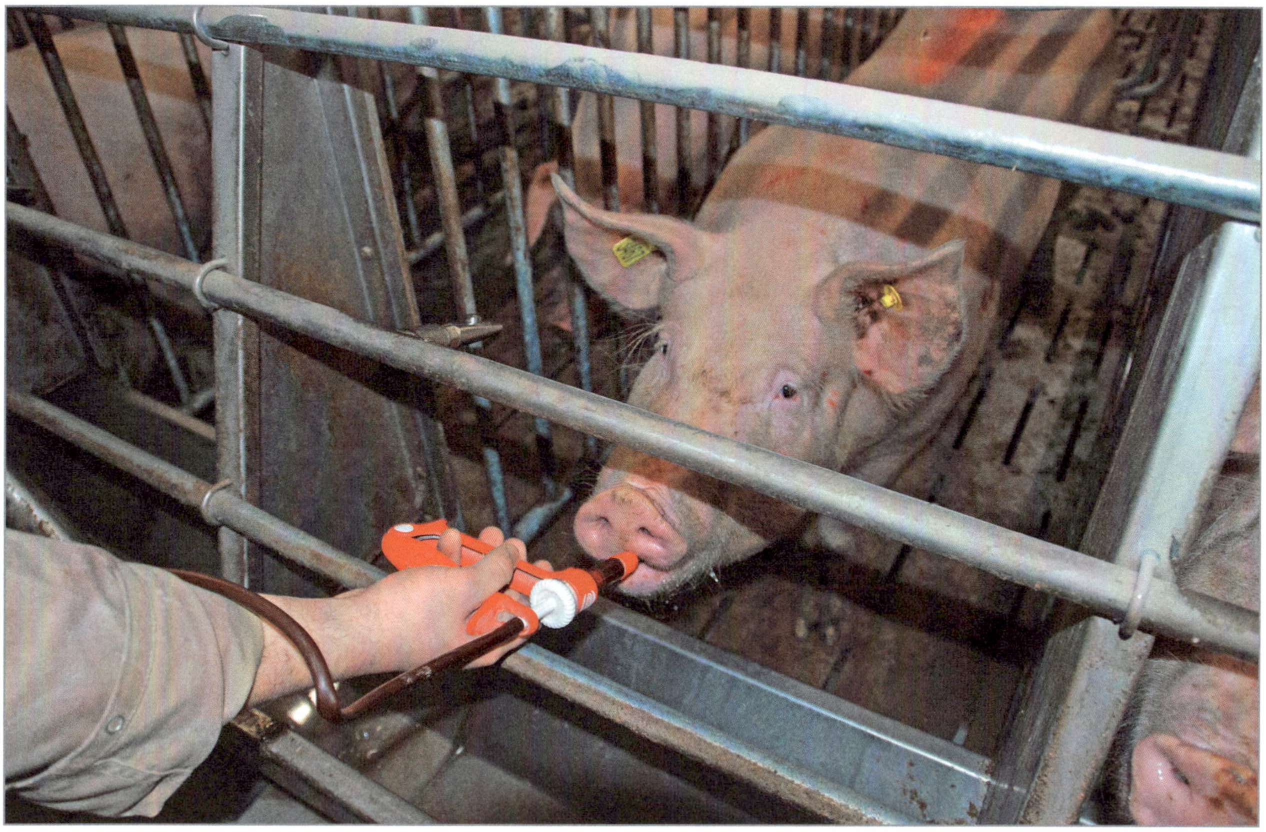

Abbildung 1: Orale Verabreichung von Regumate

Beschreiben Sie die Vorgehensweise in der Praxis unter Zuhilfenahme der folgenden Abbildung.

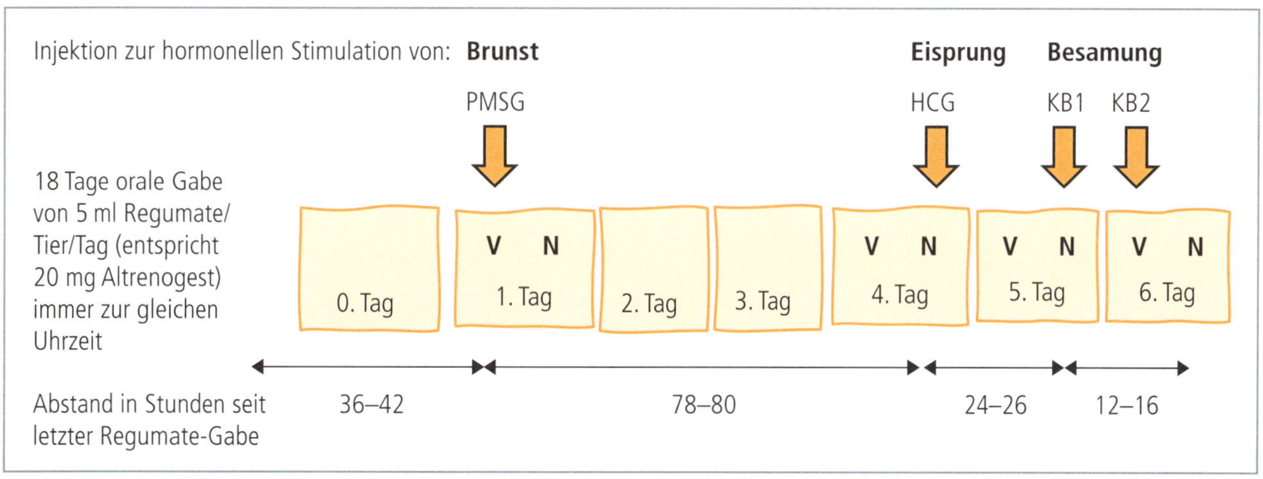

Abbildung 2: Injektion zur hormonellen Stimulation (KB = künstliche Besamung, V = Vormittag, N = Nachmittag)

10 Seit 1988 ist der Einsatz von Hormonen zu Mastzwecken in der Tierhaltung verboten, ausgenommen sind Fruchtbarkeitshormone. Doch auch deren Einsatz ist seit Jahren sehr umstritten. Sie schauen im Unterricht einen Informationsfilm, in dem folgende Argumente geäußert werden:

„Ohne Hormoneinsatz lassen sich Jungsauen nicht in einen Mehrwochen-Rhythmus integrieren!"

„Beim Mann besteht die Gefahr von Fruchtbarkeitsstörungen, wenn Rückstände über die Nahrungskette in den menschlichen Körper gelangen."

Sammeln und diskutieren Sie mit Ihren Mitschülern Pro- und Contra-Argumente zum Thema Hormoneinsatz in der Tierhaltung.

Pro:	**Contra:**

11 Zuchtunternehmen kalkulieren, dass von den potenziell vorgesehenen Jungsauen nur 50–75 % zur Zucht zugelassen werden. Dieser Prozentsatz gilt auch für die Eigenremontierung. Begründen Sie die hohe Ausfallquote.

12 In der Praxis wird oft „zu lasch" selektiert, die Selektionsanforderungen werden nicht konsequent umgesetzt. Andererseits hat auch eine zu „scharfe" Selektion Nachteile. Erläutern Sie diese Aussagen.

„Zu lasche Selektion"	
„Zu scharfe Selektion"	

13 Tragen Sie die gesuchten Kriterien, die bei der Beurteilung von Zukaufs- bzw. Eigenremontierungsjungsauen wichtig sind, ein (Ä, Ö, Ü ausschreiben). Das Lösungswort ergibt sich aus den Zahlen 1 bis 10.

1. Möglichst großes, langes und breites Tier

				2	

2. Bei F1-Jungsauen zur Mastferkelerzeugung durchschnittliche Ausprägung an Schinken und Rücken

				1	5					

3. Gesamteindruck: Harmonische Körperübergänge und Proportionen, leicht nach oben gewölbter Rücken mit Spannung, langes breites Becken

	8		

4. Parallele Beinstellung, normaler Hinterbeinwinkelung, feste Fessel, gleich lange Klauen mit kleinem Zwischenspalt

		9						

5. Beidseitig mindestens sieben funktionsfähige Zitzen mit gleichmäßigem Abstand, Zitzenleiste weit vorne

	4					

6. Hohe Fruchtbarkeit und Kriterien wie Geburtsverhalten, Wurfqualität und Umgang mit Ferkeln, zusammengefasst als:

		6				-	E	I	G	E	N	S	C	H	A	F	T	E	N

7. Homozygote (reinerbige) Merkmalsausprägung NN

10										7	3				

Lösungswort:

1	2	3	4	5	6	7	8	9	10	-	K	R	I	T	E	R	I	E	N

14 In Ihrem Praxisbetrieb soll die nächste Jungsauengruppe integriert werden. Vorher wird eine entsprechende Anzahl Altsauen gemerzt. Oftmals erfolgt deren Selektion in der Abferkelbucht und im Deckzentrum. Ihr Praxismeister beauftragt Sie, für beide Bereiche Entscheidungskriterien zusammenzutragen.

Tabelle 1: Eingruppierung der Jungsauen

Stallbereich	Entscheidungskriterien für Altsauenselektion
Abferkelbucht	
Deckzentrum	

15 Viele Betriebsauswertungen zeigen bei den Jungsauen deutlich höhere Umrauscherquoten als bei den Altsauen. Als Ursache hierfür wird häufig die mangelhafte Eingliederung der neuen Sauen angeführt. Vielfach werden die zugekauften bzw. selbst aufgezogenen Jungsauen direkt ins Deckzentrum eingestallt. Recherchieren Sie eine optimale Eingliederungsstrategie und begründen Sie die einzelnen Maßnahmen.

Tabelle 1: Eingliederung von Jungsauen

Zeit/Dauer	Maßnahmen	Begründungen/Ziele
1. Isolationsphase (im Quarantänestall)		
1.–3. Woche		
2. Akklimatisierungsphase (im Quarantänestall)		
4.–6.Woche		
3. Umstallen ins Deckzentrum		
Ab 7. Woche		

Abbildung 1: Schnauzenkontakt zwischen Jungsau und Sucheber

16 Da an den Tieren gearbeitet wird (z. B. Impfungen, Brunststeuerung, Besamung, Geburtshilfe), ist es wichtig, frühzeitig den Mensch-Tier-Kontakt aufzubauen, um Scheu und Ängste abzubauen und darüber hinaus Stress zu vermeiden. Erläutern Sie Maßnahmen Ihres Betriebes, dieses Ziel zu erreichen.

17 In vielen Betrieben mit geschlossenem System (= Ferkelerzeugung und anschließende Mast) werden die für die Eigenremontierung benötigten Jungsauen gemeinsam mit den Mastschweinen bis zu einem Gewicht von 70–80 kg gehalten und gefüttert und dann erst getrennt. Beurteilen Sie diese Vorgehensweise und überlegen Sie sich Optimierungsvorschläge.

Beurteilung:

Verbesserungsvorschläge:

18 Überprüfen und dokumentieren Sie die Vorgehensweise der Jungsauenaufzucht für die Eigenremontierung in Ihrem Praxisbetrieb.

19 Vervollständigen Sie die Tabelle um die Kenndaten zwischen der Ankunft im Quarantänestall und der ersten Besamung.

Tabelle 1: Kenndaten von Ankunft im Quarantänestall bis 1. Besamung

Kriterium	Ankunft im Quarantänestall	1. Besamung
Alter (Tage)		
Lebendgewicht (kg)		
Rückenspeckdicke (mm)[1]	Keine Angabe	
Anzahl Rauschen	Keine	

1 Ist stark abhängig von Entwicklung und Genetik. Gemessen werden sollte an zwei verschiedenen Zeitpunkten. Die Zahlenwerte dienen lediglich der Orientierung.

20 Recherchieren Sie wichtige Unterschiede hinsichtlich der Beschaffung, Haltung, Versorgung und Betreuung von Jungsauen in ökologisch wirtschaftenden Betrieben.

Lernsituation 1.2.3 Eberauswahl

Situation

Ihr Ausbilder ist mit Ihrem bisherigen Engagement sowie Ihren Leistungen im Betrieb und in der Schule sehr zufrieden. Er möchte Ihnen zusätzliche Verantwortung übertragen. Die nächste Sauengruppe zur Erzeugung von Mastferkeln steht zur Besamung an. Sie sollen Vorschläge zur Eberauswahl machen und den ausgewählten Samen, nach Rücksprache mit Ihrem Ausbilder, bestellen.

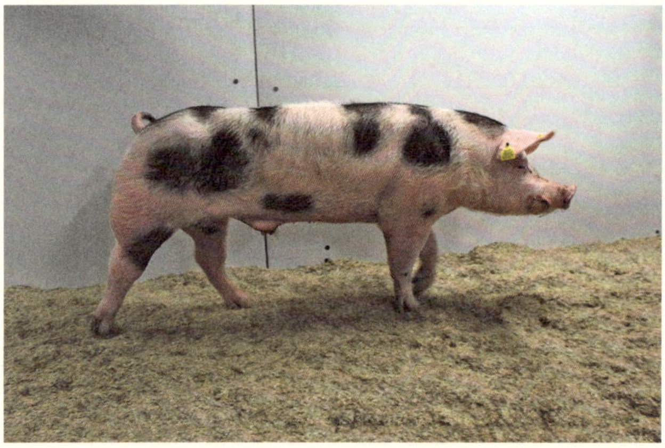

Abbildung 1 bis 4: Besamungseber verschiedener Schweinerassen

1 Benennen Sie die Rassen der oben abgebildeten Zuchteber.

2 Für die Vererbung von Leistungsmerkmalen gilt die Formel: **Phänotyp** = **Genotyp** + **Umwelt**. Erläutern Sie deren Bedeutung.

3 Bei der Vererbung werden Mutationen und Modifikationen unterschieden. Tragen Sie die Begriffe richtig ein.

Tabelle 1: Mutation und Modifikation

Begriff	Erläuterung
______________	Hier beruhen Merkmals-/Leistungsunterschiede in ein und demselben Merkmal auf Umwelteinflüssen bzw. Managementeinflüssen, z. B. Betriebsleiterfähigkeiten, Fütterungs- und Haltungsbedingungen.
______________	Hier beruhen Merkmals-/Leistungsunterschiede auf Veränderungen des Erbguts. Diese können die Chromosomenzahl, Chromosomenstruktur oder einzelne Gene betreffen.

4 Die Weitergabe von Erbinformationen erfolgt im Phänotyp intermediär, dominant oder rezessiv. Erläutern Sie diese drei Begriffe.

Tabelle 2: Weitergabe von Erbinformationen

Erbgang	Erläuterung
Intermediär	
Dominant	
Rezessiv	

5 Die Vererbungslehre ist unmittelbar mit dem Namen Gregor Mendel verbunden. Kennzeichnen Sie die jeweils zusammengehörigen Textbausteine der drei Mendel'schen Regeln, ausschließlich bezogen auf das äußere Erscheinungsbild (Phänotyp).

1. Mendel'sche Regel ●○○	2. Mendel'sche Regel ●●○	3. Mendel'sche Regel ●●●
Spaltungsregel ○○○	Unabhängigkeitsregel ○○○	Uniformitätsregel ○○○
Kreuzt man die heterozygoten F1 unter sich, sind die Verhältnisse in der F2 beim dominant-rezessiven Erbgang 3:1. ○○○	Unterscheiden sich die Eltern in zwei Merkmalen, spricht man von einem dihybriden Erbgang. ○○○	Die heterozygoten F1 gleichen beim intermediären Erbgang einer Mischung aus beiden Eltern, beim dominant-rezessiven Erbgang einem Eltern-Teil. ○○○
Homozygote Eltern, die sich in mehreren Merkmalen unterscheiden, vererben diese unabhängig voneinander. ○○○	Kreuzt man die heterozygoten F1 unter sich, sind die Verhältnisse in der F2 beim intermediären Erbgang 1:2:1. ○○○	Homozygote Eltern (die sich nur in einem Merkmal unterscheiden), ergeben gleiche heterozygote Nachkommen (F1). ○○○

6 Körperzellen enthalten diploide Chromosomensätze, die für bestimmte Merkmale durch Buchstaben dargestellt werden, z. B. „NN" für die Stressstabilität beim Schwein. Erläutern Sie, wie von Generation zu Generation sichergestellt wird, dass die Chromosomensätze diploid bleiben und sich nicht vervielfachen.

7 Verbinden Sie die folgenden Zuchtverfahren mit den passenden Charakterisierungen.

Tabelle 1: Eigenschaften der Zuchtverfahren

Zuchtverfahren		Charakterisierung
Selektion		Aus zwei Ausgangsrassen entsteht die F1-Sau, die dann mit Sperma der dritten Rasse belegt wird. Durch die Kreuzung wird versucht, die Vorteile aller beteiligten Rasse in einem Tier zu vereinigen. Beispiel: DE × DL → F1 × Pi → F2 (Mastferkel)
Reinzucht		Systematische Kreuzung von vorher getesteten reinerbigen Elternlinien verschiedener Rassen zur Ausnutzung des Heterosiseffektes. Beispiele: German Genetics, Topigs-Norsvin, PIC
Verdrängungs-kreuzung		Auswahl von Tieren aus einem vorhandenen Tierbestand für die Weiterzucht. Beispiel: zur Eigenremontierung von Jungsauen werden die besten Kreuzungssauen ausgesucht.
Gebrauchskreuzung am Beispiel der Drei-Rassen-Kreuzung		Zucht innerhalb einer Rasse. Beispiel: Basiszucht bei der deutschen Landrasse (DL)
Hybridzucht		Durch wiederholte Einkreuzung einer anderen Rasse von Generation zu Generation wird eine Ausgangsrasse verdrängt Beispiel: Das Deutsche Edelschwein ist entstanden durch wiederholte Einkreuzung von (englischen) Yorkshire-Ebern mit alten (deutschen) Landschweinen.

8 Im Zusammenhang mit Hybridzucht fällt immer wieder der Begriff „Heterosiseffekt". Erläutern Sie diesen anhand eines praktischen Beispiels.

9 In der Schweinezucht werden folgende Produktionsstufen unterschieden: Ferkelerzeuger, Basiszuchtbetrieb und Vermehrer. Ordnen Sie diese Begriffe richtig zu.

Tabelle 1: Produktionsstufen in der Schweinezucht

Produktionsstufe	Erläuterung
__________	Andere Bezeichnung „Nukleusbetrieb"; hat reinrassige Zuchtlinien, mit denen er reinrassige Sauen bzw. Eber für den Vermehrungsbetrieb erzeugt
__________	Erzeugt mit Reinzuchttieren Kreuzungssauen für die Mastferkelerzeugung
__________	Erzeugt mit Kreuzungssauen und einem „Fleischeber" Endprodukte für die Schweinemast

10 Die verschiedenen Erzeugungsbereiche in der Schweinehaltung verfolgen jeweils bestimmte Ziele. Diese werden durch optimales Management erreicht.

a Ordnen Sie die Begriffe aus dem Wortkasten der Tabelle richtig zu und ergänzen Sie die passenden Adjektive (gering – hoch – wenig – gut).

Trächtigkeitsrate ▪ Aufzuchtverluste ▪ Robustheit ▪ Zunahmen ▪ Ferkelzahl ▪ Schnellwüchsigkeit ▪ Geburtsgewichte ▪ Homogenität ▪ Mastverluste ▪ Erbfehler ▪ Ferkelvitalität ▪ Vitalität

Tabelle 2: Produktionsziele nach Erzeugungsbereich

Produktionsziele des …	
Ferkelerzeugers	**Mästers**
Hohe Abferkelquote,	Hohe Fleischfülle,

b Vergleichen Sie die zugeordneten Produktionsziele von Ferkelerzeugern und Mästern. Ziehen Sie Schlussfolgerungen für die Eberauswahl.

____

____

____

____

____

11 Die jeweiligen Hauptverwendungszwecke einzelner Schweinerassen ergeben sich aus deren Stärken bzw. passenden Merkmalen. Geben Sie für die folgenden Rassen die vorwiegende Verwendung mit Begründung an.

Tabelle 1: Hauptverwendungszwecke in Abhängigkeit einzelner Schweinerassen

Rasse	Vorwiegende Verwendung
Pietrain	Als Vaterlinie zur Erzeugung von Mastferkeln → hohe Fleischmenge, starke Schinkenausprägung
Dänische Landrasse	
Deutsches Edelschwein	
Deutsche Landrasse	
Duroc	
Hampshire	

12 Neben den Zuchtsauen besitzen auch die Eber, welche zur Erzeugung von Mastferkeln eingesetzt werden, bestimmte Anforderungsprofile. Kreuzen Sie die Aussagen entsprechend an.

Tabelle 1: Anforderungen an Zuchtebern

Aussage	Wahr	Falsch
Das Anforderungsprofil bei Sauen und beim Besamungseber ist unterschiedlich.		
Bei seinen Nachkommen reicht eine mittlere Ausprägung der fleischtragenden Körperpartien (Schulter, Kotelett, Schinken, Bauch).		
Er sollte eine gute Fleischbeschaffenheit (pH-Wert, Leitfähigkeit, Tropfsaftverluste) vererben.		
Er sollte hohe Tageszunahmen vererben.		
Die Futterverwertung bei seinen Nachkommen ist unwichtig.		
Der Besamungseber sollte möglichst frei von Erbfehlern sein.		
Seine Konstitution spielt eine eher untergeordnete Rolle.		
Die Nachkommenprüfung sollte eine überdurchschnittliche Leistungsbereitschaft seiner Töchter und Söhne ergeben.		
Die Vererbung der Beinstellung (O- bzw. X-Beine) spielt keine Rolle.		
Das Fleisch-/Fett-Verhältnis beim Bauch der Nachkommen ist weniger wichtig.		
Seine Nachkommen sollen über eine hohe Vitalität verfügen und robust sein.		
Der Besamungseber selbst sollte großrahmig sein.		

13 Die Leistungen eines Zuchttieres müssen überdurchschnittlich sein. Orientierungen hierfür liefern Zuchtwerte. Hierunter wird der erbliche Einfluss eines Tieres auf seine Nachkommen verstanden. Daten hierfür liefern Stationsprüfungen und/oder Feldprüfungen. Erläutern Sie beide Verfahren mit ihren Vor- bzw. Nachteilen.

Stationsprüfungen

Erläuterung:

Vorteile:

Nachteile:

Feldprüfungen

Erläuterung:

Vorteile:

Nachteile:

14 Der Vererbungsformel **P** = **G** + **U** (vgl. **Aufgabe 2**) ist zu entnehmen, dass die gezeigten Leistungen zu bestimmten Anteilen auch umweltbedingt sind. Wie wird bei der Feldprüfung erreicht, dass dieser Umwelteinfluss minimiert wird und hierdurch die Leistungsunterschiede in hohem Maße genetisch bedingt sind?

15 Konkretisieren Sie die folgenden Merkmalsbereiche durch entsprechende Beispiele. Verwenden Sie hierfür Datenblätter/Informationen der in Ihrem Betrieb eingesetzten Besamungseber.

Mastleistungsmerkmale:

Schlachtleistungsmerkmale:

Erbfehler:

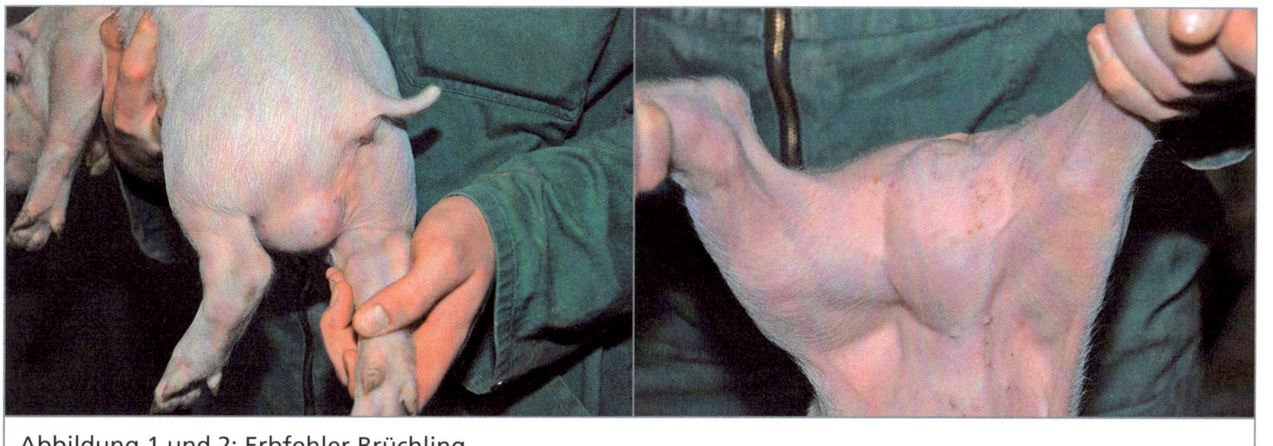

Abbildung 1 und 2: Erbfehler Brüchling

Wurfqualität:

Fruchtbarkeit:

Ebergeruch:

16 Neben den eigenen Leistungen werden bei der Zuchtwertermittlung auch Verwandtenleistungen einbezogen. Kreuzen Sie entsprechend an.

Tabelle 1: Zuchtwertermittlung

Aussage	Wahr	Falsch
Der Merkmalsbereich „Fruchtbarkeit" kann nicht am Prüfeber selbst, sondern nur bei weiblichen Verwandten ermittelt werden.		
Die Gewichtung der Ahnenleistung nimmt mit zunehmender Entfernung vom Prüfeber zu.		
Vor dem Testeinsatz wird der Zuchtwert anhand von Verwandtenleistungen geschätzt. Die Nachkommen zeigen aber am besten, was der Prüfeber kann.		
Zur Ermittlung der Schlachtleistungsmerkmale muss der Prüfeber geschlachtet werden und steht somit nicht mehr für den Besamungseinsatz zur Verfügung.		

17 Erklären Sie das Zustandekommen eines Gesamtzuchtwertes (GZW) im Rahmen der Zuchtwertschätzung (ZWS) mit eigenen Worten.

18 Bekanntlich zeigen die Nachkommen die Leistungen eines Prüftieres am besten. Aus der Rinderzucht ist bekannt, dass es nach den ersten Testanpaarungen ca. 43 Monate dauert, bis verlässliche Daten über die Milchleistung der Töchter eines potenziellen neuen Besamungsbullen vorliegen. Wie lange dauert es in der Schweinezucht, bis verlässliche Daten zu den Fruchtbarkeitsparametern „geborene und aufgezogene Ferkel (25 bis 30 kg)" eines Prüfebers vorliegen? Ergänzen Sie in der Tabelle die entsprechenden Zeitangaben.

Tabelle 1: Zeitspannen bei Fruchtbarkeitsparametern

	Ereignis	Tage
↓	Testbesamung	0
	+ Geburt der ersten Töchter (F1)	
	+ Besamung dieser Töchter	
	+ Geburt der Enkel (F2)	
	+ Absetzen der Enkel (mit 6,5 kg)	
	+ Aufzucht der Enkel (bis 30 kg mit einer durchschnittlichen Tageszunahme von 450 g)	
	Summe (in Tagen und Monaten)	

19 Bis brauchbare Daten aus den Nachkommenprüfungen vorliegen, vergeht viel Zeit bis zur Zuchtwertschätzung. Um den Zuchtfortschritt zu beschleunigen, bedient man sich heute auch im Schweinebereich der „genomischen Selektion“.

a Erläutern Sie dieses Verfahren mit eigenen Worten.

b Erläutern Sie in diesem Zusammenhang den Begriff des „genomisch optimierten Zuchtwertes“.

c Erklären Sie die Vorteile dieses Verfahrens.

d Erklären Sie, warum der genomisch optimierte Zuchtwert nach der Nachkommenprüfung nochmals überarbeitet wird.

20 Experten empfehlen, bei der Auswahl der Besamungseber neben den individuellen Zuchtwerten auch das betriebliche Fütterungssystem und das betriebliche Vermarktungssystem zu berücksichtigen. Erklären Sie die Zusammenhänge.

21 Auf der Homepage der Besamungsstation, von der Ihr Praxisbetrieb das Ebersperma bezieht, stoßen Sie auf die Begriffe „Prüfeber" und „Nachkommengeprüfter Eber". Unterscheiden Sie die Begriffe und ziehen Sie Schlussfolgerungen für die Aussagekraft bzw. Sicherheit der Zuchtwerte.

https://vel.plus/LSLAWI11

Abbildung 1: Eberdatenback – GFS Topgenetik

Prüfeber:

Nachkommengeprüfter Eber:

22 Ebenso finden Sie auf dieser Homepage die Begriffe „Vorstufeneber" und „Endstufeneber". Erläutern Sie diese Begriffe unter Einbeziehung von Herkünften/Rassen.

Vorstufeneber:

Endstufeneber:

23 Einige Zuchtorganisationen weisen seit einigen Jahren neben dem Gesamtzuchtwert einen ökonomischen Zuchtwert aus. Beschreiben Sie diesen Zuchtwert.

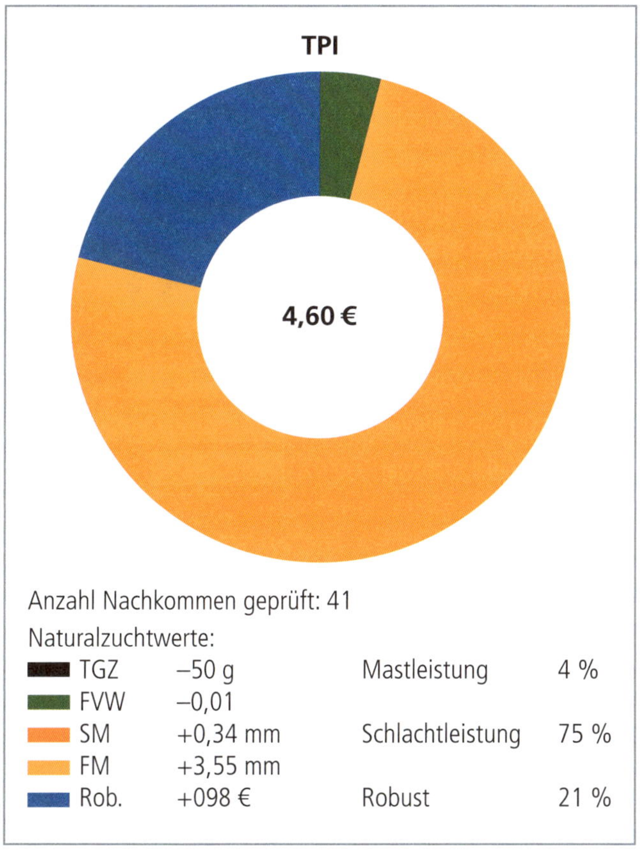

Abbildung 1: Topigs-Produktionswert-Index (TPI)

24 Auf der Suche nach einem passenden Besamungseber finden Sie folgendes Eberdatenblatt.

Miller NN **German Pietrain** **Station Schillsdorf**		**BLUP 141**	**Ebergeruch 113**
HB-Nr.	28354	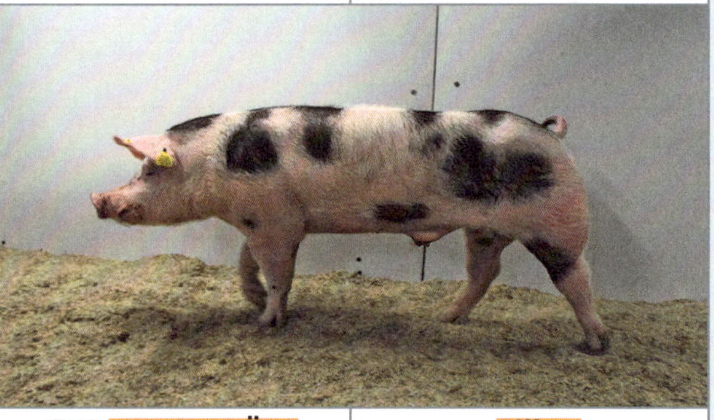	
Züchter	Eskebjerg Vester Skerninge German Genetic, BW		
geb.	15.07.19		
Leistungs-klasse u. B.	3 Monate		
ZWS Datum	06.04.2022	**GFS NK-GEPRÜFT**	**Silber**

Eigenleistung	
E.-Feld	851/0,53
CF18	SS
Anzahl Nachkommen geprüft (Feld)	**48**

V	MALTEX	12807	**M**	56801	701695
VV	MALKO	12031			
VM	ALBOX	38320	**MV**	VORSCHUSS	27720

*** Mastleistung	* Schlachtleistung	*** Erbfehler	Wurfqualität	Fruchtbarkeit

NZW — **Genetische Standardabweichung**

PTZ	+85
FVW	+0,11
La	−0,17
Schi	−0,55
Bauch%	−2,06
MFA	−0,68
Ph1k	+0,02
TV	+0,28

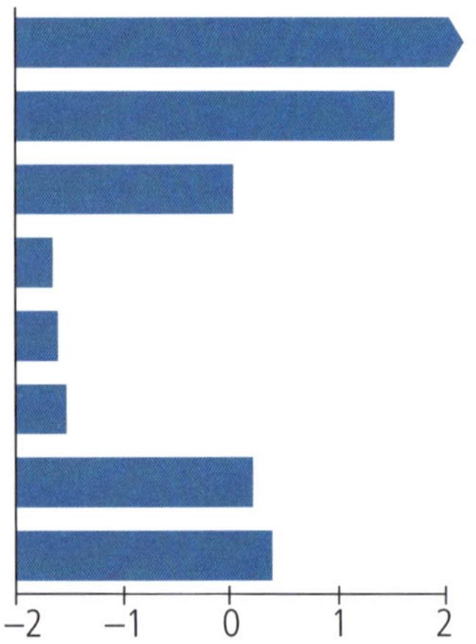

Erbfehler-zuchtwerte — **Standardisierte Naturalteilzuchtwert**

0,00 %	Brüchlinge
0,14 %	Afterlose
0,00 %	Binneneber
0,00 %	Nabelbrüche
0,00 %	Zwitter
1,51 %	Grätscher
0,00 %	Zitterer
0,00 %	Mißbildungen
Erbfehlerzuchtwert −0,02	

	PTZ	FVW	La	Schi	Bauch%	MFA	Ph1k	TV
V.Leistung BLUP: 135 R: 75 % NZW	+72	+0,07	−0,07	−0,11	+0,04	−0,45	+0,05	+0,740
M.Leistung BLUP: 126 R: 59 % NZW	+57	+0,08	−0,03	−0,26	−1,21	−0,46	−0,04	−0,550

Mastleistung		**Schlachtleistung**	**Erbfehler**
Erbfehlerzuchtwert	−0,02		
kontrollierte Ferkel	730		
Ø Ferkel je Wurf aus GFS Erbfehlerermittlung	18,7		

Abbildung 1: Eberdatenblatt „MILLER“

a Erläutern Sie die Bedeutung der markierten Angaben.

NN:

BLUP 141:

Ebergeruch 113:

NK geprüft:

Silber:

CF18 SS:

Leistungseinschätzungen:

75 % =

NZW =

b Erläutern Sie die Darstellung im linken Diagramm „Genetische Standardabweichung".

c Analysieren Sie ein Eberdatenblatt von einer Besamungsstation, mit dem Ihr Ausbildungsbetrieb zusammenarbeitet.

25 Ihr Ausbilder weist Sie darauf hin, dass es neben den Kriterien im Datenblatt noch weitere praktische Gesichtspunkte bei den Besamungsstationen gibt, die Sie bei der Samenbestellung beachten müssen. Welche meint er?

---

26 Das folgende Eberdatenblatt unterscheidet sich von dem aus **Aufgabe 24**. Geben Sie für den Eber „VERZUG" die passende Bezeichnung im vorgesehenen Kasten unterhalb des Fotos an und begründen Sie.

Eberdatenbank – Stand 26.04.2022

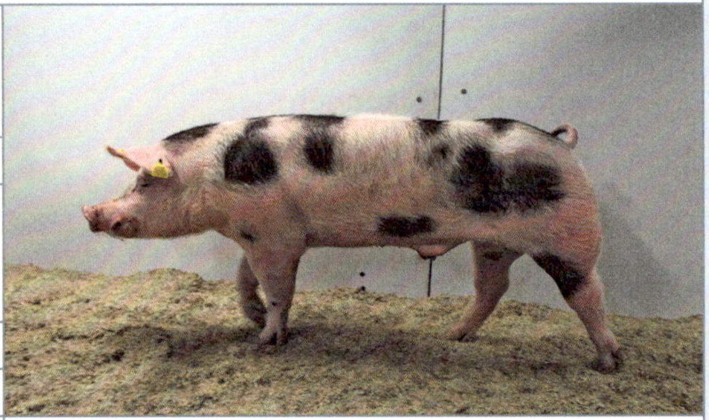

VERZUG NN **German Pietrain** **Station Rees**		
HB-Nr.	28543	
Züchter	D. Lefting Borken-Marbeck German Genetic, BW	
geb.	20.11.20	
Hector		
BLUP	190	R:56%
ZWS Datum	06.04.2022	

Eigenleistung		**Wuchs** ***
E.-Feld	777/0,66	**Fleisch** ***
CF18	SS	

V	VOLKMAR	28194	**M**	8321	218321
VV	VERSTECK	27188			
VM	GRUBE	218069	**MV**	WALLONE	27698

Mastleistung	**Schlachtleistung**	**Erbfehler**	**Wurfqualität**	**Fruchtbarkeit**

Abbildung 1: Eberdatenblatt „VERZUG"

Fehlende Daten/Angaben und Begründung:

---

27 Im Unterricht besprechen Sie die Bedeutung des Zuchtwertes (ZW). Die Rindviehhalter sind der Meinung, dass die ZW aller rot- und schwarzbunten Bullen vergleichbar sind. Mitschüler aus Ferkelerzeugungsbetrieben entgegnen, dass die Zuchtwerte bei Ebern verschiedener Herkünfte nicht miteinander vergleichbar sind. Andere Mitschüler sind diesbezüglich ratlos. Klären Sie den Sachverhalt auf.

28 Nachdem Sie sich mit den Grundlagen und verschiedenen Eberdatenblättern beschäftigt haben, beauftragt Sie Ihr Ausbilder, für die betriebliche Sauenherde einen passenden Eber aus dem Eberpool der regionalen Besamungsstation herauszusuchen.

a Der Erfahrungsschatz zählt bei der Eberauswahl sehr viel. Erläutern Sie die Wichtigkeit des Austausches mit den Schweinemästern.

b Beschreiben Sie Ihre Vorgehensweise, einen geeigneten Eber auszusuchen.

c Ermitteln Sie die Schwächen der Sauen in Ihrem Ausbildungsbetrieb und die Schwächen der in Ihrem Betrieb erzeugten Mastschweine.

d Suchen Sie jetzt einen konkreten Eber aus dem Eberpool aus und diskutieren Sie Ihren Vorschlag mit dem Ausbilder.

29 Beim Thema „Eberauswahl" im Unterricht diskutieren zwei Schüler in der Klasse miteinander: Überprüfen Sie die beiden Aussagen und bilden Sie sich Ihr eigenes Urteil.

30 Recherchieren Sie Besonderheiten/Schwierigkeiten bei der Eberauswahl in ökologisch wirtschaftenden Betrieben.

31 Erläutern Sie wesentliche Unterschiede bei den Zuchtzielen von konventionellen und ökologischen Zuchttieren.

Lernsituation 1.2.4 Sauenfütterung

Situation

Sehr viele Betriebsleiter lassen die Futterrationen von entsprechenden Beratern berechnen. Diese suchen für die Betriebe auch die erforderlichen Ergänzungsfuttermittel aus. Gemäß dem Motto „Vertrauen ist gut, gesundes Misstrauen ist besser" muss der Landwirt in der Lage sein, diese Berechnungen zu überprüfen, um eigene Ergebnisse mit dem Berater zu diskutieren und evtl. Änderungen herbeizuführen. Auch eine Bestätigung der Beraterergebnisse zeigt diesem, dass er vom Auftraggeber kontrolliert wird und seine „Hausaufgaben" besonders gut machen muss.

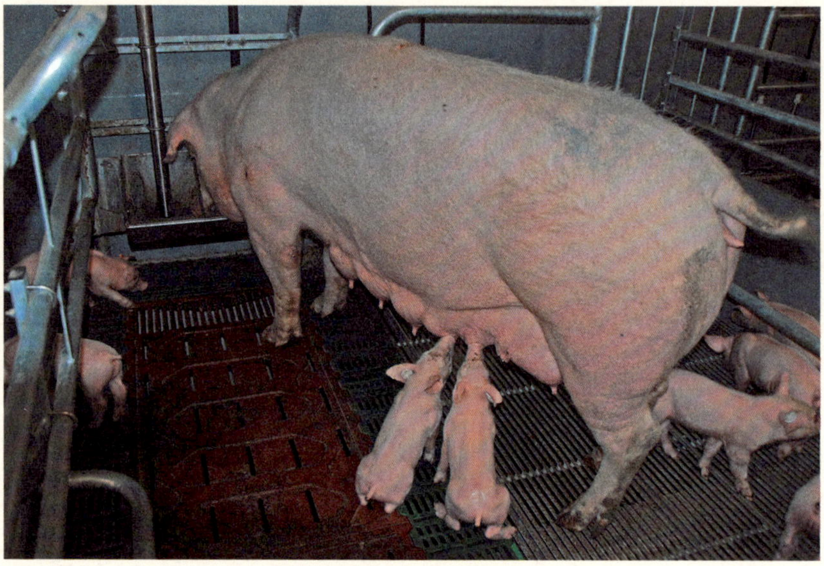

Abbildungen 1 und 2: Tragende Sauen bei der Flüssigfutteraufnahme und säugende Sau bei Futteraufnahme

1 Futtermittel unterscheiden sich hinsichtlich ihrer Inhaltsstoffe. Für den Praktiker ist es wichtig zu wissen, warum ein bestimmtes Futtermittel hauptsächlich eingesetzt wird (Hauptinhaltsstoff).

Übertragen Sie die im Wortkasten aufgelisteten Futtermittel für Sauen in die entsprechende Zeile der Tabelle. Haben Futtermittel weitere wichtige Komponenten, setzen Sie diese – wie beim Beispiel der Ackerbohne – in Klammern in die entsprechende Zeile.

Apfeltrester ▪ Bierhefe ▪ Mineralfutter (vitaminiert) ▪ Biertreber ▪ CCM ▪ eiweißreiche Ergänzer ▪ Erbsen ▪ Fasergranulate ▪ Gerste ▪ Grassilage ▪ Grünmehle ▪ Hafer ▪ Heu ▪ Kleien ▪ Kohlensaurer Kalk ▪ Körnermais ▪ Leinextraktionsschrot ▪ Luzernecobs ▪ Maissilage ▪ Milchpulver ▪ Mineralfutter (vitaminiert) ▪ Molke ▪ Molkeprodukte ▪ Monocalziumphosphat ▪ Pflanzenöle ▪ Roggen ▪ Sojaextraktionsschrot ▪ Sonnenblumenextraktionsschrot ▪ Stroh ▪ Triticale ▪ Trockenschnitzel ▪ Melasseschnitzel ▪ Weizen ▪ Weizenfuttermehl

Tabelle 1: Einteilung der gängigen Sauen-Futtermittel nach ihren Hauptinhaltstoffe

Eiweiße bzw. Aminosäuren	Ackerbohne,
Energie	
Rohfaser	(Ackerbohne),
Mineralien	
Vitamine	

Hinweise:

1. Weitere Aufgaben zu Grundlagenwissen, die für das Verständnis der Schweinefütterung unbedingt erforderlich sind, wurden in **Kapitel 1.1.2** Fütterung gestellt. Bearbeiten Sie jetzt zunächst die dortigen **Aufgaben 1–7** (Seite 41).
2. Im Unterschied zu den Mastschweinen wird bei den Sauen noch die Aminosäure Tryptophan (Try) als Nährstoff mit betrachtet.

2 Skizzieren Sie auf dem folgenden „Spickzettel" stichwortartig die Vorgehensweise bei der Rationsberechnung und -beurteilung für eine selbst erstellte Sauenration (Eigenmischung). Die Berechnung und Beurteilung erfolgt auf der Basis von Inhaltsstoffen pro kg Futtermischung.

Notizen:

3 Vielfach werden die Rationsergebnisse auf 88 % TM umgerechnet. Erklären Sie die Notwendigkeit dieses Rechenschrittes.

4 Folgendes Futtermitteletikett zeigt die Deklaration bzw. die Angaben auf dem Lieferschein des Alleinfuttermittels „SauenLac Ideal".

Abbildung 1: Granuliertes Alleinfuttermittel SauenLac Ideal

SauenLac Ideal gran.

(Alleinfuttermittel für säugende Sauen)

Inhaltsstoffe

16,50 %	Rohprotein
3,90 %	Rohfett
5,50 %	Rohfaser
18,50 %	aNDFom*)
6,30 %	ADFom*)
5,50 %	Rohasche
1,00 %	Lysin
0,85 %	pcv Lysin*)
0,30 %	Methionin
0,56 %	Methionin + Cystin*)
0,73 %	Threonin*)
0,29 %	Tryptophan*)
0,80 %	Calcium
0,45 %	Phosphor
0,28 %	verd. Phosphor*)
0,22 %	Natrium
12,9	MJ ME
88,0 %	TM

*) Werte beim Hersteller nachgefragt

Ernährungsphysiologische Zusatzstoffe

11.500 IE	Vitamin A (3a672a)
1.950 IE	Vitamin D3 (3a671)
105 mg	Vitamin E (3a700)
15,5 mg	Kupfer (3b405) als Kupfer (II), -sulfat, Pentahydrat
92 mg	Eisen (3b101) als Eisen(II)-, carbonat (Siderit)
65 mg	Zink (3b603) als Zinkoxid
8,5 mg	Zink (3b605) als Zinksulfat, Monohydrat
82 mg	Mangan (3b502) als Mangan(II)-, oxid
1,0 mg	Jod (3b202) als Calciumjodat, wasserfrei
0,4 mg	Selen (3b801) als Natriumselenit
550 mcg	Biotin als D-(+)-Biotin (3a880)
52 mg	Carnitin als L-Carnitin (3a910)
3.000 mg	L-Lysin-Silfat (3c324

Zootechnischen Zusatzstoffe

950 FYT 6-Phytase EC3.1.3.26 (4a18)
5,5 × 10 hoch 9 KBE Saccharomyces, cerevisiae (Kennnummer siehe unter **)

**) Saccharomyces cerevisiae CNCM

Zusammensetzung

Weizen, Gerste, Sojaextraktionsschrotfutter, Soapstock***), Weizenkleberfutter, Rapsextraktionsschrotfutter, Soapstock, Trockenschnitzel (Melasse), Mais, Weizenkleie, Sojaschalen***), Sonnenblumenextraktionsschrotfutter, Soapstock, Rapsöl, Calciumcarbonat, Rapsöl, Monocalciumphosphat, Natriumchlorid

***) Hergestellt aus gentechnisch veränderten Sojabohnen

Fütterungsempfehlung

Dieses Futter kurz vor der Abferkelung und in der Säugezeit verfüttern. Frisches Wasser hoher Qualität – ständig in ausreichender Menge verfügbar – sie ist für eine ausreichend hohe Futteraufnahme unbedingte Voraussetzung. Dieses Lac-Alleinfutter erfüllt die RAM-Voraussetzungen der LK Niedersachsen, wird aufgrund eines Vertrages mit dieser Organisation laufend untersucht und hat die Verringerung von Nährstoffausscheidungen zum Ziel QS-Standort-Nr. F 00000263.
Unter fortlaufender LUFA-Kontrolle, auf unerwünschte Stoffe und tierische Bestandteile.

Stoffstrombilanz:

2,650 %	Stickstoff
1,075 %	P_2O_5
0,45 %	Phosphor

Abbildung 1: Futtermitteletikett des Alleinfuttermittels SauenLac Ideal

a In der folgenden Schablone sind die Versorgungsempfehlungen für 1 kg Säugefutter bereits eingetragen. Übertragen Sie aus dem Etikett die entsprechenden Inhaltsstoffe des Futtermittels in die Rationsberechnungsschablone. Berechnen Sie anschließend die prozentualen Abweichungen zu den angegebenen Versorgungsempfehlungen.

$$\left[\frac{\text{Ist-Wert nach Umrechnung auf 880 g TM pro kg Futtermischung}}{\text{Versorgungsempfehlung} \times 100}\right] - 100$$

Beispiel: Berechnung der prozentualen Abweichung MJ ME

$$[12{,}9\,\text{MJ ME (Ist-Wert)} \div 13\,\text{MJ ME (Versorgungsempfehlung)} \times 100] - 100$$
$$= -0{,}769 = -0{,}8\,\%\ \text{Abweichung}$$

Tabelle 1: Futtemittel SauenLac Ideal

Inhaltsstoffe pro kg SauenLac Ideal															
TM g	ME MJ	pcv Lysin g	Lysin (brutto) g	XP g	Met+Cys g	Thr g	Try g	XF g	aNDFom g	ADFom g	Ca g	P g	vP Ph g	Na g	Phytase (Zusatz) FYT oder Units
880	12,9														
	Versorgungsempfehlungen/kg Futtermischung mit 88 % TM *														
	13,0	7,8	9,2	150	5,3	5,9	1,8	≥ 45	≥ 160	≤ 70	7,5	4,6	3,3	2,0	≥ 750
	Prozentuale Abweichung von den Versorgungsempfehlungen **														
	−0,8							ok	ok	ok	6,7				ok

* Die Versorgungsempfehlungen für Phytase hängen vom eingesetzten Phytaseprodukt ab (siehe Gruber Tabelle „Futterberechnung für Schweine“, online abrufbar unter: https://www.lfl.bayern.de/mam/cms07/publikationen/daten/informationen/futterwerttabelle_schwein_lfl-information.pdf).

** Ergebnisse auf eine Stelle nach dem Komma runden.

b Legen Sie die tolerierbare Abweichung in Prozent fest und ordnen Sie davon ausgehend die Inhaltsstoffe von SauenLac Ideal den jeweiligen Kategorien in der Tabelle zu.

> Abweichungen von ________ können toleriert werden
> (5 % bei ausschließlicher Verwendung exakter Daten wie Untersuchungsergebnisse, Herstellerangaben (z. B. auf dem Lieferschein); 10 % bei ausschließlicher Verwendung von Tabellenwerten; bei einer Mischung von exakten Daten und Tabellenwerten ist die %-Angabe anzupassen).

Tabelle 1: Beurteilung der Nährstoffgehalte von SauenLac Ideal

ok (= innerhalb des Toleranzbereiches)	______________________
zu viel (= + 10 % außerhalb des Toleranzbereiches)	______________________ ______________________
viel zu viel (= + > 10 % außerhalb des Toleranzbereiches)	______________________
zu wenig (= – 10 % außerhalb des Toleranzbereiches)	______________________
viel zu wenig (= – > 10 % außerhalb des Toleranzbereiches)	______________________

c Beurteilen Sie die Nährstoffausstattung von SauenLac Ideal und machen Sie ggf. Verbesserungsvorschläge.

____

____

____

____

____

____

____

+/−=

d Berechnen und beurteilen Sie die Aminosäuren- und Mineralstoffverhältnisse anhand der Schablone.

Beispiel:
g Lysin (Brutto) ÷ MJ ME = 10 g ÷ 12,9 MJ ME = 0,775
→ auf 1 MJ ME kommen 0,78 g Lysin; somit besteht ein Überschuss von 0,07 g Lysin/MJ ME.

Tabelle 1: Berechnung und Beurteilung der Aminosäuren- und Mineralstoffverhältnisse

Verhältnis	Soll- Werte (aus Infoquellen)	Ist-Werte (berechnet)
Lys : Met/Cys : Thr : Try	1 : ______	1 : ______
Beurteilung: ______		
g Lysin (Brutto) : MJ ME	0,71 : 1	0,78 : 1
Beurteilung: Es ist mehr Lysin vorhanden als in Fleisch umgewandelt werden kann.		
g Ca : g P	______ : 1	______ : 1
Beurteilung: ______		
g Ca : g vP	______ : 1	______ : 1
Beurteilung: ______		

+/−=

e Ein Ferkelerzeuger, der das Säugefutter SauenLac Ideal füttert, setzt pro Jahr mehr als 30 Ferkel pro Sau ab. Berechnen Sie die Futtermenge, die zur Deckung des Tagesbedarfs an Energie und Lysin erforderlich ist und beurteilen Sie Ihre Ergebnisse.

Tabelle 1: Berechnung der Tagesaufnahmemengen ausgewählter Nährstoffe

	ME MJ	pcv Lysin g	Lysin (Brutto) g	XF (Nur bei tragenden Sauen) g
Tagesbedarf gegen Ende der Säugezeit (wenn alle 14 Zitzen belegt sind)	Ca. 105	56	66	–
Mit ______ Futter aufgenommene Nährstoffmenge	______	______	______	______

Beurteilung der Futteraufnahmemenge und der damit verbundenen Nährstoffversorgung:

f Erläutern Sie mögliche Folgen, wenn die Sau die berechnete Futtermenge nicht aufnimmt.

Situation

Viele Praxisbetriebe beklagen, dass ihre Sauen in der Säugezeit zu wenig Futter aufnehmen und deshalb zu viel Körperfett „einschmelzen" müssen. Nach Expertenmeinung scheint ein Ausweg aus diesem Dilemma der Einsatz von Grundfutter in der Trächtigkeitsfütterung zu sein. Durch die so „voluminöser" werdende Futtermischung wird das Magenvolumen der Sau auch in der Phase mit geringeren Nährstoffansprüchen „groß" gehalten.

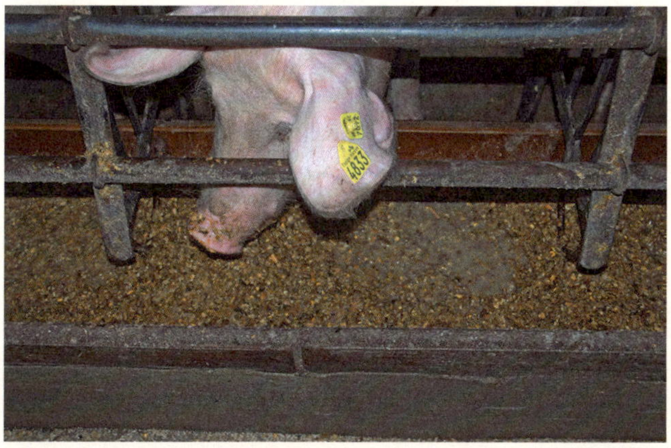

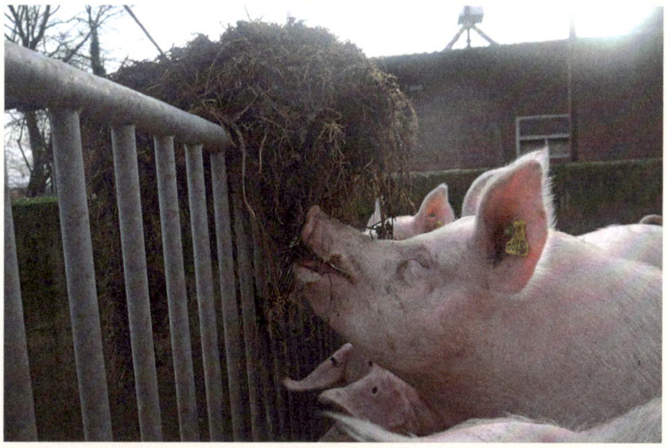

Abbildungen 1 und 2: Maissilageaufnahme einer tragenden Sau im konventionellen Betrieb und Grassilageaufnahme einer tragenden Sau aus einem ökologisch wirtschaftenden Betrieb

5 Die Fütterung einer niedertragenden Sau soll überprüft werden. Die Übersicht zeigt die eingesetzten Futtermittel mit ihren Inhaltstoffen in einem Praxisbetrieb, der Maissilage einsetzt.

Die Futtermittelangaben stammen aus folgenden Quellen:
Weizen, Gerste und Haferschälkleie aus Futtermitteltabellen, der Ergänzer wird für diesen Betrieb individuell hergestellt bzw. aufgewertet, für die Maissilage des Betriebes liegen Untersuchungsergebnisse vor.

Tabelle 1: Inhaltsstoffe aller eingesetzten Futtermittel pro kg Frischmasse/Originalsubstanz

Futtermittel	TM g	ME MJ	pcv Lysin g	Lysin (brutto) g	XP g	Met+Cys g	Thr g	Try g
Weizen	880	13,7	2,2	3,1	108	4,1	3,1	1,4
Gerste	880	12,6	2,4	3,7	103	3,9	3,4	1,3
Haferschälkleie	910	5,61	1,32	1,5	71	1,9	4,5	2,1
Ergänzer * (betriebsspezifisch)	880	12,25	13,0	16,3	169	5,2	10,0	2,59
Maissilage (Analyse-Ergebnis)	334	3,0	0,51	0,7	29	0,8	0,15	0,27
Hier fortfahren! ⟶ Futtermittel	**XF g**	**aNDF om g**	**ADF om g**	**Ca g**	**P g**	**vP_{Ph} g**	**Na g**	**Phytase (Zusatz) FYT oder Units**
Weizen	23	105	31	0,3	2,9	1,9	0,2	0
Gerste	47	218	59	0,5	3,2	2,1	0,5	0
Haferschälkleie	230	715	365	1,3	1,5	1,0	0,2	0
Ergänzer * (betriebsspezifisch)	106	259	91	26,7	13,2	4,8	8,2	4.800
Maissilage (Analyse-Ergebnis)	70	165	90	1,1	0,55	0,36	0,06	0

* Sehr stark N-/P-reduziert; Mineralstoff-, spurenelement- und vitaminreich

a Berechnen Sie im ersten Schritt die anteiligen Inhaltsstoffe für 1 kg Futtermischung ohne Maissilage. Gehen Sie von folgenden Mischungsanteilen aus: 400 g Weizen, 0,3 kg Gerste, 50 g Haferschälkleie und 250 g Ergänzer.

Hinweis: Alle Ergebnisse > 100 auf ganze Zahlen, Ergebnisse < 100 auf zwei Stellen nach dem Komma runden.

Tabelle 1: Anteilige Inhaltsstoffe der eingesetzten Futtermittel in 1 kg Futtermischung (ohne Grundfutter)

Futtermittel	Anteil kg	TM g	ME MJ	Pcv Lysin g	Lysin (brutto) g	XP g	Met+Cys g	Thr g	Try g
Weizen									
Gerste									
Haferschäl-Kleie									
Ergänzer									
Σ									

Hier fort-fahren! ⟶ Futtermittel	XF g	aNDF om g	ADF om g	Ca g	P g	vP_{Ph} g	Na g	Phytase (Zusatz) FYT oder Units	
Weizen									
Gerste									
Haferschäl-Kleie									
Ergänzer									
Σ									

b Berechnen Sie im nächsten Schritt die Inhaltsstoffe der Tagesration (Frischmasse), bestehend aus 1,7 kg der gerade berechneten Mischung und 3 kg Maissilage.

Tabelle 1: Anteilige Inhaltsstoffe der Tagesmischung (mit Grundfutter)

Futtermittel	Anteil kg	TM g	ME MJ	Pcv Lysin g	Lysin (brutto) g	XP g	Met+Cys g	Thr g	Try g
Futtermischung									
Maissilage									
Tagesangebot									
Hier fortfahren! → Futtermittel	**XF g**	**aNDF om g**	**ADF om g**	**Ca g**	**P g**	**vP Ph g**	**Na g**	**Phytase (Zusatz) FYT oder Units**	
Futtermischung									
Maissilage									
Tagesangebot									

c Prüfen Sie anhand der Energie (MJ ME), ob der Tagesbedarf der niedertragenden Sau gedeckt ist. Recherchieren Sie hierfür regionale Versorgungsempfehlungen. Machen Sie ggf. Verbesserungsvorschläge mit entsprechenden Berechnungen.

Verbesserungsvorschläge:

6 Berechnen und beurteilen Sie eine Futterration Ihres Ausbildungsbetriebes und diskutieren Sie mit Ihrem Ausbilder das Ergebnis sowie mögliche Verbesserungsvorschläge. Liegt eine Futtermittelberaterberechnung vor, dann überprüfen Sie diese und diskutieren Sie Ihr Ergebnis mit dem Berater und Ihrem Ausbilder.

Verwenden Sie für Ihre Berechnungen die Rationsberechnungsschablone für Sauen aus dem **Anhang 4** (siehe S. 386 f.). **Hinweis:** Nutzen Sie zur Arbeitserleichterung bzw. -ersparnis ggf. ein entsprechendes Tabellenkalkulationsprogramm.

7 Ein Mitschüler bittet Sie um Hilfe: Im Auftrag seines Ausbilders hat er eine Ration für die aktuelle Jungsauengruppe mit 75 kg Lebendmasse erstellt, ist sich aber wegen fehlender Übung unsicher. Folgende Tabelle zeigt die eingesetzten Futtermittel. Von Gerste und Weizen liegen eigene Untersuchungsergebnisse vor. Die Daten von „Fasermix Optimal" und „JungsauenMineral Optimal" stammen von entsprechenden Deklarationen. Fehlende Werte wurden beim Hersteller erfragt. Die Angaben zu CCM, HP-Sojaextraktionsschrot und zum Pflanzenöl stammen aus Tabellen.

Tabelle 1: Inhaltsstoffe aller eingesetzten Futtermittel pro kg Frischmasse bzw. pro kg Originalsubstanz

Futtermittel	TM g	ME MJ	Pcv Lysin g	Lysin (brutto) g	XP g	Met+Cys g	Thr g	Try g
Gerste (eigene Analyse)	873	12,7	2,4	3,7	103	3,9	3,4	1,3
Weizen (eigene Analyse)	876	13,8	2,1	3	105	4	3	1,3
CCM (64 % TM, 2,5 % XF)	640	10,1	1,2	1,7	58	2,4	2	0,5
Fasermix Optimal	880	6,3	3,3	7	125	4	5	1,7
HP-Sojaextraktionsschrot	875	13,78	26,1	30	475	14,5	18,7	6,1
JungsauenMineral Optimal	975	2,5	50	50	0	0	0	0
Pflanzenöl	999	38,93	0	0	0	0	0	0

Hier fortfahren! → Futtermittel	XF g	aNDF om g	ADF om g	Ca g	P g	vP Ph g	Na g	Phytase (Zusatz) FYT oder Units
Gerste (eigene Analyse)	47	161	57	0,5	3,2	2,1	0,5	0
Weizen (eigene Analyse)	23	108	31	0,3	2,9	1,9	0,2	0
CCM (64 % TM, 2,5 % XF)	17	51	23	0,1	1,9	1,2	0,07	0
Fasermix Optimal	195	450	261	6,5	3,8	1,2	1	0
HP-Sojaextraktionsschrot	39	95	60	3	6,5	4,2	0,2	0
JungsauenMineral Optimal	0	0	0	175	45	40	55	17.600
Pflanzenöl	0	0	0	0	0	0	0	0

a Berechnen Sie die anteilige Nährstoffzufuhr bei folgenden, von Ihrem Mitschüler vorgeschlagenen Futtermittelanteilen:

Gerste: 33 %, CCM: 250 g, Fasermix Optimal: 25 %,
Weizen: 60 g, HP-Sojaextraktionsschrot: 5 %,
JungsauenMineral Optimal: 40 g, Rapsöl: 2 %.

Summieren Sie die Ergebnisse und rechnen Sie die Einzelsummen auf die Vergleichsbasis von 880 g TM um.

Hinweis: Alle Ergebnisse > 100 auf ganze Zahlen, Ergebnisse < 100 auf zwei Stellen nach dem Komma runden.

Tabelle 1: Anteilige Inhaltsstoffe der eingesetzten Futtermittel in 1 kg Futtermischung

Futtermittel	Anteil kg	TM g	ME MJ	Pcv Lysin g	Lysin (brutto) g	XP g	Met+Cys g	Thr g	Try g
Gerste									
Weizen									
CCM									
Fasermix									
HP-Soja									
Mineralfutter									
Pflanzenöl									
Σ	1 kg	823	10,7						
Umgerechnet auf 1 kg mit 880 g TM			11,44[1]						

1 Beispiel: 10,7 MJ ME ÷ 823 g TM × 880 g TM = 11,44 MJ ME

Hier fort-fahren! ⟶ Futtermittel	XF g	aNDF om g	ADF om g	Ca g	P g	vP_{Ph} g	Na g	Phytase (Zusatz) FYT oder Units
Gerste								
Weizen								
CCM								
Fasermix								
HP-Soja								
Mineralfutter								
Pflanzenöl								
Σ								
Umgerechnet auf 1 kg mit 880 g TM								

b Ermitteln Sie die fehlenden Versorgungsempfehlungen für Jungsauen in diesem Gewichtsabschnitt aus Ihnen zugänglichen Infoquellen und tragen Sie die Daten in die folgende Tabelle ein.

Tabelle 1: Gegenüberstellung Ist- und Soll-Werte

Gegenüberstellung Ist- und Soll-Werte	ME MJ	pcv Lysin g	Lysin (brutto) g	XP g	Met+Cys g	Thr g	Try g	XF g
Inhaltsstoffe in 1 kg Futtermischung mit 880 g TM (Übertrag aus vorheriger Tabelle)	______	______	______	______	______	______	______	______
Versorgungsempfehlungen für 1 kg Futtermischung mit 880 g TM * (Quelle: z. B. Gruber Tabelle oder Rechenmeister NRW)	______	______	______	______	______	______	______	______
Hier fortfahren! ⟶ Gegenüberstellung Ist- und Soll-Werte	**aNDF om g**	**ADF om g**	**Ca g**	**P g**	**vP_{Ph} g**	**Na g**	**Phytase (Zusatz) FYT oder Units**	
Inhaltsstoffe in 1 kg Futtermischung mit 880 g TM (Übertrag aus vorheriger Tabelle)	______	______	______	______	______	______	______	
Versorgungsempfehlungen für 1 kg Futtermischung mit 880 g TM * (Quelle: z. B. Gruber Tabelle oder Rechenmeister NRW)	______	______	______	______	______	______	______	

* Der Bedarfswert für Phytase hängt vom eingesetzten Phytaseprodukt ab (siehe „Gruber" Tabelle „Futterberechnung für Schweine", online abrufbar unter: https://www.lfl.bayern.de/mam/cms07/publikationen/daten/informationen/futterwerttabelle_schwein_lfl-information.pdf)

+/
−=

c Berechnen Sie die prozentuale Abweichung von den Versorgungsempfehlungen und schätzen Sie ab, wie viel Prozent Abweichung toleriert werden kann.

Tabelle 1: Berechnung der prozentualen Abweichungen

Prozentuale Abweichungen	**ME MJ**	**pcv Lysin g**	**Lysin (brutto) g**	**XP g**	**Met+Cys g**	**Thr g**	**Try g**	**XF g**
Prozentuale Abweichung von den Versorgungsempfehlungen (auf 1 Stelle nach dem Komma runden)								
Hier fortfahren! → Prozentuale Abweichungen	**aNDFom g**	**ADF om g**	**Ca g**	**P g**	**vP Ph g**	**Na g**	**Phytase (Zusatz) FYT oder Units**	
Prozentuale Abweichung von den Versorgungsempfehlungen (auf 1 Stelle nach dem Komma runden)								

Hinweis: Toleranzbereich: 5 % bei ausschließlicher Verwendung exakter Daten wie Untersuchungsergebnisse, Herstellerangaben; 10 % bei ausschließlichem Einsatz von Tabellenwerten; bei einer Mischung von exakten Daten und Tabellenwerten ist die %-Angabe anzupassen; ebenso wenn die MJ-ME-Versorgungsempfehlungen nicht genau die Ist-MJ-ME-Werte treffen.

Beurteilung:

Tolerierbare Abweichung: ______________________________

Begründung: ______________________________

____

____

d Beurteilen Sie mittels folgender Tabelle den obigen Rationsvorschlag. Ziehen Sie notwendige Schlüsse.

Tabelle 1: Zuordnung der prozentualen Abweichungen

ok (= innerhalb des Toleranzbereiches)	
zu viel (= +10 % außerhalb des Toleranzbereiches)	
viel zu viel (= + > 10 % außerhalb des Toleranzbereiches)	
zu wenig (= −10 % außerhalb des Toleranzbereiches)	
viel zu wenig (= − > 10 % außerhalb des Toleranzbereiches)	

Anmerkungen/Schlussfolgerungen:

e Überlegen Sie Möglichkeiten zur Optimierung der eingesetzten Futtermittel bzw. deren Anteile, um das Nährstoffangebot zu verbessern.

f Berechnen Sie zur Vervollständigung der Rationsbeurteilung die Angaben in der folgenden Tabelle und beurteilen Sie Ihre Ergebnisse.

Tabelle 1: Berechnung und Beurteilung der Aminosäuren- und Mineralstoffverhältnisse

Soll (auf 2 Stellen nach dem Komma runden)								Ist (auf 2 Stellen nach dem Komma runden)							
Lysin (brutto)	:	M+C	:	Thr	:	Try		Lysin (brutto)	:	M+C	:	Thr	:	Try	
1	:		:		:			1	:		:		:		
Beurteilung:															
g Ca	:	g vP Ph						g Ca	:	g vP Ph					
	:	1							:	1					
Beurteilung:															

g Bearbeiten Sie zur weiteren Vervollständigung der Rationsbeurteilung die folgende Tabelle. Beurteilen Sie auch hier die Ergebnisse und machen Sie ggf. Verbesserungsvorschläge.

Tabelle 2: Futter- und Nährstoffaufnahmemengen pro Tag

	Empfehlungen	Erforderliche Futteraufnahme aus der Ist-Ration (kg)	Empfohlene Futteraufnahmemenge/Tag (kg)	Beurteilung
Energie-Tagesbedarf (MJ ME)			2,45	
pcv Lysin-Tagesbedarf (g)			2,45	
Lysin (brutto)-Tagesbedarf (g)			2,45	
XF (g) (Nur bei tragenden Sauen)	200 g			

Verbesserungsvorschläge für eine höhere Futteraufnahme:

Hinweis: Für weitere Rationsberechnungs- und -beurteilungsübungen wird empfohlen, die **Aufgaben 10–17** auf den Seiten 49 ff. im vorliegenden Fachbuch in **Lernsituation 1.1.2** Fütterung zu bearbeiten bzw. zu wiederholen.

8 Nachdem Sie sich in den **Aufgaben 4–7** intensiv mit Futterrationen für Sauen in verschiedenen Produktionsstadien auseinandergesetzt haben, sollen Sie Ihre Erkenntnisse jetzt auf Ihre betrieblichen Verhältnisse übertragen, sofern Sie in einem Ferkelerzeugungsbetrieb ausgebildet werden.

Anmerkung: Diese Aufgabe ist recht umfangreich und bietet sich an, ins Berichtsheft übernommen zu werden. Oder nutzen Sie den Dokumentationsteil im **Anhang Arbeitsblattvorlage 11** ab S. 397 f.

a Berechnen und beurteilen Sie die Futterration einer konkreten Sauengruppe Ihres Ausbildungsbetriebes. Diskutieren Sie mit Ihrem Ausbilder das Ergebnis und evtl. Verbesserungsvorschläge. Liegt eine Futtermittelberaterberechnung vor, überprüfen Sie diese und diskutieren Sie Ihr Ergebnis mit dem zuständigen Berater und Ihrem Ausbilder. Verwenden Sie die entsprechende Schablone aus dem **Anhang Arbeitsblattvorlage 3** (siehe S. 386).

b Warum ist es sinnvoll, auch bei gleichen Ergebnissen den Futtermittelberater zu kontaktieren?

9 Nach den Regelungen der Tierschutz-Nutztierhaltungsverordnung (TierSchNutztV) müssen im Futter für tragende Sauen mindestens 8 % Rohfaser in der Trockenmasse enthalten sein. Als Versorgungsempfehlung wird in der einschlägigen Literatur 70 g je kg Futter mit 88 % TM angegeben, also nur 7 %. Diskutieren Sie diese unterschiedlichen Angaben.

10 Wasser ist rechtlich als Futtermittel eingestuft und unterliegt somit den Vorschriften der EU-Futtermittelhygiene-Verordnung[1]. Zur Sicherstellung einer ausreichenden Aufnahmemenge an qualitativ hochwertigem Wasser ist das Angebot täglich zu kontrollieren und verschmutzte Tränken sind bei jedem Kontrollgang zu reinigen. In der gängigen Literatur finden sich Bedarfswerte von bis zu 40 Litern für eine säugende Sau. Damit diese Menge überhaupt aufgenommen werden kann, muss eine gewisse Fließgeschwindigkeit gewährleistet sein.

a Ermitteln Sie in Ihrem Praxisbetrieb die Durchflussraten von mindestens fünf Tränken und berechnen Sie den Durchschnitt.

b Recherchieren Sie entsprechende Durchflussmengenrichtwerte für eine säugende Sau.

c Beurteilen Sie die Durchflussraten der einzelnen Tränken Ihres Ausbildungsbetriebes.

Hinweis: Sollten Sie nicht in einem Ferkelerzeugungsbetrieb arbeiten, bearbeiten Sie die folgende Aufgabe arbeitsteilig.

d Zu den obligatorischen Grundanforderungen der Initiative Tierwohl für Schweinehalter zählt u. a. der jährlich von registrierten Probenehmern durchzuführende Tränkewassercheck. Recherchieren Sie die Anforderungen und Durchführungshinweise und dokumentieren Sie diese.

https://vel.plus/
LSLAWI12

Abbildung 1: Initiative Tierwohl

1 EU-Futtermittelhygiene-Verordnung (2005/2012), online abrufbar unter: https://eur-lex.europa.eu/legal-content/DE/ALL/?uri=CELEX%3A32005R0183

11 Erläutern Sie die Energieversorgungskurve im Produktionszyklus einer Altsau.

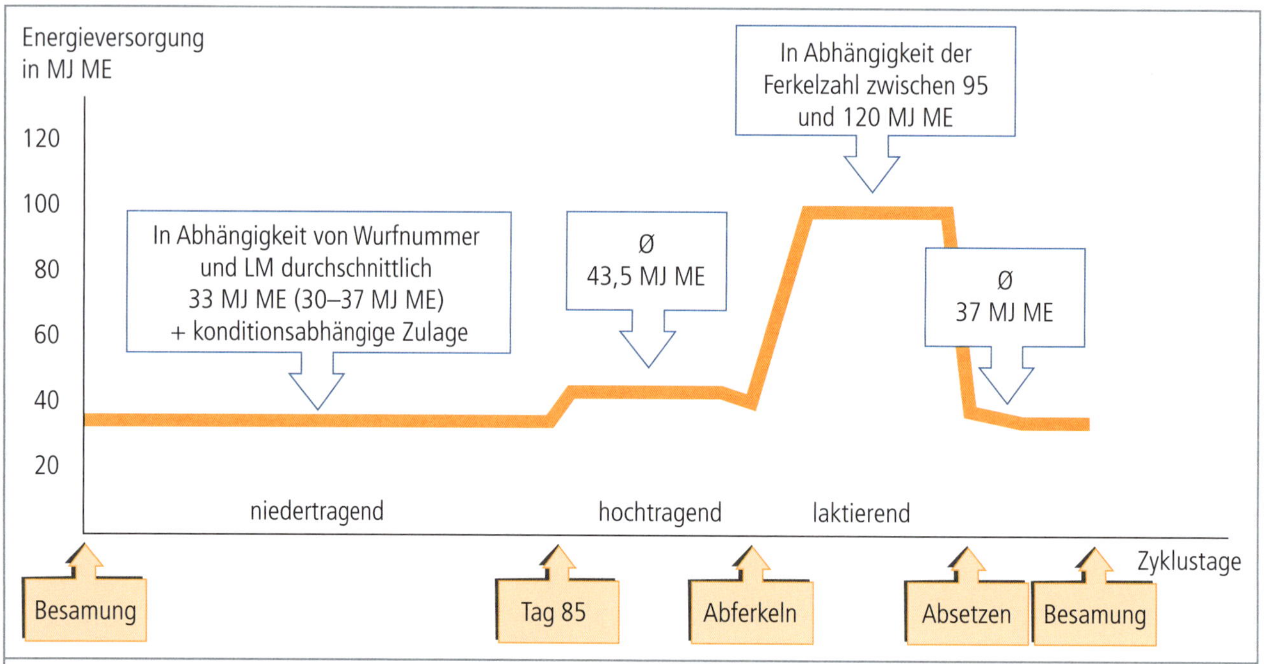

Abbildung 1: Energieversorungskurve im Produktionszyklus pro Altsau

Erläuterungen zu den einzelnen Phasen:

12 Bei der Umstallung in den Wartestall ist die Kondition jeder einzelnen Sau zu beurteilen und evtl. durch Futterzu- bzw. -abschläge in der niedertragenden Phase zu korrigieren.

a Die folgende Tabelle zeigt Kriterien bzw. entsprechende Körperpartien für die Konditionsbeurteilung einer Sau. Vervollständigen Sie die Tabelle.

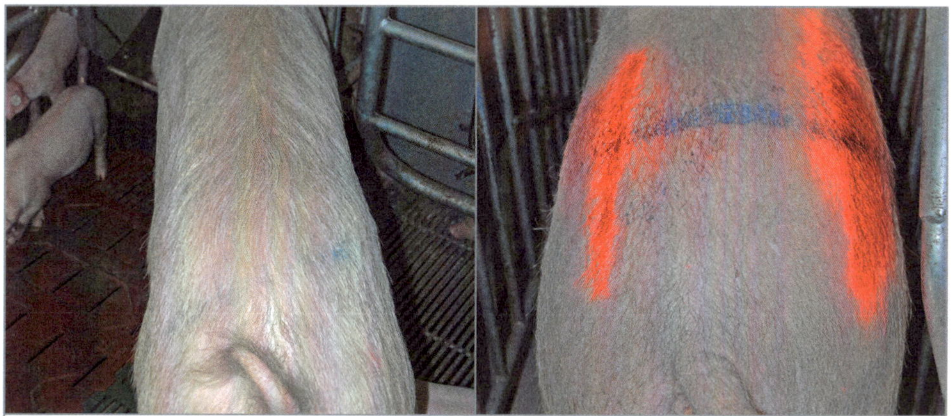

Abbildung 1: Unter- und überkonditionierte Sauen

Tabelle 1: Konditionsbeurteilung von Sauen

Konditionsklasse		1	2	3	4	5
Ansicht		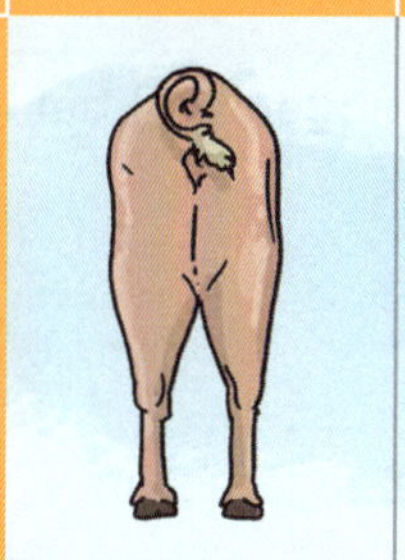	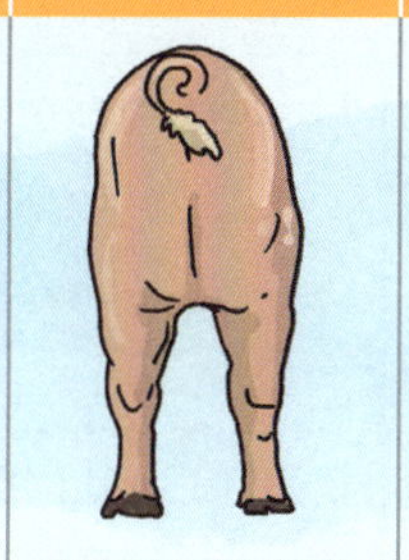	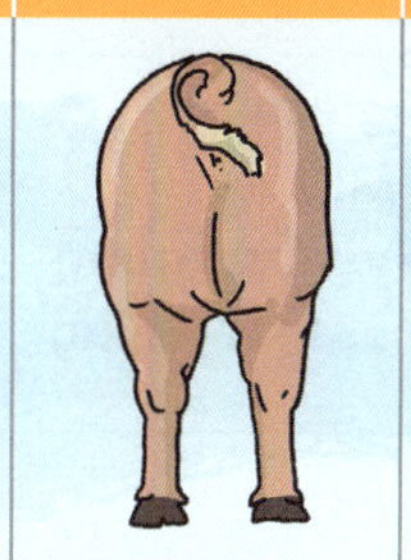	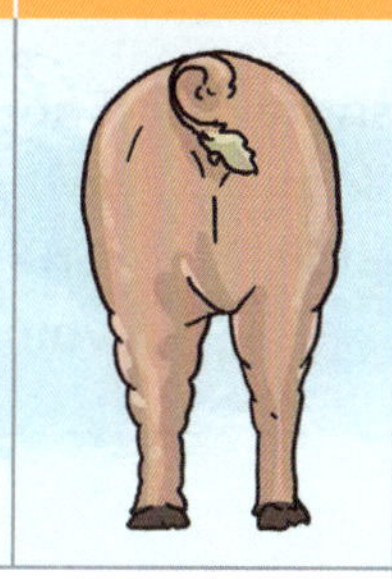	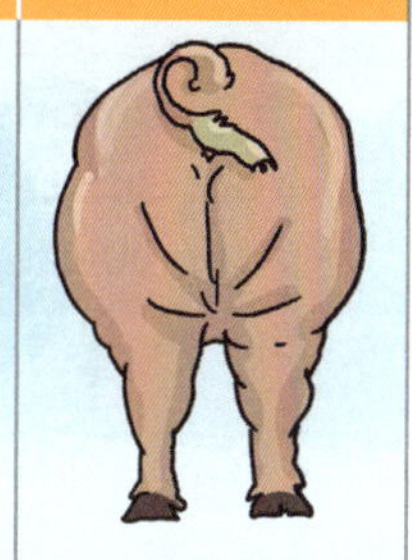
Konditionsbeschreibung			Etwas knapp			
Konditionsnote			3			
Beurteilung von…	Dornfortsätze der Wirbelsäule	Stehen deutlich hervor	Sichtbar			Nicht mehr ertastbar
	Hüfthöcker			Gerade noch sichtbar		
	Schwanzansatz					Stark gewölbt/ leicht verfettet

b Erörtern Sie die Konsequenzen einer falschen Konditionierung.

Unterversorgung:

Überversorgung:

c Berechnen Sie die Veränderungen der Futtertagesmengen aufgrund der Konditionszuschläge für die Vorgaben in der folgenden Tabelle.

Tabelle 1: Futtermengen in Abhängigkeit von der Konditionsnote

Konditionsnote bei Umstallung in den Wartestall	**Energiezulage (MJ ME) zur Grundversorgung von 33 MJ ME/Tag**	**Futtertagesmengen (kg) bei 12,0 MJ ME/kg Futter[1]**
4,0	–	2,75 (33 MJ ME Tagesbedarf ÷ 12 MJ ME/kg Futter)
3,5	1	
3,0	4	
2,5	8	
2,0	12	

1 Ergebnisse auf zwei Stellen nach dem Komma runden.

d Damit die Sauen bei Abweichungen in die richtige Konditionsnote gebracht werden können, bedarf es einer Optimierung der Zu- bzw. Abschläge in Ihrem Ausbildungsbetrieb. Informieren Sie sich darüber und erläutern Sie diese.

13 Experten empfehlen zu Beginn der Säugeperiode eine Anfütterungsphase von etwa acht Tagen bei Altsauen und etwa elf Tagen bei Jungsauen. In Ihrer Klasse entsteht eine Diskussion darüber, da die Sauen doch möglichst schnell viel Milch produzieren sollen und dementsprechend sofort „volle Pulle" gefüttert werden sollten.

Begründen Sie den Sinn dieser Empfehlung unter Berücksichtigung der Unterschiede bei Alt- und Jungsauen.

14 Skizzieren und erläutern Sie mit Hilfe der folgenden Balken mindestens eine Fütterungsstrategie für die Altsauen Ihres Praxisbetriebes. Gehen Sie hierbei auch auf die Anzahl der Mahlzeiten pro Tag ein.

Zur Auswahl stehen folgende Futtermittel:
Tragefutter I niedertragend (**1**)
Tragefutter II hochtragend (**2**)
Geburtsfutter (**3**)
Säugefutter (**4**)
Flushing-Futter (**5**)
Notieren Sie Ihre Fütterungsstrategie in den Balken.

Beispiel:
Standardmäßig werden ein Tragend- und ein Säugefutter eingesetzt, die wie in diesem Beispiel beim Wechsel zur Geburt hin über mind. 3 Tage verschnitten werden. Das heißt, dass z. B. täglich +25 % des neuen Futters auf Kosten des alten eingesetzt werden. Nach dem Absetzen erfolgt der Futterwechsel abrupt.

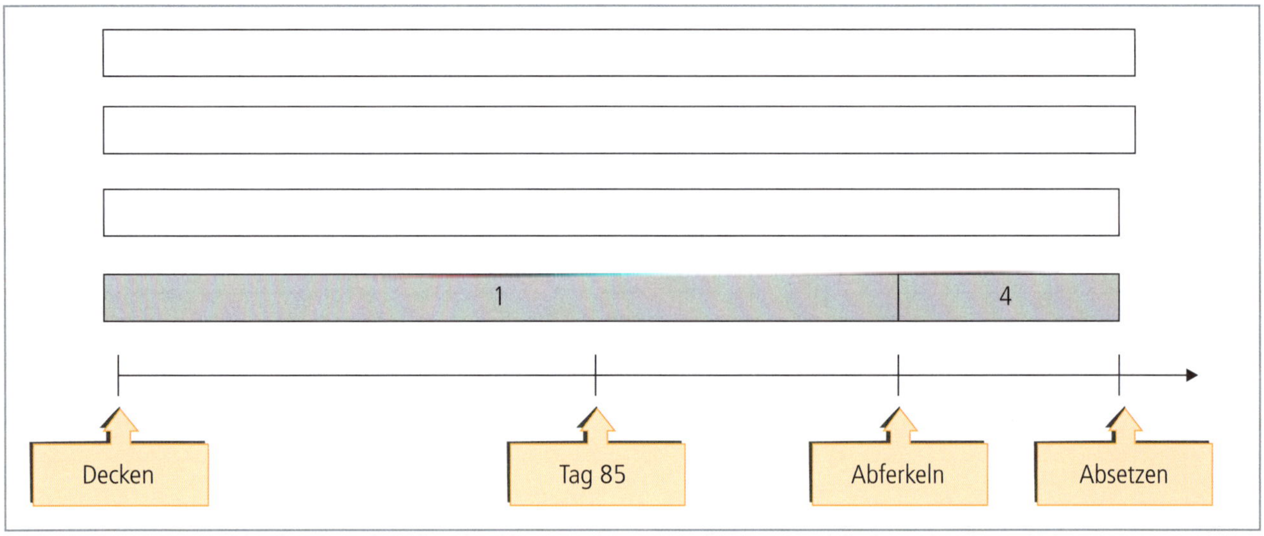

15 Sauen sollen in der Säugephase maximal 10 % an Körpermasse verlieren, da ein Verlust von über 12 % kritisch und über 15 % schädlich für die Gesundheit der Sau ist. Die Einhaltung dieser Forderung wird als Zeichen dafür gesehen, dass die Tiere sowohl in der Trage- als auch in der Säugezeit optimal ernährt werden. Vielen Ferkelerzeugern sind die Gewichtsverluste ihrer Sauen in der Säugezeit aber gar nicht bekannt, weil sie diese nicht ermitteln.

a Ermitteln und beurteilen Sie den Gewichtsverlust bei einer Sau mit folgenden Angaben: Absetzgewicht: 202 kg, Gewicht nach dem Abferkeln: 230 kg. Machen Sie ggf. Verbesserungsvorschläge.

Berechnung und Beurteilung:

Verbesserungsvorschläge:

b Wenden Sie Ihre Erkenntnisse auf Ihrem Ausbildungsbetrieb an.

16 Die Hauptursache für zu hohe Substanzverluste in der Säugezeit liegt nach Expertenmeinung in einer unzureichenden Futteraufnahme in der Hochleistungsphase. Kreuzen Sie die Aussagen in der Tabelle entsprechend an.

Tabelle 1: Aussagen in Bezug auf Substanzverluste

Aussage	Wahr	Falsch
Ein Universalfutter reicht unabhängig vom Produktionszyklus für alle Sauen aus.		
Tränkewassermenge, -qualität und -temperatur spielen eine eher untergeordnete Rolle.		
Auf die gezielte Konditionierung der Sauen muss ab dem 85. Trächtigkeitstag nicht mehr geachtet werden. Sie sollte in der niedertragenden Phase erfolgt sein.		
Nieder- und hochtragende Sauen müssen wegen des unterschiedlichen Nährstoffbedarfs unterschiedlich gefüttert werden.		
Der Einsatz eines speziellen Geburtsfutters rund um die Geburt kann helfen, Verdauungsstörungen und MMA zu verhindern.		
Das Nährstoffangebot muss besonders im Lac-Futter ausgewogen und leistungsgerecht sein.		
Die Futterhygiene spielt eine untergeordnete Rolle.		
Schmackhafte Futtermittel fördern die Futteraufnahme.		
Es spielt keine Rolle, ob das Futter als Mehl, Pellets oder als Granulat/Brösel angeboten wird.		
Die Anzahl der Mahlzeiten – mit jeweils kleineren Portionen – spielt keine Rolle.		
Futterreste brauchen vor der nächsten Fütterung nicht unbedingt entfernt werden.		
Durch geeignete Stalleinrichtungen (Luftkühlung, Heizung, optimale Regeltechniken) ist in jeder Jahreszeit für ein bestmögliches Stallklima zu sorgen.		
An heißen Sommertagen sollten die Fütterungen in kühlere Tageszeiten verlegt werden, z. B. frühmorgens und spätabends.		

17 In vielen Betrieben ist der Krankheitskomplex MMA (Mastitis-Metritis-Agalaktie) die häufigste Krankheit im Zusammenhang mit der Tragezeit und der Geburt.

a Verbinden Sie die zusammengehörigen Aussagen.

Mögliche Wege des Keimeintrages		Ursachen
Direkter Keimeintrag in Blase und Gebärmutter		Schlechtes Stallklima
Direkter Keimeintrag ins Gesäuge		– Zu starke bzw. zu schnelle Anfütterung nach der Geburt – Keine Darmentleerung vor der Geburt – Bewegungsmangel (Kastenstand)
Keime werden aus der Blase unzureichend ausgespült und gelangen in die Gebärmutter		Pilzliche Gifte (Toxine) im Futter (Futterhygienemängel)
Darmpassagegeschwindigkeit stockt → Keime dringen in den Dünndarm → gelangen durch die Darmwand ins Blut und von dort in die Gebärmutter und ins Gesäuge		– Mangelnde Hygiene im Abferkelabteil und an der Sau – Strichverletzungen
Stoffwechselbelastung → Immunschwächung → verringerte Keimabwehr		– Mangelnde Hygiene im Abferkelabteil und an der Sau – Schwere, verzögerter Geburt, z. B. wegen Überkonditionierung – Unhygienische bzw. unsachgemäße Geburtshilfe
Unwohlsein → Gesundheitsbeeinträchtigung → Immunschwächung → verringerte Keimabwehr		Wasseraufnahme (rund um die Geburt) zu gering

b Ergänzen Sie die Maßnahmen oder die entsprechende Begründung zur MMA-Prävention in der folgenden Tabelle.

Tabelle 1: MMA-Prävention mit Begründung

Maßnahmen	Begründung
Vor der Geburt evtl. Futtermenge um 1–1,5 kg reduzieren bzw. kurz vorher ganz darauf verzichten	Weniger Geburtsprobleme; fördert die Futteraufnahme nach der Geburt
Bei der Fütterung zwischen nieder- und hochtragenden Sauen unterscheiden	
Abferkelbucht reinigen und desinfizieren	
Fünf Tage vor dem Geburtstermin die Sau in die Abferkelbucht umstallen	
	Kurz vor der Geburt Stress verringern und Wohlbefinden fördern
Spezielles Geburtsfutter einsetzen, z. B. mit quellfähigen Substanzen und/oder Harnsäure	
Einsatz von Probiotika oder fermentiertem Futter	
Säure-Einsatz über das Tränkewasser oder das Futter	
	Fördert Wasseraufnahme → häufigerer Harnabsatz → Keimverdünnung in der Blase

c Zählen Sie die Folgen einer MMA-Erkrankung bei der Sau für die Ferkel auf.

Hinweis: In vielen Ferkelerzeugungsbetrieben werden die Sauen flüssig gefüttert. Berechnungsbeispiele für die Flüssigfütterung finden Sie in **Aufgabe 19** in **Lernsituation 1.1.2**.

18 In heißen Sommermonaten nehmen laktierende Sauen häufig zu wenig Futter auf, wodurch die Ferkel weniger Milch bekommen und somit das Wachstumspotenzial nicht ausgeschöpft werden kann. Listen Sie Maßnahmen auf, die hier Abhilfe schaffen können.

19 Die ersten drei Tage nach der Geburt haben Sie gemeinsam mit Ihrem Ausbilder die neuen Würfe intensiv betreut. Ab jetzt sind Sie alleine für die weitere Betreuung dieser Gruppe bis zum Absetzen mit 21 Tagen verantwortlich. Während dieser Zeit fallen Ihnen einige Verhaltensweisen auf, die in der nachfolgenden Tabelle aufgelistet sind.

Finden Sie jeweils Ursachen und machen Sie Lösungsvorschläge. Ergänzen Sie die Tabelle mit Ihren eigenen Beobachtungen.

Tabelle 1: Ursachen und Lösungen bei Auffälligkeiten in einer Gruppe

Auffälligkeiten	Ursachen	Lösungsvorschläge
In einigen Trögen liegen noch Futterreste von der letzten Mahlzeit	Zu hohe Futtermenge	Futtermenge reduzieren, Futterreste aus dem Trog entfernen
Einige Sauen bleiben während der Fütterung liegen und fressen nicht		
Der Kot der Sauen ist relativ fest		Durchflussmenge kontrollieren und ggf. Wasserdruck erhöhen, Futterration nachrechnen und ggf. ändern
Sehr trockene, scheinbar schon ältere Kotballen hinten neben der Sau		
In einigen Würfen sind die Ferkel unruhig und stören die Sau beim Fressen	Ferkel sind hungrig, bekommen zu wenig Milch bzw. Beifutter	
Saugferkel-Durchfälle		Sauen-Gesundheit bzw. -Wohlbefinden überprüfen, Wasser- und Futterversorgung der Sau überprüfen, Ferkelmilch zufüttern, Wasserversorgung der Ferkel überprüfen, Buchtenhygiene verbessern

20 Verfassen Sie für Ihr Berichtsheft einen Bericht über die Fütterungs- und Tränketechniken von Sauen und Ferkeln in einer Abferkelbucht Ihres Ausbildungsbetriebes. Veranschaulichen Sie Ihre Ausführungen mit eigenen Aufnahmen (Fotos).

Sammeln Sie im Vorfeld Sachverhalte, die in jedem Fall angesprochen werden sollten.

Sau:

Ferkel:

Hinweis: In **Lernsituation 1.1.2** wurde in **Aufgabe 8** die Ziehung einer Futterprobe behandelt. Falls Sie diese Aufgabe nicht bearbeitet haben, holen Sie dies jetzt nach.

21 Ferkel haben ein noch empfindlicheres Verdauungssystem als ältere Schweine und reagieren auf Unstimmigkeiten sofort mit Durchfall. Deshalb ist die Futter-, Fütterungs-, Anlagen- und Troghygiene bei ihnen besonders wichtig. Bearbeiten Sie hierzu – sofern noch nicht geschehen – **Aufgabe 25** der **Lernsituation 1.1.2** auf Seite 65.

22 Eine optimale Darmgesundheit ist auch bei Sauen Grundvoraussetzung für eine optimale Verdauung. Auch dieses Thema wurde bereits bei den Mastschweinen behandelt. Bearbeiten Sie hierzu – sofern noch nicht geschehen – die **Aufgaben 26** der **Lernsituation 1.1.2**.

23 Laut Düngeverordnung (DüV) sind die jährlichen betrieblichen Nährstoffeinsätze für Stickstoff (N) und Phosphat (P_2O_5) zu dokumentieren. Wichtige Berechnungsgrundlagen sind die anrechenbaren Nährstoffmengen aus der Tierhaltung. Vervollständigen Sie folgende Tabelle unter Zuhilfenahme der aktuell gültigen Version der DüV.

Tabelle 1: Dokumentation von N und P_2O_5

Mittlere Nährstoffausscheidung landwirtschaftlicher Nutztiere je Stallplatz und Jahr				
Kategorie	**Produktionsverfahren**		**Nährstoffanfall je Jahr**	
			kg N	**kg P_2O_5**
Ferkelaufzucht bis 8 kg LM	28 aufgezogene Ferkel, 264 kg Zuwachs je Platz p. a. (= pro Jahr)	N/P-reduziert		
		stark N/P-reduziert		
Ferkelaufzucht bis 28 kg LM	28 aufgezogene Ferkel, 824 kg Zuwachs je Platz p. a. (= pro Jahr)	N-P-reduziert		
		stark N/P-reduziert		
N-Mindestwirksamkeit von Schweinegülle (%)		DüV 2017	Aktuelle Version der DüV vom ______	
		60	70	

24 Recherchieren Sie Unterschiede und Besonderheiten hinsichtlich der Fütterung von Sauen in Öko-Betrieben.

25 Die Vorlage von Raufutter ist in der Bio-Schweinehaltung vorgeschrieben. Zu ihnen zählen u. a. Rau- und Grünfuttermittel wie Heu, (Getreide-)Stroh, Silagen, Luzerne, Klee, Kleegras und Grünmehle. Raufutter hat bei tragenden Sauen positive Effekte auf die Gesundheit, das Verhalten und die Leistung.
Ordnen Sie die Begriffe aus dem Wortkasten den Kategorien „Tiergesundheit", „Tierverhalten" und „Leistung" in der Tabelle richtig zu.

Beschäftigung ■ Höhere tägliche Zunahme ■ Höheres Wurfgewicht ■ Längere Fresszeiten ■ Mehr abgesetzte Ferkel pro Sau ■ Mehr Ruhe im Stall ■ Weniger Aggressionen ■ Weniger krank machende Keime im Magen-Darm-Trakt ■ Weniger MMA-Probleme ■ Weniger Scheidenverletzungen ■ Weniger Verstopfung rund um die Geburt ■ Stressfreie Sauen

Tiergesundheit	Tierverhalten	Leistung

Lernsituation 1.2.5 Ferkelvermarktung und Wirtschaftlichkeit

Situation

Sie absolvieren Ihr jetziges Ausbildungsjahr in einem Ferkelerzeugungsbetrieb. Sie durften eine Sauengruppe von der Belegung bis zum Absetzen der Ferkel begleiten. Diese haben Sie nun an den Mastbetrieb in der Region verkauft. Da Sie als pauschalierender Erzeuger einen höheren Mehrwertsteuersatz erzielen als der Mäster bezahlt, geschieht dies über einen Viehhändler, der sich die Mehrwertsteuer-Differenz vom Finanzamt erstatten lässt. Bei einem Gespräch mit diesem Mäster haben Sie festgestellt, dass es nicht nur beim Preis der produzierten Ferkel unterschiedliche Ansprüche gibt.

Abbildung 1: Gruppe vermarktungsfähiger Ferkel mit etwa 30 kg Lebendmasse

1 Informieren Sie sich über die aktuellen Mehrwertsteuersätze.

Pauschalierender Ferkelverkäufer: ______________________________

Ferkel aufnehmender Mäster: ______________________________

2 In Bezug auf die Ferkel unterscheiden sich die Ansprüche von Erzeuger und Mäster zum Teil. Während z. B. der Sauenhalter einerseits seine Ferkel möglichst „billig" erzeugen und einen hohen Verkaufspreis erzielen will, erwartet andererseits der Mäster qualitativ hochwertige Ferkel zu einem günstigen Einkaufspreis. Ergänzen Sie die Tabelle in Bezug auf die unterschiedlichen Ansprüche des Ferkelerzeugers und des Mästers.

Tabelle 1: Ansprüche von Ferkelerzeuger und Mäster

Kriterium	Ansprüche des Ferkelerzeugers	Ansprüche des Mästers
Preis	Teuer verkaufen	Billig einkaufen
Verkaufs- bzw. Einstallgewicht (kg)		
Ausgeglichenheit der Verkauf- bzw. Einstallgruppe		
Verbleib der Nachzügler, Kümmerer, Brüchlinge etc.	Will alle Ferkel verkaufen	Will er nicht haben
Tageszunahmen		
Gesundheitsstatus		
Impfungs- bzw. Medikamenteneinsatz		
Robustheit und Vitalität		
Fleischfülle		
Futtermittelkosten		
Eingesetzte Besamungseberqualität	Egal, möglichst preiswerter Samen	Möglichst hoch

3 **Aufgabe 2** zeigt, dass sich anhand der unterschiedlichen Ansprüche zwischen Ferkelerzeuger und Mäster betriebswirtschaftliche Zielkonflikte einstellen können. Diskutieren Sie mit Ihren Mitschülern, wie beide Seiten Ihre Interessen durchsetzen bzw. Kompromisse finden können.

4 Zählen Sie verschiedene Faktoren auf, die den Ferkelpreis beeinflussen.

____

____

____

____

____

____

5 Die folgende Abbildung zeigt eine Ferkelverkaufsabrechnung.

a Ergänzen Sie die fehlenden Beschriftungen an den markierten Positionen.

Rechnung

Schweinsmann GbR Sauwaldstraße 20 54321 Haxendorf ← (1)	(2) → **MÜLLER-NEUMANN** – Feisch und Vieh Müller-Neumann GbR Quiekengasse 3 12345 Ebermannsdorf Tel: (05003) 99091-235 Mail: infomail@m_nm.de

Registriernummer:	3401 141 1400 18 324	**Gutschrift**
Fahrerin	Margarete Frühauf	Belegnummer: 12234 Belegdatum: 12.05.20XX Lieferdatum: 11.05.20XX Lieferanten-Nr.: 3444234 Steuer-Nr.: 123/341241/34 Seite 1/1

(8)

Bezeichnung	Kennzeichen	Menge	Gewicht	Preis PA	Betrag	Stück
Ferkel (ø 25 kg) Über 25 kg	UMS234234	(3) → 248	6.200,00 (4) → 380,00	(5) → 62,50 N 1,00 N	15.500,00 (6) → 380,00	1 1
		Zwischensumme	6.580,00		15.880,00	
Kastrationszuschlag Abzug 1 Ferkel (Brüchling im ø)		248	6.580,00	2,00 N N	(7) → 496,00 –66,03	1 1
Gesamt Netto in EUR					16.309,97	
Zzgl. 7,00 % UST auf 16.309,97					1.141,70	
Gesamtbetrag in EUR					**17.451,67**	

Gesamtmenge: 248 Gesamtgewicht: 6.580,00 kg Ø26,53 kg Stückpreis: 70,37€ (Brutto)	Auszahlung erfolgt per Überweisung

1 ______________	**5** ______________
2 ______________	**6** ______________
3 ______________	**7** ______________
4 ______________	**8** ______________

b Berechnen Sie das Gewicht des Brüchling-Ferkels, für das in der Abrechnung 66,03 € abgezogen wurden.

6 Besorgen Sie sich eine aktuelle Ferkelverkaufsabrechnung und analysieren Sie diese bezüglich Verkaufsgewicht, Preis, Zuschlägen und Abzügen etc. im Vergleich mit der oben abgebildeten Abrechnung.

7 Die Ferkelpreise sind marktabhängig, unterliegen starken Schwankungen und sind oft nicht kostendeckend. Deshalb denken viele Erzeuger über alternative Vermarktungsformen nach.

Diskutieren Sie verschiedene Möglichkeiten.

8 Sie haben während Ihrer Ausbildung viele Aspekte der Ferkelerzeugung kennengelernt, eigenständig Aufgaben geplant, durchgeführt und mit Ihrem Ausbilder reflektiert. Da sich dieser Betriebszweig – ebenso wie alle anderen in der Schweinehaltung – auch lohnen muss, bekommen Sie den Auftrag, entsprechende Berechnungen zur Überprüfung der Wirtschaftlichkeit durchzuführen. In der folgenden Übersicht sind neben Leistungsdaten von Sauen weitere Einflussgrößen für die Wirtschaftlichkeitsberechnung aufgelistet.

Tabelle 1: Einflussgrößen auf die Wirtschaftlichkeitsberechnung

Leistungsdaten/Einflussgröße		**Durchschnitt der letzten 3 Jahre**
Lebend geborene Ferkel/Sau pro Wurf	Stück	15
Würfe/Sau/Jahr	Anzahl	2,35
Ferkelverluste (gesamt) Saugferkel Absatzferkel	% % %	18,7 15,7 3
Verkaufte Ferkel/Sau/Jahr *) 15 Ferkel/Wurf * 2,35 Würfe/Sau/Jahr – 18,7 %	Stück	28,6*)
Würfe/Sauenleben	Anzahl	6
(Abgesetzte) Ferkel/Sauenleben	Stück	77
Ferkelgewicht (beim Verkauf)	kg	29,5
Ferkelerlös (25 kg Ferkel)	€	66
Ferkelerlös (29,5 kg Ferkel) (ab 25 kg → + 1 €/kg ohne Qualitätszuschläge)	€	70,5
Erlös Altsau	€	200
Remontierungsrate/Bestandsveränderung	%	40
Jungsauenpreis	€	350
Umrauscherquote (gesamt)	%	9
Abferkelungen zu Belegungen (Wie viel % der besamten Sauen ferkeln tatsächlich ab?)	%	85,9
Erstlingswürfe	%	17,2
Säugezeit	Tage	26
Sauenkraftfutter Preis/dt	Verbrauch in dt	13,5 27
Ferkelfutter 12 dt ÷ 28,6 Ferkel/Sau/Jahr	Verbrauch in dt/Sau Verbrauch dt/Ferkel Preis/dt	12 ______ 37
Sauenplatzkosten (Gebäude und Technik) (Ø Erstellungspreis für vorhandene und genutzte Ställe)	€	2 530
Arbeitszeit	Akh / Sau /Jahr	12
Lohnansatz	€/Akh	25

+/−= a Berechnen Sie die Marktleistung pro Jahr.

Hinweis: Runden Sie auf volle Eurobeträge auf.

Tabelle 1: Marktleistung pro Jahr

Leistung aus Ferkelverkauf/Sau/Jahr €	
Leistung Altsau (anteilig) €	
Marktleistung €/Sau	

+/−= b Berechnen Sie nun unter Einbeziehung der entsprechenden Einflussgrößen die jährlichen Kosten.

Hinweis: Runden Sie auf volle Eurobeträge auf.

Tabelle 2: Jährliche Kosten in €

Jungsauenzukauf (anteilig)	
Sauenkraftfutter	
Ferkelfutter	
Tiergesundheit (6 €/Ferkel)	
Besamung (1,50 €/Ferkel)	
Beiträge Tierseuchenkasse, Arbeitskreis Erzeugerring (2 €/Ferkel)	
Energie, Wasser (3 €/Ferkel)	
Summe Direktkosten/Sau	

c Ermitteln Sie nun anhand der Ergebnisse aus den **Aufgaben a** und **b** die Wirtschaftlichkeit der Ferkelerzeugung.

Hinweis: Runden Sie auf volle Eurobeträge auf.

Tabelle 1: Wirtschaftlichkeit der Ferkelerzeugung

Direktkostenfreie Leistung/ Sau €	
Direktkostenfreie Leistung/Ferkel €	

Festkosten (€/Sau)	
AfA Gebäude inkl. Technik (15 Jahre → 6,66...%)	
Zinsansatz Gebäude inkl. Technik (4 % von der Hälfte der Baukosten)	
Zinsansatz Vieh- und Umlaufvermögen (4 % Summe Direktkosten)	
Arbeitskosten	
Allgemeinkostenansatz	43
Summe Festkosten €/Sau	

Überschuss über Faktorkosten[1] €/Sau	

1 = Direktkostenfreie Leistung/Sau – Summe der Festkosten

Produktionskosten (Vollkosten)[2]	pro Sau	€	
	pro Ferkel	€	

2 = Summe Direktkosten + Summe Festkosten

d Wenden Sie die obigen Berechnungen nach Rücksprache und mit Zustimmung Ihres Ausbilders auf Ihren Ausbildungsbetrieb an und diskutieren Sie mit Ihrem Ausbilder die Ergebnisse. Stellen Sie Ihre Ergebnisse – mit Erlaubnis Ihres Ausbilders – Ihren Mitschülern vor und diskutieren Sie in der Klasse die aktuelle Situation der Ferkelerzeuger.

2 Rinderhaltung

2.1 Kälber und Jungvieh

2.2 Milchvieh

2.3 Mastrinder

2.1 Kälber und Jungvieh

Lernsituation 2.1.1 Erstversorgung von Kälbern

Situation

Während Ihres derzeitigen Ausbildungsabschnitts arbeiten Sie auf einem Milchviehbetrieb, der auch Bullen mästet. Nach sechs bis acht Wochen werden die männlichen Kälber und die nicht zur Zucht geeigneten weiblichen Kälber in den Mastbereich umgestallt. Die Kühe „Gerda" und „Lotte" stehen kurz vor der Abkalbung. Ihr Ausbilder überträgt Ihnen die Verantwortung für deren Kälber. Beide Kühe wurden bereits in einer Abkalbebox separiert. Am nächsten Morgen, als Sie den Stall betreten, finden Sie bei Gerda ein gesundes Kalb vor. Nach Rücksprache mit Ihrem Ausbilder betreuen Sie dieses Kalb mit dem Namen „Erna".

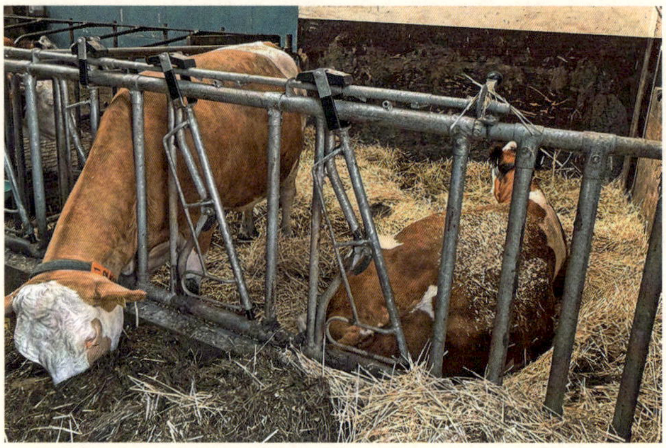

Abbildung 1: „Gerda" und „Lotte" in der Abkalbebox

Abbildung 2: Kalb „Erna" nach der Geburt

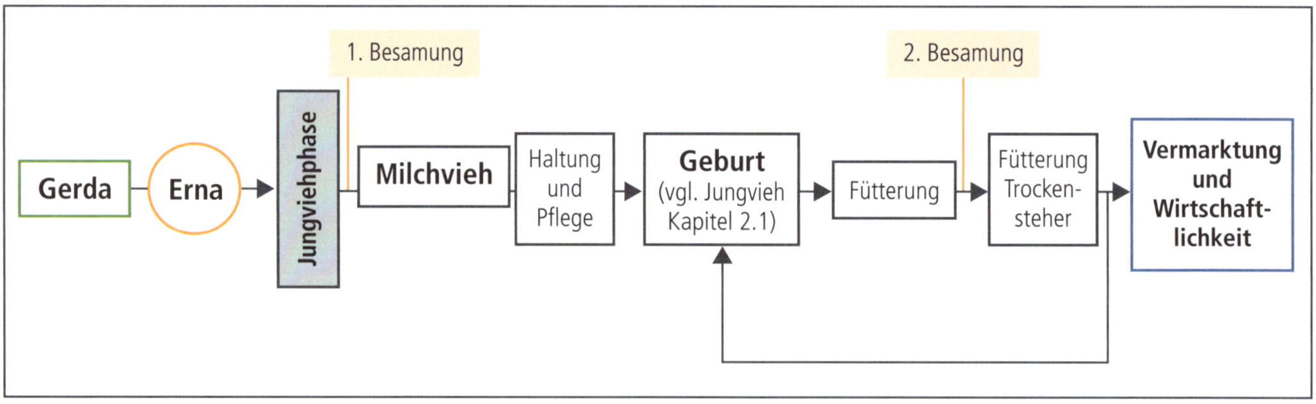

Abbildung 3: Produktionsabschnitte der Milchviehhaltung

Hinweis: Die Darstellung des Produktionsverfahrens geht davon aus, dass Auszubildende mehrere Jahre auf demselben Betrieb ausgebildet werden. Bundeslandspezifisch können Abweichungen auftreten.

1 Bei Gerda waren die bisherigen Geburten komplikationslos, wie jetzt auch bei Erna. Ergänzen Sie im Zeitstrahl einer idealen Geburt erwartbare Ereignisse und Verhaltensweisen der Kuh.

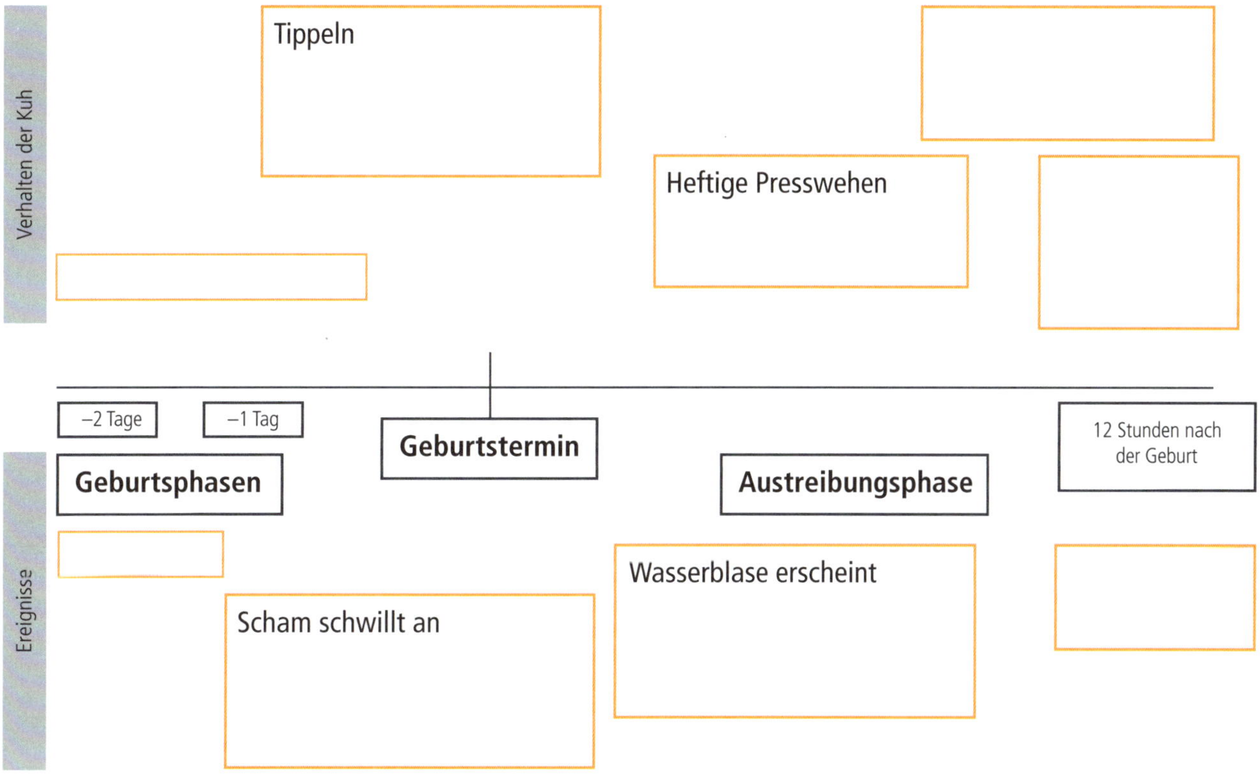

2 Ihr Ausbilder beauftragt Sie:

„Beginnen Sie nun mit der Versorgung von Erna und überlegen Sie, welche Aufgabenbereiche – vom Separieren der Kuh in die Abkalbebox bis zum Absetzen des Kalbes – zu Ihren Arbeiten gehören"

a „Von der Geburt bis zur Aufzucht des Kalbes": Erstellen Sie eine Mindmap für einen groben Überblick über die Tätigkeiten.

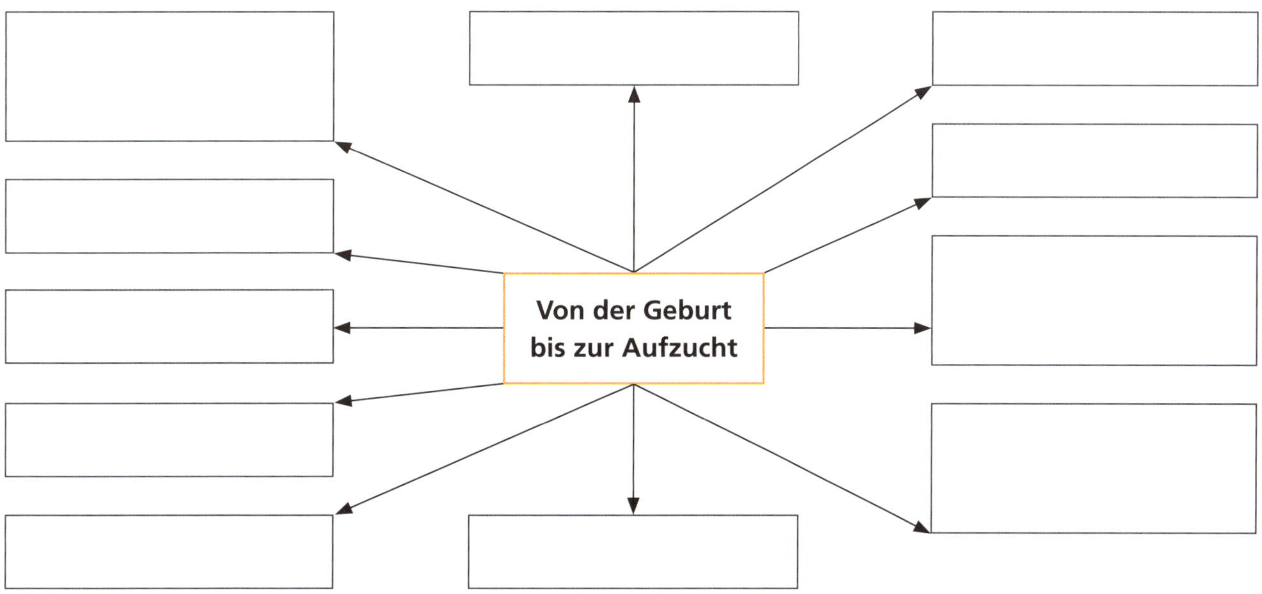

b Bringen Sie die möglichen Arbeitsschritte rund um die Geburt in eine für Sie logische Reihenfolge, indem Sie diese richtig nummerieren. Ergänzen Sie jeweils die gewünschte Wirkung.

Tabelle 1: Arbeitsschritte bei der Erstversorgung

Erstversorgung:	Nr.	Arbeitsschritt	Wirkung
https://vel.plus/LSLAWI13		Kaltes Wasser in den Nacken	
		Hände waschen vor der Geburtshilfe	
		Nabelkontrolle und Behandlung mit Blauspray bzw. Jod	
	(10)	Ggf. drenchen	
	(1)	Abkalbebox reinigen und desinfizieren → Stallbrache (ca. eine Woche vorher)	
		Kuh leckt das Kalb od. Abreiben des Kalbes mit Stroh	
		Schleim aus Maul streifen od. ggf. absaugen (od. Atemspray)	
		ggf. Kälberdecke anbieten	
		Abkalbebox großzügig mit Stroh einstreuen und ggf. Wärmelampe anbringen	
		Kolostrumgabe	

c Bei Lotte kündigen sich Schwierigkeiten an. Zählen Sie mögliche Komplikationen vor, während und nach der Geburt auf und geben Sie eine mögliche Ursache dafür an.

Abbildung 1: Beispiel für Geburtshilfe

Tabelle 1: Mögliche Komplikationen bei den einzelnen Geburtsphasen

Geburtsphase	Komplikation	Mögliche Ursache
Vor der Geburt	Keine oder zu schwache Wehen	______
	Erwartbare Schwergeburt	Nicht angepasste Fütterung
Beginn der Geburt	Verschiedene Lagen des Kalbs	
Während der Geburt	Vorderfüße sichtbar, Geburt schreitet nicht voran	Wehenschwäche, zu großes Kalb oder Kopf seitlich abgeknickt
	______	Querlage
	Nur ein Vorderbein zu sehen	______
	______	Rückenlage des Kalbes; Hinterendlage
	Geburtsablauf ist sehr stark verzögert	______
	______	Kalb schon länger tot
	______	______

Nach der Geburt	Nachgeburt geht nicht ab	
		Mangelnde Hygiene bei der Geburtsüberwachung bzw. -hilfe
		Möglicher Ca-Mangel

3 Die Geburt bei Lotte geht nicht voran. Die Klauen und Fesseln des scheinbar großen Kalbes sind bereits seit drei Stunden zu sehen. Eine Geburtshilfe scheint unvermeidbar.

a Zählen Sie verschiedene Hilfsmittel hierfür auf.

b Ein neugieriger Nachbar beobachtet die Situation im Stall schon eine Weile. Er wird immer nervöser und sagt schließlich:

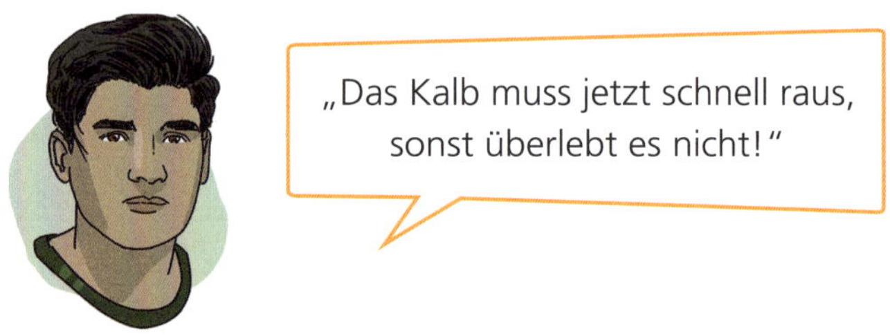

Nehmen Sie zu dieser Aussage Stellung.

4 Um problematische Geburten im Stall zu verhindern, ist das Hygienemanagement in der Abkalbebox außerordentlich wichtig.

a Erfragen Sie bei Ihrem Ausbilder dessen Hygienemanagement.

b Das zweite Kalb „Max" ist trotz Schwergeburt gesund. Da in den nächsten Wochen keine weiteren Geburten anstehen, wird die Abkalbebox gründlich gereinigt. Berechnen Sie für eine exemplarische Abkalbebox die zu reinigende Fläche.

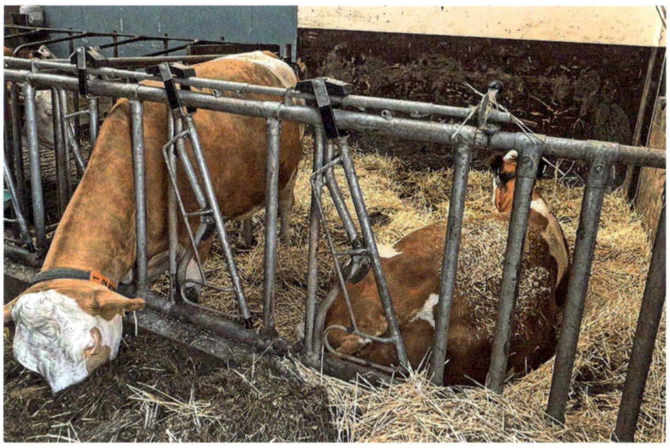

Abbildung 1: Beispielhafte Abkalbebox

Maße Abkalbebox:

Rückwand Länge: 4 m

Seitenwand Breite: 3,40 m

Höhe der Wände: 1,70 m

Für die Fressgitter wird die Fläche der Rückwand angenommen.

c Die berechnete Fläche soll mit einer 2%-igen Lösung desinfiziert werden. Hierfür werden 0,8 Liter pro m^2 benötigt. Berechnen Sie die Menge der Desinfektionslösung.

5 Die Versorgung der Kälber mit Kolostrum/Biestmilch in den ersten Lebensstunden ist für deren Start ins Leben von entscheidender Bedeutung. Somit sollte das Kalb idealerweise innerhalb der ersten drei Lebensstunden ca. vier Liter Biestmilch erhalten (oder Biestmilchtränke: 10–20 % des Köpergewichts in den ersten beiden Lebensstunden). Die Biestmilch wird auch als Vormilch bzw. Kolostrum bezeichnet. Diese weist bei sofortigem Melken hohe Immunglobulingehalte auf.

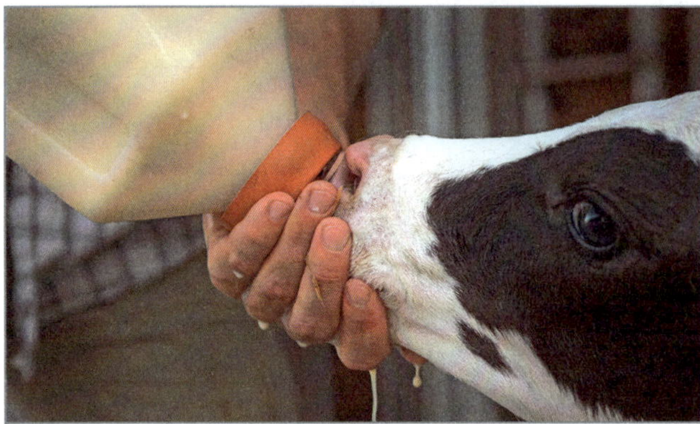

Abbildung 1: Versorgung des Kalbs mit Kolostrum

https://vel.plus/LSLAWI14

Abbildung 2: Kolostrum für vitale Kälber

a Zeichnen Sie die Kurve für die passive und aktive Immunisierung ein und schraffieren Sie die Immunitätslücken.

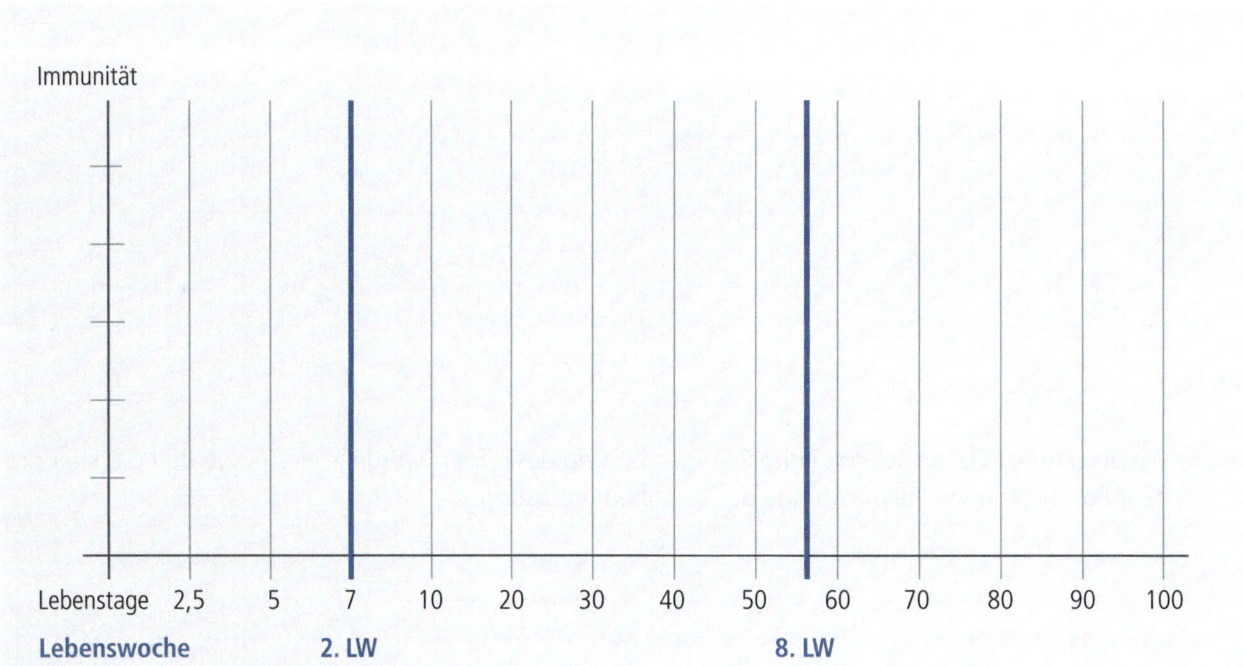

Abbildung 3: Immunisierung beim Kalb

b Erläutern Sie die folgenden Begriffe:

Passive Immunisierung:

Aktive Immunisierung:

Mutterschutzimfung:

c Interpretieren Sie die abgebildete Grafik und ziehen Sie einen Rückschluss auf die Versorgung des Kalbes.

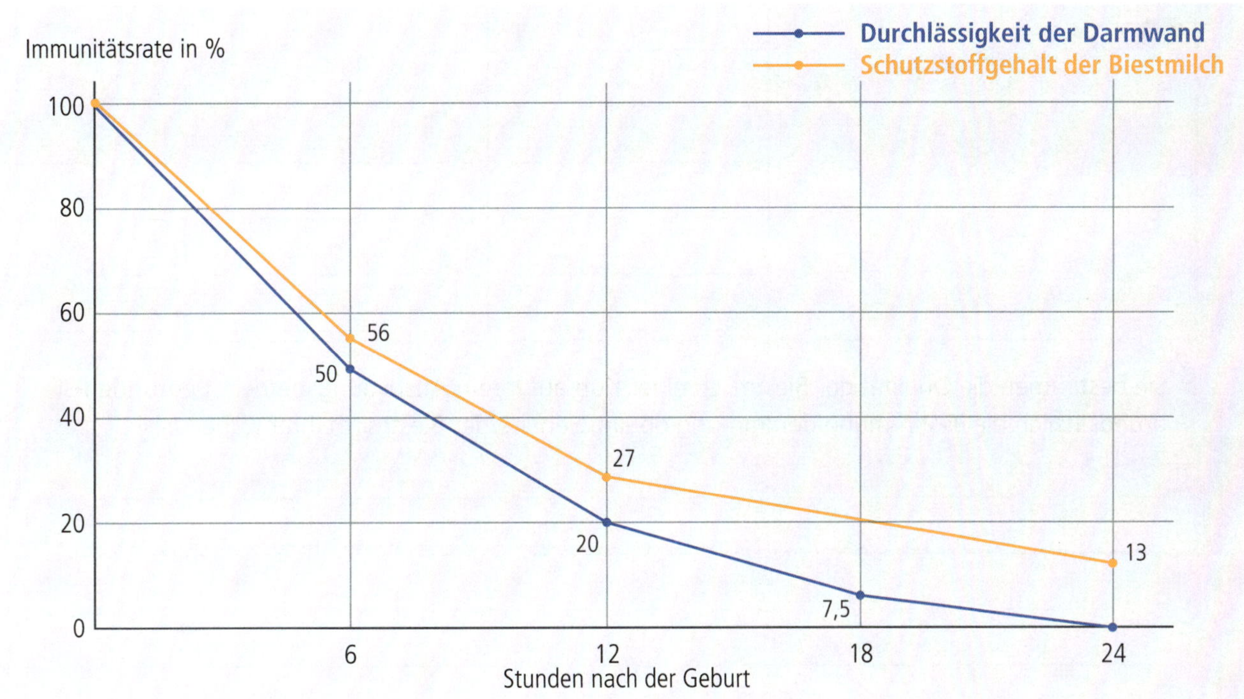

Abbildung 1: Passive Immunisierung

6 Um die Qualität der Biestmilch einschätzen zu können, gibt es verschiedene Verfahren.

a Tragen Sie die Bezeichnungen der Messtechniken in die Tabelle ein und ergänzen Sie deren Eigenschaften. Bewerten Sie die Messgenauigkeit beider Geräte (Messmethode).

Tabelle 1: Vergleich der Messmethoden beim Kolostrum

Messgerät	Bezeichnung	Eigenschaften	Einschätzung
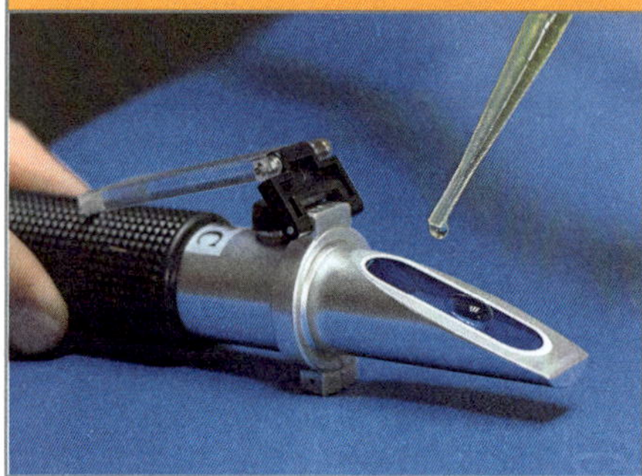			
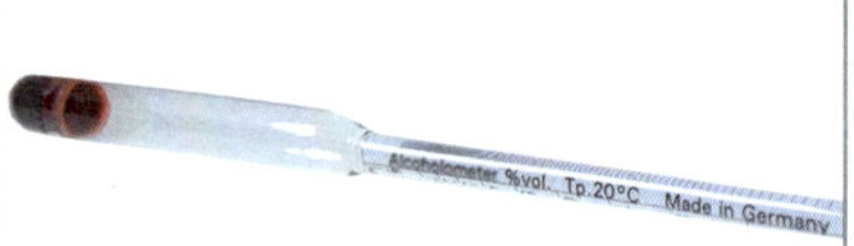			

b Sie bestimmen die Qualität der Biestmilch einer Kuh auf Ihrem Ausbildungsbetrieb. Begründen Sie grundsätzlich die Bestimmung der Immunglobulin-Gehalte/der Biestmilch Ihrer Kühe.

c Erstellen Sie zwei Fotos von einer Biestmilch direkt nach der Geburt und drei Tage später[1]. Beschreiben Sie die Optik und die Konsistenz der Biestmilch. Ziehen Sie daraus Rückschlüsse.

Tabelle 1: Vergleich verschiedener Biestmilchproben

Direkt nach der Geburt	Drei Tage später
Foto https://vel.plus/ LSLAWI15	Foto https://vel.plus/ LSLAWI16
Abbildung 1:	Abbildung 2:
Beschreibung:	Beschreibung:
Rückschlüsse:	Rückschlüsse:

1 In diesem Fall wird von einer Kuh mit guter Eutergesundheit – also ohne Mastitis – ausgegangen. Selbstverständlich kann die Färbung je nach Rasse und Futterration variieren.

7 Durch den „Hormoncocktail" (z. B. Prolaktin, ACTH [„adrenocorticotropes Hormon"], durch Absenkung des Glukosegehaltes im Blut und die Stimulation durch das Hormon Oxytocin schießt das Kolostrum in die Milchdrüse ein. Als Wiederholung aus dem ersten Ausbildungsjahr: Beschriften Sie den Aufbau des Euters.

Der Wortkasten hilft Ihnen dabei.

Milchkanal ■ Drüsengewebe ■ Drüsenbläschen ■ Drüsenläppchen ■ Zitzenhohlraum ■ Milchkanälchen ■ Hohlraum ■ Milchzellen ■ Muskelzellen ■ Blutkapillare ■ Fürstenberg'scher Venenring ■ Schließmuskel ■ Fürstenberg'sche Rosette ■ Milchzisterne ■ Zitzenkanal

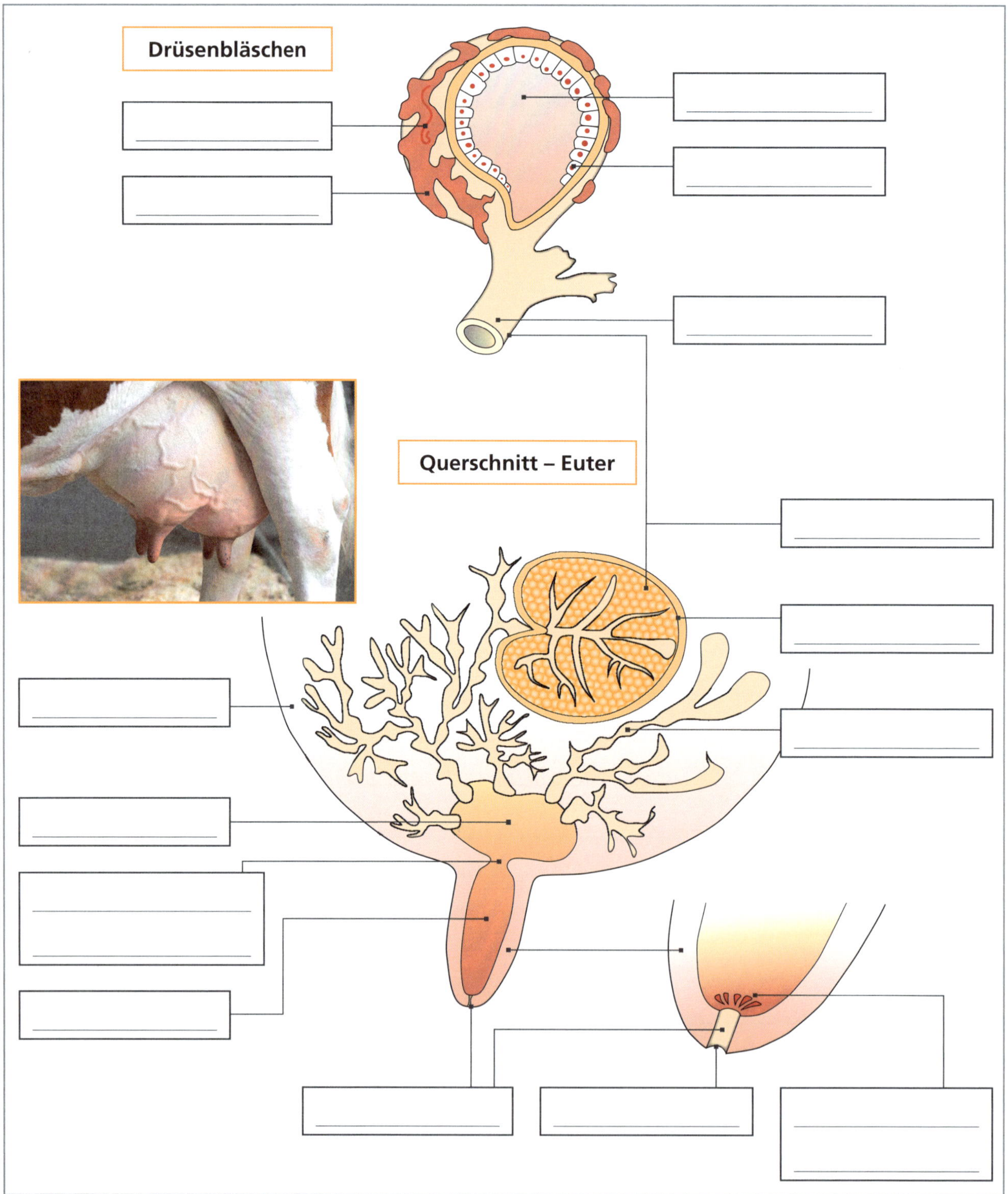

Abbildung 1: Schnitt durch Milchdrüse und Drüsenbläschen

8 Nachdem es den Kälbern gut geht und sie ausreichend mit Biestmilch versorgt sind, möchten Sie gleich am nächsten Tag die Ohrmarken einziehen.

a Notieren Sie stichpunktartig Ihr Vorgehen.

____

____

____

____

b Beim Einziehen der Ohrenmarke wird eine Gewebeprobe entnommen. Erklären Sie mögliche Hintergründe dafür.

____

____

____

9 „Dokumentation ist alles, auch im Kuhstall…!“

bemerkt Ihr Ausbilder. Füllen Sie für eines der Kälber „Erna“ oder „Max“ die Geburtsmeldung exemplarisch aus. Führen Sie diese Dokumentation bei der nächsten Geburt auf Ihrem Betrieb zusätzlich durch.

____

____

____

____

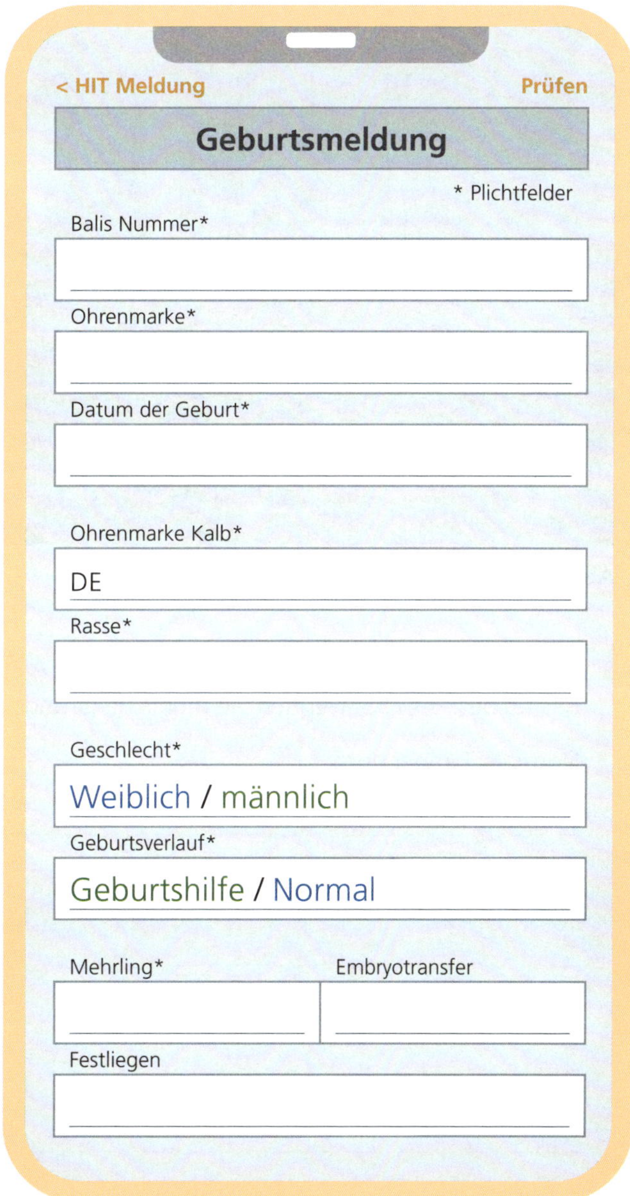

< HIT Meldung Prüfen

Geburtsmeldung

* Plichtfelder

Balis Nummer*

Ohrenmarke*

Datum der Geburt*

Ohrenmarke Kalb*

DE

Rasse*

Geschlecht*

Weiblich / männlich

Geburtsverlauf*

Geburtshilfe / Normal

Mehrling* Embryotransfer

Festliegen

Lernsituation 2.1.2 Haltung und Pflege

Situation

Max und Erna sind im Kälberbereich in Einzeliglus eingestallt worden. Sie kontrollieren täglich bei allen Kälbern des Betriebs den Gesundheitszustand sowie das Fress- und Sozialverhalten. Bei Max und Erna haben Sie in der ersten Lebenswoche keine Auffälligkeiten festgestellt. Als Sie nach dem Wochenende Ihre beiden Schützlinge aufsuchen, stellen Sie fest, dass bei Max etwas nicht stimmt. Er hat fast keine Milch gesoffen, bleibt im Gegensatz zu den anderen Kälbern liegen und hat offensichtlich Durchfall.

Abbildung 1: „Max" im Kälberiglu

1 Mit Ihrem Ausbilder zusammen klären Sie den Allgemeinzustand von Max ab. Sie messen die Temperatur des Kalbes: 39,7 °C. Nennen Sie mögliche Gründe für eine Abweichung von der normalen Körpertemperatur.

Normale Temperatur:

____

Zu niedrige Temperatur:

____

____

Zu hohe Temperatur:

____

____

2 a Tritt Fieber bei Kälbern auf, hat dies unterschiedliche Ursachen, wobei nicht jede der aufgeführten Ursachen aus der Tabelle zu Krankheiten führen muss. Finden Sie in der Tabelle zu den exemplarischen Maßnahmen die möglichen Ursachen.

Tabelle 1: Ursachen und Maßnahmen bei Erkrankungen im Kälberbereich

	Ursache	Maßnahme
	Krankheitserreger:	▪ Erstversorgung: Verabreichung von Elektrolytlösung ▪ Medikation (Antibiotika, Homöopathie) ▪ Impfen ▪ Infusionsbehandlung ▪ Verabreichung nicht-steroidaler Entzündungshemmer (NSAID)
		▪ Optimale Haltungsbedingungen und Belegdichte ▪ Optimale Fütterung ▪ Livestockmanagement – verantwortungsvoller und ruhiger Umgang mit Tieren ▪ Fliegenbekämpfung
		▪ Fachgerechtes Anrühren der Kälbermilch ▪ Trog-, Nuckel- und Eimerhygiene ▪ Wasser- und Futterhygiene
		▪ Regelmäßige und konsequente Reinigung ▪ Desinfektion
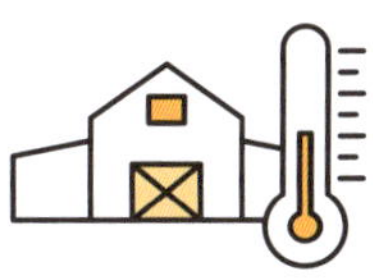		▪ Keine Zugluft ▪ Optimale Be- und Entlüftung zur Vermeidung von zu hoher Luftfeuchte, Temperatur und Schadgaskonzentrationen

b „Die Durchfallerkrankung von Max hätte verhindert werden können!", meint Ihr Ausbilder nachdenklich. Listen Sie präventive Maßnahmen auf:

c Erfragen und beschreiben Sie das Vorgehen bei Durchfallerkrankungen von Kälbern in Ihrem Betrieb.

d Recherchieren Sie die Vorgehensweise bei der Behandlung von Durchfallerkrankungen in der ökologischen Kälberhaltung.

e Nennen Sie Behandlungsmöglichkeiten und Präventionsmaßnahmen, bei denen vorher der Tierarzt kontaktiert werden muss.

f Neben Durchfall kann auch eine Atemwegserkrankung Ursache für eine erhöhte Körpertemperatur sein, z. B. Kälberhusten. Ergänzen Sie Symptome, Ursachen und Behandlungsmaßnahmen.

Tabelle 1: Kälberhusten – Symptome, Ursachen und Behandlungsmaßnahmen

Symptome	
Ursachen	
Behandlungsmaßnahmen	

3 Selten kommt es auch zu Totgeburten in den Ställen. Das Kalb kann während der Trächtigkeit oder im Laufe der Geburt sterben.

a Recherchieren Sie Gründe für diese Kälberverluste. Teilen Sie die Ursachen in folgende Kategorien ein: Krankheitserreger, das Muttertier betreffend, Herde und Stallhygiene, den Geburtsvorgang betreffend und Vergiftungsmöglichkeiten.

Krankheitserreger:

Muttertier:

Herde/Hygiene im Stall:

Geburtsvorgang:

Vergiftung:

b Beschreiben Sie das nötige Vorgehen nach einer Totgeburt.

c Recherchieren Sie die Formel zur Berechnung der Totgeburtenrate und berechnen Sie diese für folgende Herde: 8 Totgeburten, 212 Lebendgeburten.

d Beurteilen Sie den ermittelten Wert aus **Aufgabe c**.

4 Um den Gesundheitszustand eines Kalbes beurteilen zu können, ist eine intensive Tierbeobachtung äußerst wichtig. Dabei müssen Sie auf verschiedene Körperpartien achten.

a Ergänzen Sie in den Kästen allgemeines Verhalten und Körpermerkmale eines gesunden Kalbes.

Abbildung 1: Gesundes Kalb

b Verbinden Sie die Auffälligkeiten bei Kälbern mit den möglichen zugehörigen Ursachen.

Tabelle 1: Auffälligkeiten bei Kälbern

Auffälligkeiten/Folge		Ursache
Aufgeblähter Bauch (Aufgasen), Durchfall, Tier hat Schmerzen		Fehlende oder falsche Einstreu, falsche Haltung → übermäßige Belastung der Gelenke und Entzündung, Spätfolge einer Nabelentzündung
Schwammige, dicke Gelenke		Mangelnde Hygiene bei der Geburt → bakterielle Infektion → Entzündungen im Nabelbereich
Geschwollener Nabel → eitriges Sekret tritt aus		Fütterungsfehler (z. B. frischer warmer Klee) → Verdauungsstörung
Verkrümmte und verdickte Vordergliedmaßen (Sehnenstelzfuß)		Sehnenverkürzung durch Spurenelementmangel, Veranlagung

c Überprüfen Sie bei einem Kalb auf Ihrem Betrieb die angegebenen Überbegriffe und ordnen Sie diesen die passenden Symptome bzw. Adjektive zu.

1 Atemwege ▪ **2** Flotzmaul und Nase ▪ **3** Augen ▪ **4** Ohren ▪ **5** Nabel ▪ **6** Afterbereich ▪ **7** Gelenke

___ stehend | ___ ruhige Atmung | ___ wässrig oder eitrig | ___ Ausfluss

___ Schwellung | ___ nässend | ___ gekrümmte Vordergliedmaßen

___ Husten | ___ leicht tränende Augen | ___ Trockene | ___ blutig

___ hängend/kalt | ___ verheilt | ___ sauber/keine Verklebungen | ___ glänzend und feucht

5 Bei einem befreundeten Züchter hat der Tierarzt nach der Geburt eines schwachen, aber züchterisch sehr wertvollen Kalbes die Madigan-Squeeze-Technik angewendet. Auf Nachfrage, warum er das so mache, meinte er, dass diese Technik bei Fohlen angewendet wird und es sich bei Kälbern auch eignet.

In Ihrem Klassenchat wurde ein Video von einem derart gefesselten Kalb eingestellt.

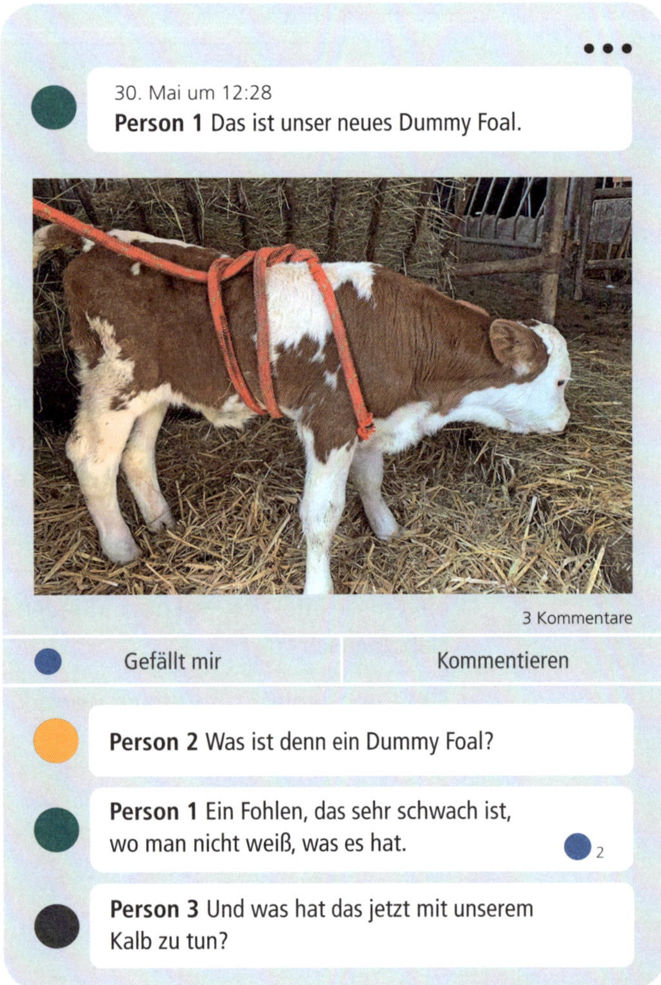

Abbildung 1: Wickelmethode bei der Madigan-Squeeze-Technik

Informieren Sie sich über das Thema „Madigan-Squeeze-Technik" und formulieren Sie eine passende Chat-Antwort.

Situation

Die Kälber werden in Ihrem Betrieb ab der 2. Woche in Gruppeniglus gehalten. Für Ihren Ausbilder ist es wichtig, dass die Kälber alle genug Platz haben und ihrem natürlichen Sozialverhalten nachgehen können. Da es, wie bei Max, schon öfter fütterungsbedingt gesundheitliche Problem gab, muss die Umstallung der Kälber optimal vorbereitet werden und reibungslos ablaufen. Er beauftragt Sie mit der weiteren Versorgung von Erna und Max.

Abbildung 1: Unterschiedliche Haltungssysteme für Kälber

6 Ordnen Sie den folgenden Haltungsformen mögliche Vor- und Nachteile zu.

Tabelle 1: Haltungsformen von Kälbern

Haltungsform	Vorteile	Nachteile
Kälberiglu (Einzelhaltung)	Erregerarm	keine Automatentränke möglich,

Gruppeniglu	gute Luftqualität,	
Mobile Kälberboxen (Datsche), draußen	einfacher Standortwechsel,	

Abbildung 1: Paarweise Kälberhaltung im Iglu

7 Im Rahmen einer Klassenfahrt haben Sie Ihren Ausbildungsbetrieb besucht. Erna und Max waren zu diesem Zeitpunkt zwei Wochen alt. Es entstand bei den Kälberiglus eine Diskussion mit folgenden Aussagen:

a Recherchieren Sie unter Zuhilfenahme der Tierschutz-Nutztierhaltungsverordnung (TierSchNutztV) die entsprechenden gesetzlichen Vorgaben und ziehen Sie jeweils ein Fazit.

„Eure Iglus sind ja für zwei Kälber viel zu klein!"	„Die Einzelhaltung ist doch in den ersten Monaten Standard!"
Fazit:	Fazit:

b Recherchieren Sie Hintergründe zur Kälberaufzucht in Paar- oder Gruppenhaltung ab den ersten Lebenstagen und gehen Sie auf Besonderheiten ein.

8 Erna wird im Alter von 12 Wochen in den Jungviehstall umgestallt. Die Haltung im Jungviehstall erfolgt auf Spaltenböden mit Mistmatratze. Ihr Ausbilder bittet Sie, das bisherige System kritisch zu beurteilen.

a Zählen Sie die positiven Eigenschaften einer tiergerechten Liegefläche bei eingestreuten Ställen auf.

b Bewerten Sie die Eigenschaften der gängigsten Einstreumaterialien. Ordnen Sie jeweils folgende Begriffe zu: gut, günstig, mittel, schlecht, teuer, hoch.

Tabelle 1: Eigenschaften von Einstreumaterialien

	Stroh	Sand	Sägespäne/ Sägemehl	Separierte Gülle/ Gärsubstrat
Verfügbarkeit				
Kosten				
Feuchtigkeitsaufnahme				
Feuchtigkeitsspeicherung				
Bindefähigkeit				
Elastizität				
Keimbelastung				
Hinweis	Für ausreichende Einstreu sorgen Ggf. Schimmel- und Staubbildung	Ggf. Gülleprobleme	Regelmäßige Lockerung erforderlich	Separationskosten (Kosten werden aber durch pflanzenbauliche Vorteile – dünne Gülle und eventuelle Förderung – ausgeglichen) Keimbelastung ggf. niedrig, da aus eigenem Betrieb

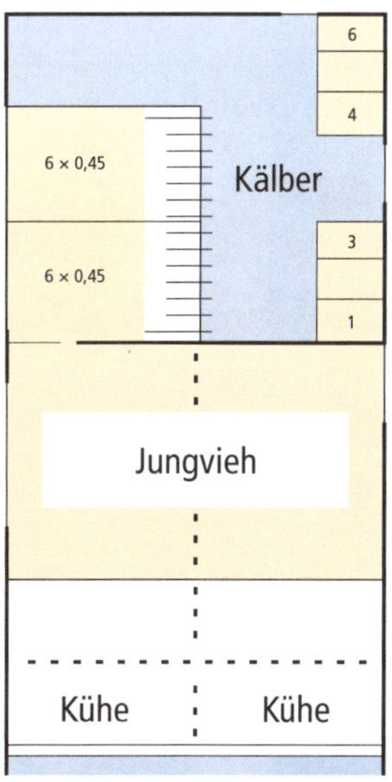

Abbildung 1: Einblick in einen Tieflaufstall

c Füllen Sie den Lückentext zum Thema „Kompost- und Kompostierungsstall" mithilfe des Wortkastens aus.

Sauerstoffs ■ Ablegen ■ Eutergesundheit ■ Platzbedarf ■ Kuhkomfort ■ Kompostierungsstall ■ Klauen- und Gelenkgesundheit ■ Güllefeststoffen ■ Ausstrecken ■ Kohlenstoffquellen ■ Aufstehen ■ kompostierter

Der Kompoststall wird mit ______________ Einstreu (fertiger Kompost) oder ______________ gefüllt. Die Kompostierung findet in dieser Aufstallungsform nicht im Stall statt. Im ______________ jedoch werden Sägespäne, Hackschnitzel, Miscanthus oder Spelzen als Einstreu genutzt. Diese ______________, der Urin sowie der Kot der Tiere führen, unter Einwirkung des vorhandenen ______________ in der Stallluft, zur gewollten Kompostierung. Für die Einbringung von Sauerstoff muss zweimal am Tag mit einer Fräse oder einem Grubber das organische Material gelockert werden. Zweimal im Jahr wird der gesamte Stall entmistet. Sowohl laktierende, trockenstehende als auch abkalbende Kühe fühlen sich im Kompostierungsstall wohl. Pro Kuh ist ein hoher ______________ einzurechnen (ca. 8 bis 15 Quadratmeter). Der rutschfeste Untergrund, das ungehinderte ______________, ______________ (von Kopf und Gliedmaßen) und ______________ tragen zu einem hohen ______________ bei. Die ______________ wird durch die Elastizität, die Feuchtigkeitsaufnahme und -speicherung und die Bindefähigkeit der Matratze positiv gefördert. Durch diese Eigenschaften sinkt die Keimbelastung im Stall, was zu einer guten ______________ beiträgt.

d Ordnen Sie den Stallsystemen den jeweiligen Strohbedarf zu.

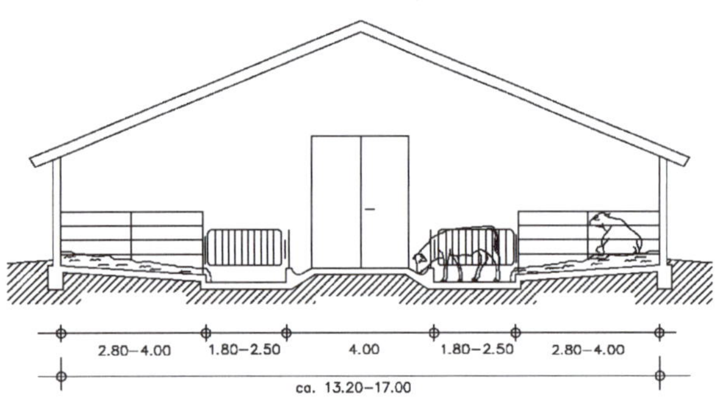

Abbildung 1: Querschnitt eines Tretmiststalls

Abbildung 2: Animation eines Zweiraum-Tieflaufstalls

Ziffer	Stallsystem	Strohbedarf	
		je GVE und Tag	je GVE und Jahr
1	Zweiraum-Tieflaufstall	Ca. 2,5–8 kg Stroh ____	9–29 dt
2	Tiefbox	Ca. 8,0 kg Stroh ____	29 dt
3	Tretmiststall	Ca. 8–10 kg Stroh ____	29,0–36,6 dt
4	Einraum-Tieflaufstall	Ca. 1 kg Stroh ____	3,7 dt

e Berechnen Sie die benötigte Strohmenge, die Strohkosten und die anfallende Menge an Mist für einen Tretmiststall mit halbjähriger Stallhaltung. Legen Sie folgende Angaben zugrunde und recherchieren Sie fehlende Daten in der Fachliteratur.

Weibliche Rinder 6–12 Monate:

Anzahl der Tiere:	47
Einstreuintensität:	Gering: _______ kg pro Tier und Tag
Mistanfall in Tonnen je Jahr:	6,3 t pro Jahr
Aktueller Strohpreis je Tonne:	_______

9 Das Wohlbefinden der Tiere hängt unmittelbar mit den Stallbausystemen zusammen. Ihr Ausbilder äußert sich folgendermaßen: „Je wohler sich das Tier fühlt, desto häufiger kann ein Ablegen beobachtet werden. Außerdem erhöhen sich die Liegezeiten bei guten Bedingungen im Stall."

a Kreuzen Sie an, welche Aussagen bezüglich des Liegens der Kuh richtig sind.

Tabelle 1: Liegeverhalten des Rindes

Aussage	Richtig	Falsch
Die Gliedmaßen werden während des Liegens entlastet.		
Klauen trocknen beim Liegen nicht ab.		
Die Wiederkauaktivität ist während des Liegens höher, dadurch verringert sich die Futtereffizienz.		
Bei langen Liegezeiten nehmen die Klauenprobleme ab.		
Die Durchblutung des Euters steigt bei längeren Liegezeiten.		
Durch langes Liegen sinkt die Milchbildung.		

b Ihr Ausbilder unternimmt mit Ihnen und anderen Auszubildenden eine Exkursion, um unterschiedliche Haltungssysteme zu besichtigen und eine Einführung in die Tierbeobachtung zu erhalten. Die Tierbeobachtung nimmt bei zunehmenden Automatisierungsverfahren einen immer größeren Stellenwert ein. Folgender Bewertungsbogen soll Ihnen dabei helfen.

Tabelle 1: Bewertung des Managements und der Haltung

Tierbezogen		**Haltungsbezogen**	
Kriterien			
Quantitativ (Anatomie, Leistungsdaten, Physiologie)	**Qualitativ** (Erscheinung, Verhalten, Stoffwechsel)	**Quantitativ** (Anzahl, Abmessung, Bauart)	**Qualitativ** (Erscheinung, Abnutzung, Zustand)
Indikatoren			
▪ Körpermaße ▪ Körpertemperatur ▪ Milchleistung ▪ Lebensleistung	▪ Sauberkeit ▪ Schäden ▪ Bewegung ▪ Körperkondition ▪ Kotkonsistenz	▪ Tränken ▪ Fressplätze ▪ Tier-Liegeplatz ▪ Tier-Fressplatz ▪ Fläche ▪ Höhe ▪ Länge ▪ Breite	▪ Scheuerstellen ▪ Schäden ▪ Verschmutzung
Quelle: Pelzer, Andreas/Kaufmann, Otto: DLG-Merkblatt 318, „Das Tier im Blick – Milchkühe", hrsg. v. DLG e. V., Frankfurt a. M. 2018, S. 6, abrufbar unter: https://www.dlg.org/fileadmin/downloads/landwirtschaft/themen/publikationen/merkblaetter/dlg-merkblatt_381.pdf [letzter Zugriff: 16.10.2023]			

10 Beobachten Sie eine Gruppe Jungvieh an fünf Tagen pro Woche für jeweils mindestens 15 Minuten. Nutzen Sie hierfür die Beobachtungskriterien zum Ruheverhalten in der folgenden Tabelle. Notieren Sie bei Abweichungen oder Auffälligkeiten mögliche Ursachen (z. B. Abmessung und Gestaltung der Liegeboxen, Hygiene der Liegeflächen).

Tabelle 1: Beobachtungsbogen Boxenlaufstall

Beobachtungskriterien zum Ruheverhalten	Tag 1	Tag 2	Tag 3	Tag 4	Tag 5	Ursachen für die Auffälligkeiten
Die Mehrheit der Tiere liegt nach dem Füttern in den Boxen	Ja/ Nein					
Sichtbare/normale Wiederkauaktivität (> 50 Kauschläge pro Bissen)						
Tiere liegen vollständig in den Boxen						
Wenige Tiere stehen in den Boxen						
Wenige der Kühe haben Gelenksveränderungen						

Situation

Auf dem Nachbarhof ereignete sich vor Jahren ein schwerer Unfall, bei dem ein Mitarbeiter im Stall durch behörnte Rinder stark verletzt wurde. Der Landwirtskollege setzt seitdem auf eine hornlose Herde in seinem Stall.
Hornlos vs. behörnt – diese Diskussion beschäftigt auch Ihre Berufsschulklasse. Ist es klüger, auf hornlose Rassen zurückzugreifen, hornlose Züchtungslinien zu bevorzugen oder bei Kälbern eine Enthornung durchzuführen?

Abbildung 1: Hornknospen Kalb

11 Viele Betriebe verfolgen beim Thema Hornlosigkeit ihre eigene Philosophie.

a Nennen Sie neben dem Schutz des Landwirts weitere Gründe für die Haltung von genetisch hornlosen Rindern.

____

____

b Neben hornlos gezüchteten Rindern gibt es Rinderrassen, die über eine natürliche, genetisch verankerte Hornlosigkeit verfügen. Benennen Sie die abgebildeten Fleischrinderrassen.

____________	____________	____________	____________

c Bei folgenden abgebildeten Rinderrassen existieren hornlose Zuchtlinien mit dem Ziel einer weiteren Verbreitung der Hornlosigkeit. Benennen Sie die abgebildeten Rassen.

d Recherchieren Sie den Umgang mit der Enthornung im Ökolandbau und ergänzen Sie Ausnahmefälle und/oder Besonderheiten.

e Informieren Sie sich über die rechtlichen Rahmenbedingungen zum Enthornen und notieren Sie diese stichpunktartig.

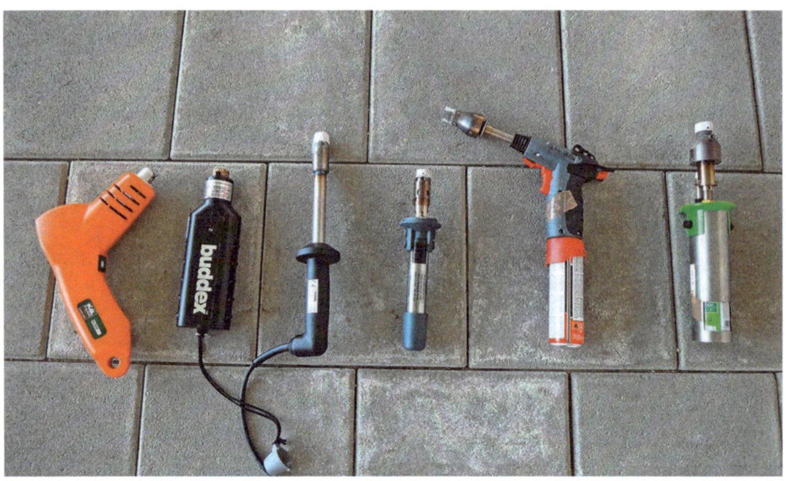

Abbildung 1: Enthornungsgeräte

12 Erarbeiten Sie mithilfe des Videos eine Arbeitsanleitung zum Enthornen eines Kalbes mit einem elektrischen Enthornungsstab.

https://vel.plus/LSLAWI17

Abbildung 1: Kälber enthornen

Beispielhafte Lösung:

13 Im Berufsschulunterricht haben Sie Begriffe zur Vererbung kennengelernt.

a Definieren Sie die folgenden Begriffe in Bezug auf den Hornstatus von Rindern.

Genotyp: ______

Phänotyp: ______

b Ergänzen Sie den Lückentext aus Ihrem Vorwissen zu den Mendel'schen Regeln. Der Wortkasten hilft Ihnen.

reinerbige ▪ dominant-rezessiv ▪ Uniformitätsregel

Bei der ersten Mendel'schen Regel (______) kreuzt man ______ Eltern mit den Anlagen P = hornlos und p = behornt. Dieser Erbgang wird ______ genannt.

c Erstellen Sie nach der ersten Mendel'schen Regel ein Kreuzungsschema für die Paarung eines hornlosen Bullen und einer behörnten Kuh. Geben Sie die genotypischen und phänotypischen Ausprägungen der F1-Generation für diesen Erbgang an.

P	P___		×	pp	
	P	P		p	p
F_1	___	___		___	___

Ergebnis/Wahrscheinlichkeiten: ____________________

d Ergänzen Sie den Lückentext aus Ihrem Vorwissen zur zweiten Mendel'schen Regeln. Der Wortkasten hilft Ihnen dabei.

Spaltungsregel ■ mischerbige ■ dominant-rezessiv

Bei der zweiten Mendel'schen Regel (__________) kreuzt man __________ Eltern mit den Anlagen P = hornlos und p = behornt. Dieser Erbgang wird __________ genannt.

e Erstellen Sie nach der zweiten Mendel'schen Regel ein Kreuzungsschema für die Paarung der heterozygot hornlosen Nachkommen aus Aufgabe c. Geben Sie die genotypischen und phänotypischen Ausprägungen der F2-Generation für diesen Erbgang an.

F_1	___		×	___	
	P	p		P	p
F_2	P___	___		___	p___

Ergebnis/Wahrscheinlichkeiten: ____________________

____

____

14 In der Klasse kommt eine Diskussion zur Hornlosigkeit, zur Enthornung und zu horntragenden Tieren auf. Finden Sie Gründe für die unterschiedliche Handhabung mit dem Hornstatus.

Lernsituation 2.1.3 Fütterung von Kälbern

Situation

Da Sie für Max und Erna zuständig sind, nimmt Sie Ihr Ausbilder auf eine regionale Infoveranstaltung mit dem Thema „Powerdrink für Ihre Kälber" mit. Auf der Veranstaltung werden verschiedene Tränkeverfahren vorgestellt. Ihren Ausbilder spricht die Joghurt-Tränke an. „Wäre das zukünftig was für meinen Betrieb? Da könnten wir etwas Geld sparen, und das Risiko für Kälberdurchfälle sinkt wahrscheinlich!", bemerkt er. Sie informieren sich über verschiedene Tränkeverfahren.

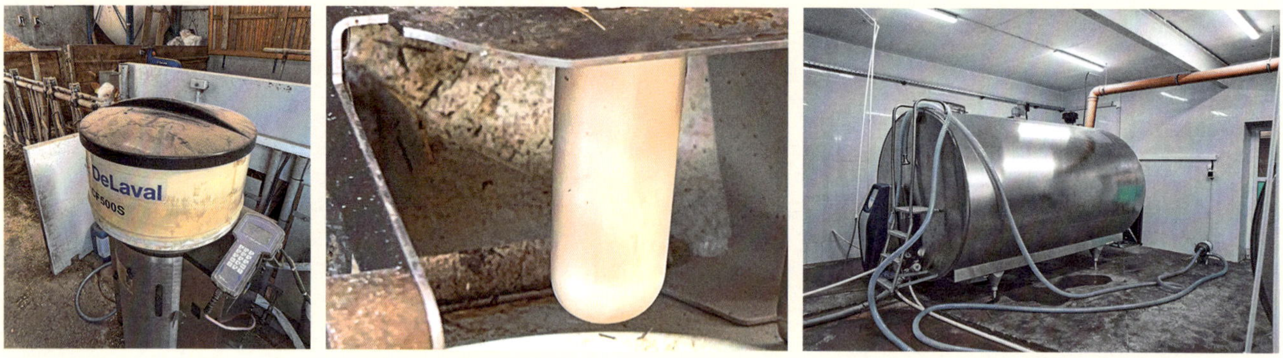

Abbildung 1 bis 3: MAT-Automat, Kälbereimer, Milchtank

1 Die Infoveranstaltung stellt drei gebräuchliche Tränkeverfahren gegenüber. Allerdings sind einige Aussagen fehlerhaft getätigt worden. Benennen Sie das jeweilige Tränkeverfahren und bewerten Sie die genannten Eigenschaften nach Richtigkeit. Nutzen Sie dafür die folgenden Symbole (Mehrfachnennungen möglich):

Wahr: Falsch: Besonderheiten:

Tabelle 1: Tränkeverfahren

Tränkeverfahren	Aussagen	Bewertung
	„Hierbei besteht die Gefahr einer Fehlgärung (fauliger, stechender Geruch)!"	
	„Die angesetzte Tränke ist lange haltbar."	
	„Diese wird mit bestimmten Bakterienkulturen (Milchsäurebakterien) angesetzt."	
	„Der Einsatz entspricht der EU-Öko-Verordnung!"	
	„Biestmilch kann nicht verwendet werden."	

	„Bei diesem Tränkeverfahren besteht bei sachgemäßer Lagerung eine gleichbleibende Qualität der Inhaltsstoffe."			
	„Hierbei ist beim Zubereiten der Arbeitsaufwand höher, und je nach Milchpreis sind höhere Kosten zu erwarten."			
	„Diese Tränke darf gemäß EU-Öko-Verordnung eingesetzt werden."			
	„Die Inhaltsstoffe verlieren bei nicht sachgerechter Lagerung ihre Wirkung (Vitamine)."			
	„Bei hohen Milchpreisen ist dieses Verfahren das günstigste für meinen Betrieb."			
	„Ich kann von gleichbleibenden Inhaltsstoffen ausgehen!"			
	„Bei diesem Tränkeverfahren kann jede Biestmilch verwendet werden."			
	„Der Einsatz entspricht der EU-Öko-Verordnung."			
	„Ist natürlicherweise dem Verdauungssystem des Kalbes angepasst."			
	„Die Anreicherung mit Vitaminen und Spurenelementen ist sinnvoll!"			

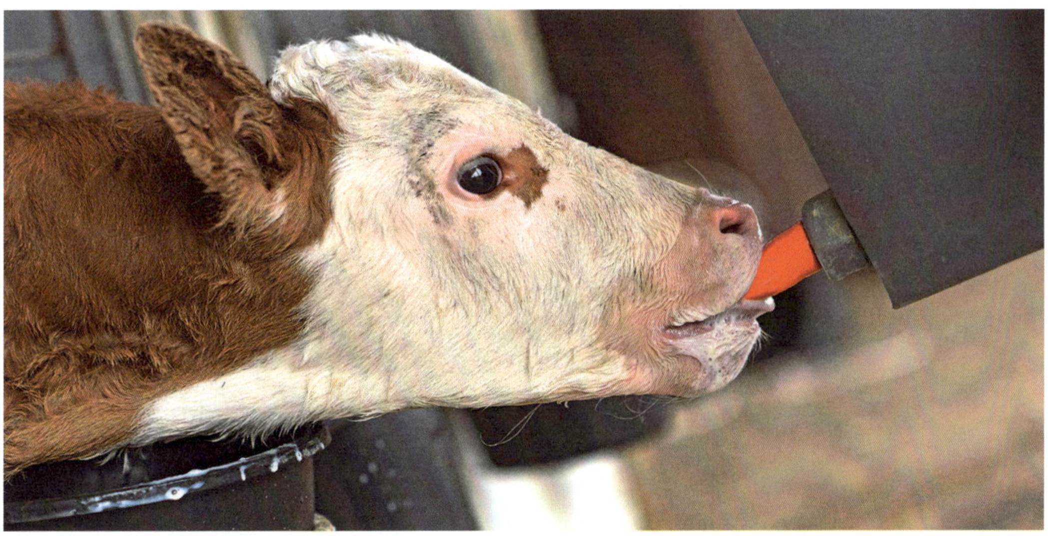

Abbildung 1: Kalb am Nuckeleimer

2 Vervollständigen Sie den Lückentext zum Thema „Zubereitung der Joghurt-Tränke“ mithilfe der Wörter aus dem Wortkasten.

pH-Wert ▪ Milchzucker ▪ Raumtemperatur ▪ Durchfallerkrankungen ▪ hemmstoffhaltiger ▪ Fehlgärungen ▪ Darmgesundheit ▪ Joghurtkulturen ▪ Darmflora

Bei der Joghurt-Tränke wird der ____________ durch zugesetzte ____________ vorverdaut. Durch diesen Prozess sinkt der ____________ auf ca. 4. Dadurch ist die Tränke länger haltbar und kann auf Vorrat angemischt werden. Bei ____________ wird die Joghurt-Tränke verfüttert. Die Fütterung fördert den Aufbau der ____________ und beeinflusst dadurch die ____________ positiv. Sie beugt ____________ vor, oder diese verlaufen milder und heilen schneller. Zum Ansetzen der Tränke kann Vollmilch und Biestmilch verwendet werden. Der Einsatz von ____________ Milch für die Joghurt-Tränke ist nicht möglich, da diese eine antibakterielle Wirkung haben. Es kann durch falsches Ansetzen und unsachgemäßer Lagerung (z. B. zu hohe Temperatur, Verunreinigungen) zu ____________ kommen (fauliger, stechender Geruch).

3 Erstellen Sie für das in Ihrem Ausbildungsbetrieb angewandte Tränkeverfahren ein Plakat oder eine Präsentation und stellen Sie Ihr Ergebnis in der Klasse vor. Die Begriffe im Wortkasten geben Ihnen Hinweise auf anzusprechende Aspekte.

Verfahren ▪ rationiert ▪ ad libitum ▪ Tränkemenge ▪ Hygiene ▪ Vorgang beim Ansetzen/Anrühren ▪ Temperatur ▪ Besonderheiten

Platz für Notizen:

4 Ihr Ausbilder erwägt, das Joghurt-Tränkeverfahren in seinem Betrieb einzuführen.

Diskutieren Sie mit Ihrem Ausbilder, ob eine mögliche Umstellung auf die Joghurt-Tränke sinnvoll ist. Sammeln Sie relevante Argumente für eine Umstellung.

„Der Max hatte jetzt wieder so einen starken Durchfall, ich hoffe, dass wir das mit der Joghurt-Tränke besser in den Griff bekommen!"

„Du kannst aber nur langfristig auf eine Joghurt-Tränke umstellen. Dir ist doch klar, dass Du dafür einen Teil Deiner Vollmilch einsetzen musst, die Du dann nicht mehr verkaufen kannst."

5 Zur Aufzucht von Kälbern soll der folgende Milchaustauscher eingesetzt werden:

MilkFine

Milchaustausch-Alleinfuttermittel für Aufzuchtkälber

Zusammensetzung

50,0 % Magermilchpulver (Instant); 23,0 % Molkenpulver; 17,5 % Pflanzenöl, raffiniert (Palmöl, Kokosöl, Sonnenblumenöl); 2,0 % Traubenzucker; 2,0 % Molkenpulver, teilentzuckert; 1,5 % Weizenquellmehl; 0,5 % Molkeneiweißpulver

Inhaltsstoffe

22,5 % Rohprotein; 1,9 % Lysin; 0,8 % Methionin; 19,0 % Rohfett; 0,0 % Rohfaser; 7,0 % Rohasche; 1,1 % Calcium; 0,7 % Phosphor; 0,5 % Natrium

Dosierempfehlung

mind. 150 g/l Wasser

Zusatzstoffe je kg

Ernährungsphysiologische Zusatzstoffe: 20 000 I. E. Vitamin A (3a672a); 4 000 I. E. Vitamin D 3 (3a671); 100 mg Vitamin E (allrac-alpha-Tocopherylacetat, 3a700); 100 mg Vitamin E (RRR-alpha-Tocopherylacetat, 3a700); 150 mg Vitamin C (3a300); 75 mg Eisen als Eisen(II)-Aminosäurechelat, Hydrat (3b106); 6 mg Kupfer als Kupfer-(II)-sulfat, Pentahydrat (3b405); 85 mg Zink als Zinksulfat, Monohydrat (3b605); 30 mg Mangan als Mangan-(II)-sulfat, Monohydrat (3b503); 1 mg Jod als Calciumjodat, wasserfrei (3b202); 0,30 mg Selen als Natriumselenit (3b801); Technologische Zusatzstoffe: Calciumformiat (E 238); Calciumpropionat (E 282); Zootechnische Zusatzstoffe: 5 Mrd. KBE Enterococcus faecium NCIMB 11181(4b1708); Sensorische Zusatzstoffe: 40 mg Traubenextrakt, getrocknet (2b485)

Nettomasse

25 kg

Fütterungshinweis

Siehe Sackaufdruck. Nur an Kälber bis zu einem Alter von 6 Monaten verfüttern.
Bestehend aus standardisiertem Traubenextrakt reich an Polyphenolen mit einer starken antioxidativen Wirkung.

Hinweis

Mindesthaltbarkeitsdauer setzt ordnungsgemäße und handelsübliche Aufbewahrung voraus. Dazu gehört insbesondere hygienische, kühle und trockene Lagerung. Keine Haftung bei falscher Behandlung und Lagerung.

a Berechnen Sie die Inhaltsstoffe eines Liters fertig angerührten Milchaustauschers, vergleichen Sie diese mit denen in einem Liter Vollmilch (4,2 % Fett und 3,7 % Eiweiß) und ziehen Sie Schlussfolgerungen für das Wachstum der Kälber. Entnehmen Sie hierzu der obigen Produktbeschreibung die Eiweiß- und Fettgehalte und gehen Sie von der Mindesteinsatzmenge an Pulver aus.

Berechnung:

Schlussfolgerung:

b Berechnen Sie die Kosten pro Liter angerührter Milch und vergleichen Sie diese mit dem aktuellen Verkaufserlös pro kg Milch. Berücksichtigen Sie die Mehrwertsteuer.

Vorgaben:
Mehrwertsteuer für den Verkauf von Milch: 9,5 %
Mehrwertsteuer für den Einkauf von Milchpulver: 7 %
Einkaufspreis MilkFine (netto) = 85,49 € pro 25 kg (3,42 € pro Kilogramm)

c Für den nährstoffmäßigen Austausch von Fett in 1 Liter Vollmilch werden 254 g MilkFine benötigt. Berechnen Sie die Kosten pro kg angerührtem Milchaustauscher bei Fettausgleich und beurteilen Sie das Ergebnis.

Berechnung:

Beurteilung:

6 Rühren Sie auf Ihrem Ausbildungsbetrieb fachgerecht eine Tränke für Ihre Kälber an. Erstellen Sie mithilfe eines vorher angefertigten Arbeitsablaufes ein Lernvideo und vergleichen Sie dieses mit den Videos Ihrer Mitschüler. Verwenden Sie hierzu die Dokumentationsvorlage aus dem **Anhang** (S. 394).

https://vel.plus/
LSLAWI28

Abbildung 1: Dokumentation zum Arbeitsablauf

Dokumentation zum Arbeitsablauf

Arbeitsaufgabe:

Name:

7 Sie sind mit der Fütterung von Erna und Max betraut. Ihr Ausbilder fordert von Ihnen eine detaillierte Erfassung der an Erna gefütterten Mengen (2. Lebenswoche). Dokumentieren Sie beispielhaft die Werte eines gleichaltrigen Tieres auf Ihrem Betrieb in der folgenden Vorlage. Notieren Sie zusätzliche Fütterungsbestandteile unter „Besonderheiten".

Hinweis: Wasser wird ad libitum aufgenommen und bedarf keiner extra Erfassung.

Tabelle 1: Dokumentation gefütterter Mengen

Lebenswoche	Tränkeverfahren	Tränkemenge (in Litern)	Beifütterung Kraftfutter (in Kilogramm)	Beifütterung Strukturfutter (in Kilogramm)
1	Biestmilch	35		
2				
3				
Summe:				
Besonderheiten: ______				

8 Recherchieren Sie Unterschiede bei den Tränkeverfahren „Milchtaxi“ und „Tränkeautomat“ bezüglich der in der Tabelle dargestellten Kriterien.

Abbildung 1: Milchtaxi

Abbildung 2: Tränkeautomat

Tabelle 1: Vergleich „Milchtaxi“ und „Tränkeautomat“

Kriterien	Milchtaxi	Tränkeautomat
Anschaffungskosten und Eignung für den Betrieb/ die Betriebsgröße		▪ Effiziente Nutzung der digitalen Daten ermöglicht schnelles Reagieren und dadurch eine Zeit- und Kostenersparnis
Tierbeobachtung	▪ Sehr gute Einzeltierbeobachtung	▪ Auswerten der Transponderdaten notwendig, ggf. mithilfe eines Endgerätes
Handhabung	▪ Hoher Zeitaufwand nötig	▪ Anlernen der Kälber nötig

Situation

Nach reiflicher Überlegung hat sich Ihr Ausbilder entschieden, das Tränkesystem der Kälber auf Joghurt-Tränke umzustellen. Er gibt Ihnen noch den Hinweis, dass Sie neben Joghurt und Wasser auch Kälber-TMR zufüttern sollen. Als Sie das mit Ihren Freunden besprechen, kommt die Frage auf: Warum muss eigentlich Kälber-TMR vorgelegt werden?

Abbildung 1 und 2: Kraftfutteraufnahme der Kälber

9 Um leistungsstarke Tiere zu erhalten ist es wichtig, die Fütterung stetig optimal anzupassen. Die Milchverdauung beim Kalb findet vorerst im Labmagen statt, nach und nach werden auch alle anderen Mägen ausgebildet und beansprucht.

a Füllen Sie den Lückentext zum Thema „Beifütterung von Kälbern" aus. Bei Schwierigkeiten können Sie die fehlenden Bergriffe im Suchsel finden und ggf. in den Wortkasten einfügen.

In den ersten Lebenswochen des Kalbes entwickelt sich der ________________ stetig weiter. Zu Beginn findet die Verdauung nur im ____________ statt, da das Kalb natürlicherweise Milch säuft. Das Ziel der Beifütterung ist eine möglichst schnelle Entwicklung zum Wiederkäuer durch die Vergrößerung des ________________, die Entwicklung der ______________ und den Beginn der Pansenaktivität. Die Beifütterung soll so _______ wie möglich beginnen, um einen abrupten Übergang und eine daraus resultierende Stresssituation sowie ____________________ zu vermeiden. Mithilfe einer Kälber-Totalmischration (TMR) nehmen die Kälber gleichzeitig ________________ und __________ Futtermittel auf. Der Einsatz von Melasse verhindert dabei eine ___________ des Futters. Der ________________ in der Ration unterstützt das Wachstum der Pansenzotten. Die strukturhaltige Komponente fördert die Volumenentwicklung des Pansens. Neben der Totalmischration muss darauf geachtet werden, dass das Kalb mit ausreichend _________ versorgt wird. Das Kalb kann, sobald es ausreichende Mengen an Kälber-TMR aufnimmt, von der Tränke ____________ werden (weibliche Kälber nach ca. 10–14 Wochen; männliche Kälber nach ca. 9–12 Wochen). Parallel kann mit einer zusätzlichen Beifütterung der ________________ begonnen werden. Hier ist auf beste __________ und eine _______________ Vorlage zu achten!

Hinweis: Die Begriffe sind im Suchsel senkrecht, waagerecht, diagonal vorwärts und rückwärts zu suchen. Die gefundenen Begriffe können dann in den Wortkasten ergänzt werden.

A	K	R	U	K	S	L	I	G	A	N	B	E	S	S	T	Y	X	Ä	E	Y	R	Q	Y	W	P	K
Ä	A	A	V	E	R	D	A	U	U	N	G	S	T	R	A	K	T	Y	W	Y	I	S	O	W	A	E
Z	S	N	A	K	U	A	O	H	E	S	E	D	G	R	I	A	M	A	L	Ä	S	T	L	A	N	T
Q	A	U	Z	U	S	A	F	T	M	A	R	L	A	N	R	O	M	B	U	U	S	Ä	K	S	S	R
L	L	E	U	L	A	N	E	T	T	O	Z	N	E	S	N	A	P	K	L	Ä	B	R	R	S	E	I
M	V	Ü	Ä	Y	M	A	X	Y	F	X	Y	C	H	E	N	E	L	S	S	Y	O	K	R	T	N	S
E	K	M	N	O	I	E	P	B	S	U	F	S	U	S	J	E	S	T	A	S	I	E	A	R	V	T
A	I	Q	O	P	Ä	S	T	R	U	K	T	U	R	H	A	L	T	I	G	E	S	H	S	Y	O	V
M	U	L	I	P	I	P	L	I	S	T	E	T	L	I	E	K	W	Y	A	T	T	A	R	H	L	E
M	C	L	T	T	M	Y	U	U	Y	M	G	Y	E	P	V	Ä	V	U	Y	M	S	L	T	M	U	R
D	Ä	Y	A	T	M	Y	U	U	Y	T	M	Y	U	R	W	Q	E	U	Y	T	Y	T	Ü	I	M	J
L	Y	Ä	R	B	V	S	V	P	Ä	H	P	E	P	V	A	Ä	S	P	Ä	H	W	I	Y	U	E	U
N	O	Z	H	L	M	O	N	Ä	U	G	P	V	S	V	U	N	J	Ä	U	G	A	G	D	S	N	L
U	X	V	E	P	V	A	V	P	Ä	H	Q	S	M	H	S	T	T	P	Ä	H	W	E	I	L	S	T
G	T	C	I	L	U	O	G	G	Y	O	P	S	Y	L	Y	A	Ä	E	D	U	E	T	T	S	Y	T
K	C	H	V	V	I	I	S	E	Z	B	X	F	L	L	X	L	T	P	I	N	T	R	O	S	Z	L
O	E	A	H	H	L	U	O	N	N	Ä	F	R	Ü	H	A	I	I	E	T	L	O	L	E	T	I	M
N	H	G	C	A	G	W	S	W	W	Y	R	L	M	U	M	U	L	T	O	W	N	S	E	E	L	E
T	S	E	L	E	K	T	I	O	N	N	I	S	M	C	M	C	A	R	O	S	K	S	E	L	L	A
O	M	S	I	I	E	A	G	W	S	W	S	Ä	D	W	D	Ä	U	O	S	S	E	T	T	M	V	M
L	A	I	M	S	W	O	Q	P	P	Q	C	Y	L	A	L	Y	Q	M	Q	G	B	I	R	E	K	M
L	M	C	A	I	W	R	W	Ö	W	X	H	O	N	S	N	O	R	X	B	D	A	L	I	A	I	D
A	H	C	I	L	G	Ä	T	O	N	P	E	W	U	S	U	X	O	A	D	E	A	G	W	M	U	L
X	A	C	M	E	A	G	W	S	W	W	Y	L	G	E	S	X	W	O	Q	W	O	Q	P	M	C	N
T	L	L	E	I	S	T	U	N	G	S	D	E	P	R	E	S	S	I	O	N	X	X	T	D	Ä	P

b Beurteilen Sie im Berufsschulunterricht verschiedene Kälber-TMRs Ihrer Mitschüler anhand folgender Kriterien:

- Feuchteanteil
- Homogenität
- Geruch
- Strukturanteil
- Aussehen (Gefüge, Farbe)
- Futterkomponenten mit Hauptinhaltsstoffen

c Recherchieren Sie im Internet den Begriff „metabolische Programmierung beim Kalb". Notieren Sie Ihre Ergebnisse stichpunktartig.

10 Kälbern sollte bereits ab der Geburt[1] Wasser ad libitum angeboten werden. Sowohl die Qualität von Tränkewasser als auch die Darreichungsform unterliegt unterschiedlichen Anforderungen.

Abbildung 1 und 2: Beheizbare Tränke

a Erklären Sie die Funktion von Wasser für das Kalb.

1 Nach § 11 Satz 4 Tierschutz-Nutztierhaltungsverordnung muss den Kälbern spätestens ab der zweiten Lebenswoche Wasser in ausreichender Menge und Qualität angeboten werden. Um den Flüssigkeitsbedarf optimal zu decken, empfiehlt es sich, bereits nach der Geburt Wasser anzubieten.

b Begutachten Sie die Darreichungsform von Wasser in Ihrem Ausbildungsbetrieb und recherchieren Sie Eckdaten zur Wasserqualität.

c Berechnen Sie die benötigte Wassermenge für ein Kalb mit einem Lebendgewicht von 75 kg. Recherchieren Sie den Wasserbedarf für die Tränke pro Tag.

d Bei Durchfallerkrankungen ist die Zufuhr von Wasser für das Kalb lebenserhaltend. Oftmals wird diskutiert, ob bei einer Elektrolytgabe die Medikation im Wasser oder im MAT angerührt werden soll. Fragen Sie Ihren Ausbilder, welche Erfahrungen er gemacht hat.

11 Nach § 11 Satz 6 TierSchNutztV muss Kälbern spätestens ab dem 8. Lebenstag Raufutter zur freien Aufnahme angeboten werden. Sinnvoll ist es aber, Raufutter und stärkehaltiges Kraftfutter bereits in der ersten Woche anzubieten. Begründen Sie diesen Sachverhalt.

12 Listen Sie die Kälberfuttermittel Ihres Betriebes auf.

13 Ein Mitschüler präsentiert in der Klasse die im Betrieb gefütterte Kälber-TMR (Totalmischration).

a Listen Sie mögliche enthaltene Futtermittel auf.

b Ihren Mitschülern fällt auf, dass in der Kälber-TMR ganze Maiskörner enthalten sind. Sie haben gelernt, dass Maiskörner in der Rinderration möglichst stark zerkleinert sein müssen. Erklären Sie diese Besonderheit in der Kälberfütterung.

Lernsituation 2.1.4 Zucht – Erstbesamung

Situation

Die Färse Erna ist nun in der Zuchtreife und soll das erste Mal besamt werden. Ihr Ausbilder erhält zwar über die Transpondertechnik viele Daten zu den Brunstsymptomen, aus denen der optimale Besamungszeitpunkt errechnet wird. Er möchte in seinem Betrieb jedoch verstärkt wieder die aktive Tierbeobachtung fördern. „Während der Brunst können viele Verhaltensmerkmale bei den Kühen beobachtet werden. Wenn diese richtig gedeutet werden, kann optimal besamt werden!“, erläutert der Besamungstechniker.

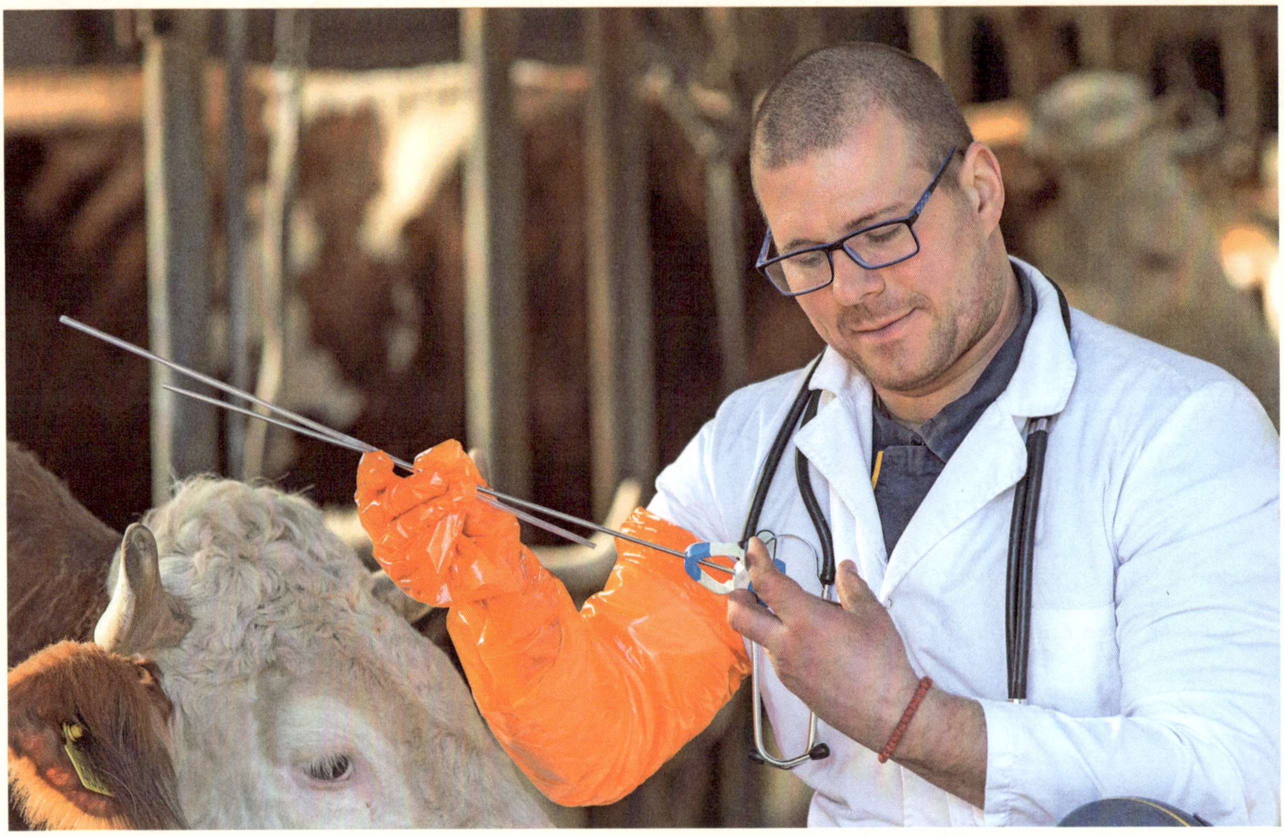

Abbildung 1: Besamungstechniker

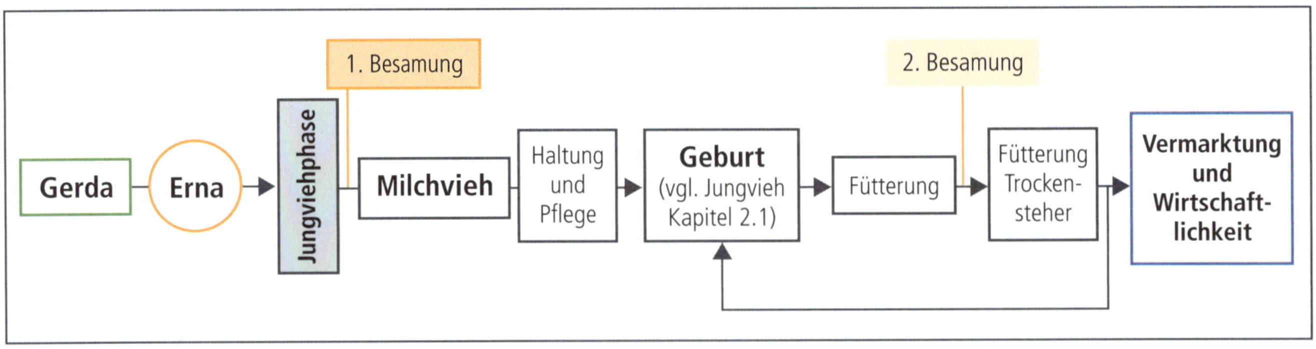

Abbildung 2: Produktionsabschnitte der Milchviehhaltung

1 Zunächst möchten Sie die verschiedenen Bezeichnungen der Rinder je Altersklasse sortieren: Verbinden Sie diese mittels eines Pfeiles. Ordnen Sie das Alter und die Beschreibungen richtig zu.

Bezeichnung		Alter/Entwicklungsstand		Beschreibung
Färse		Lebensalter ab ca. 2 Jahre		Frisch abgekalbte Färse oder Kuh
Kalbin		24–27 Monate		Erste Trächtigkeit bis einschließlich erste Laktation
Mastbulle		Durchschnittlich 2–7 Jahre (oder bis zur 5. Laktation)		Männliches Jungvieh, das zur Mast genutzt wird
Ochse		Bis zu einem halben Jahr		Kastrierter Bulle/Stier
Milchvieh		Nach 6 Monaten bis zur Zuchtreife		Abnehmende Milchleistung, Zunahme altersbedingter Probleme
Kalb		Zwischen 6 Monaten und einem Jahr		Weibliches Rind nach erster Abkalbung
Fresser		ca. 20 Monate		Männliches oder weibliches Rind; Nachzucht, Mast oder frühere Schlachtung
Jungrind		Ab 5. Laktation und älter		Übergang zwischen Kalb und Rind
Altkuh		Ca. 15–37 Monate		Männliches Rind
Absetzer	→	Ca. 5–10 Monate	→	Männliche Rinder in Mutterkuhhaltung

2 Unterscheiden Sie die Begriffe „Geschlechtsreife“ und „Zuchtreife“ beim Rind. Geben Sie jeweils das Alter der Tiere, die geschlechts- oder zuchtreif sind, auf Ihrem Ausbildungsbetrieb an.

Tabelle 1: Geschlechtsreife und Zuchtreife beim Rind

Geschlechtsreife	Zuchtreife
Alter	

3 Brunstsignale zeigen Ihnen den richtigen Zeitpunkt der Besamung an. Schauen Sie sich den Film „Brunstsignale bei Kühen“ genau an und ergänzen Sie die folgende Tabelle rund um das Thema Brunst.

https://vel.plus/
LSLAWI18

Abbildung 1: Brunstsignale bei Kühen

Tabelle 1: Brunstphasen

	Vorbrunst	**Hauptbrunst**	**Nachbrunst**	**Zwischenbrunst**
Verhalten	Beginn unruhiges Verhalten, große Unruhe in der Herde,	Große Unruhe in der Herde,	Herde wieder ruhig, wieder normales Verhalten,	
Vorgänge im Eierstock			Zu Beginn der Nachbrunst platzt die Eiblase (Eisprung) und das Ei gelangt in den Eileitertrichter; Gelbkörperbildung; Progesteronbildung	
Dauer				16 Tage
Äußere Brunst-symptome				Die Schamlippen (Vulva) erscheinen faltig.

↓ ↓ ↓ ↓

Besamung: Ja oder Nein?				Nein

4 Beobachten Sie auf Ihrem Ausbildungsbetrieb Kühe, bei denen die Brunst kurz bevorsteht.

Sammeln Sie Anzeichen einer unmittelbar bevorstehenden Duldungsphase (Hauptbrunst). Unterscheiden Sie hierbei zwischen Auffälligkeiten/Änderungen im Verhalten und in der Genitalregion.

Verhaltensbedingte Kennzeichen:

- Duldung von Aufspringen durch andere Tiere

Veränderung der Genitalregion:

5 Ihr Ausbilder legt Ihnen einen Lückentext rund ums Thema Brunst vor. Füllen Sie mithilfe des Wortkastens den Lückentext aus.

Gebärmutterschleimhaut ▪ Brunstzyklus ▪ Eisprung ▪ Einnistung ▪ Befruchtung ▪ Transport ▪ Lebewesen ▪ Eileiterwanderung ▪ Erbinformationen ▪ Brunst ▪ Sexualtrieb

Die ____________ ist das Verhalten, mit dem weibliche Tiere ihre Paarungsbereitschaft anzeigen. Diese wird durch Hormone (z. B. Östrogen) ausgelöst und gesteuert. Durch die Ausschüttung der Hormone beim weiblichen Tier wird der ________________ beim männlichen Tier ausgelöst. Der ________________ ist der durchschnittliche Zeitabstand von einer Brunst zur nächsten (etwa 28 Tage nach dem Abkalben, dann alle 21 Tage). Der ______________ findet 12–18 Stunden nach dem Auftreten des Duldungsreflexes statt. Eine oder mehrere Eizellen verlässt bzw. verlassen den Eierstock. Die ________________ findet unmittelbar nach dem Eisprung im Eileiter statt. Der Kern einer Samenzelle dringt in die Eizelle ein und verschmilzt mit deren Kern. Dabei werden mütterliche und väterliche ____________________

miteinander kombiniert, woraus ein neues ______________ mit individuellen Eigenschaften entsteht.

Unter ____________________ versteht man den ____________ der befruchteten Eizelle durch

den Eileiter in die Gebärmutter. Bei der ______________ wächst der Zellhaufen (Blastozyste) in

die ___________________________ ein und wird über diese mit Nährstoffen versorgt.

6 Um den optimalen Besamungszeitpunkt zu treffen, ist es wichtig, die Entwicklungen im Eierstock zu verstehen.

a Beschriften Sie mithilfe des Wortkastens den Eierstock richtig.

Heranwachsender Follikel ▪ Eierstock ▪ Follikel-/Eisprung ▪ Gelbkörper ▪ Eileitertrichter ▪ Eileiter ▪ Eizelle

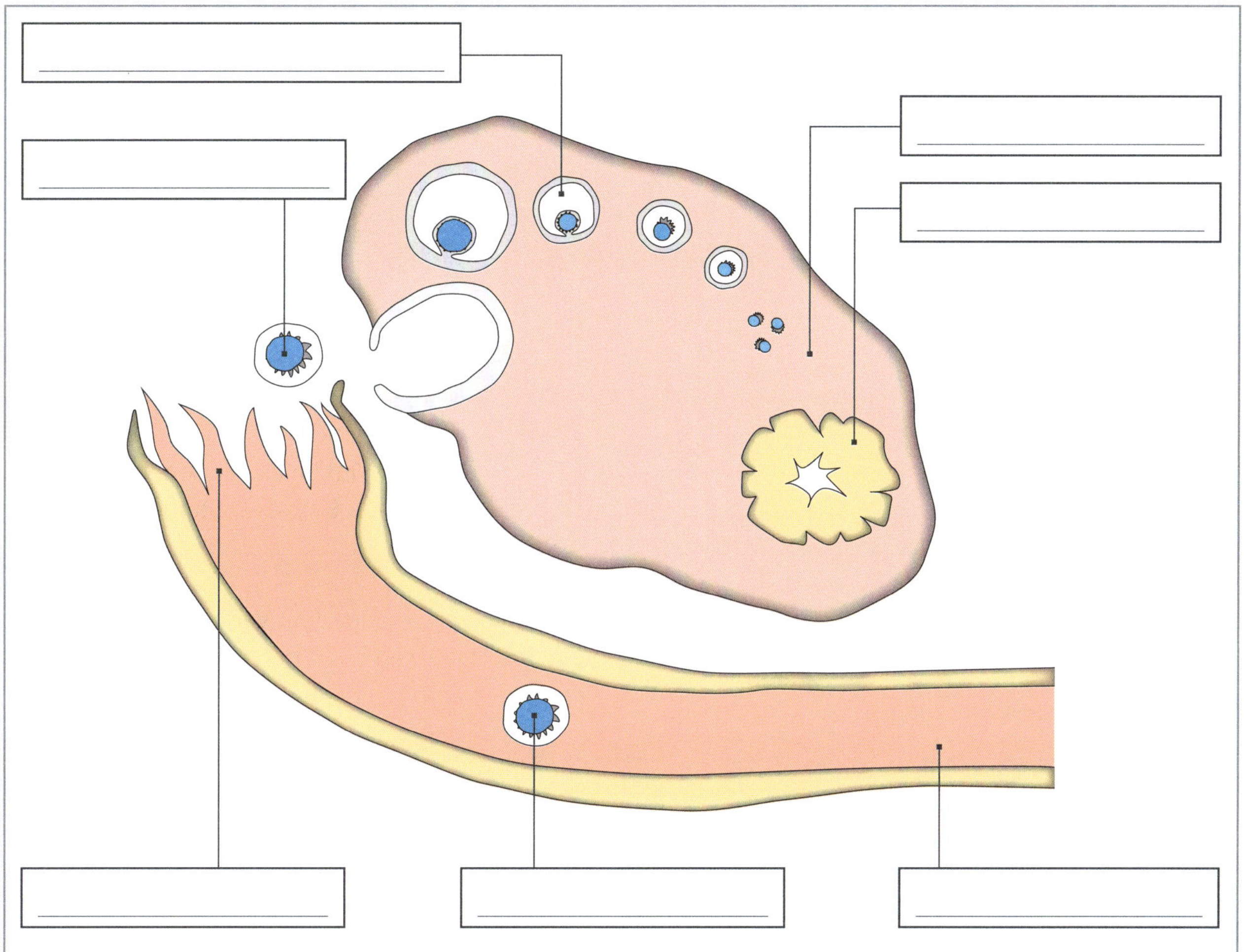

Abbildung 1: Follikelentwicklung im Eierstock

b Verbinden Sie die Sexualhormone jeweils mit der richtigen Wirkweise. Ergänzen Sie zu den drei vorgegebenen Abkürzungen die entsprechenden ausgeschriebenen Fachbegriffe.

Tabelle 1: Sexualhormone und ihre Wirkweise

Sexualhormon		Wirkweise
FSH = ______________		Sorgt für den Eisprung und bildet Gelbkörper aus.
Prostaglandin		Sorgt dafür, dass bei erfolgreicher Befruchtung der Gelbkörper erhalten bleibt (Trächtigkeitsschutzhormon).
LH = ______________		Fördert das Wachstum des Follikels.
Progesteron		Wird im Zwischenhirn (Hypothalamus) gebildet und sorgt für die Freisetzung der Fruchtbarkeitshormone.
Östrogen		Wird von der Gebärmutter nach erfolgloser Befruchtung gebildet und löst den Gelbkörper auf. Damit kann der Zyklus neu starten.
GnRH = ______________		Wird im Eierstock gebildet und löst die Brunstsymptome aus.

7 Nicht immer verläuft die Brunst normal. Brunststörungen führen zu verändertem Verhalten bei der Kuh bzw. in den Geschlechtsorganen. Verbinden Sie die folgenden Brunststörungen mit den richtigen Symptomen.

Tabelle 2: Brunststörungen

Störung		Symptome
Brunstlosigkeit		Die Kuh zeigt keine äußeren Brunstsymptome.
Dauerbrunst		Die Kuh hat einen eitrigen Ausfluss.
Stille Brunst		Die Eierstöcke sind funktionslos.
Entzündung der Gebärmutter		Die Kuh bildet Zysten an den Eierstöcken.

8 Notieren Sie mögliche Ursachen, die zu einer Fruchtbarkeitsstörung führen können.

____

____

____

____

9 Im Besamungskatalog finden Sie folgende Bullen. Wählen Sie einen geeigneten Bullen für die erste Besamung von Erna aus und begründen Sie Ihre Wahl.

Tabelle 1: Auswahl Zuchtbullen

Bulle	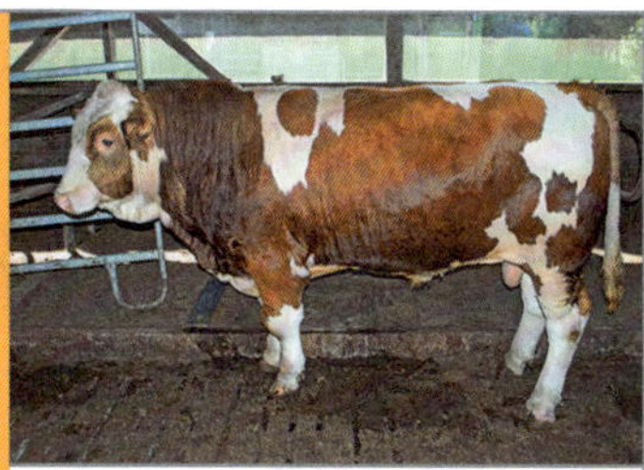		
	Fleckvieh „Skidoo"	Weiß-Blaue Belgier „Odin"	Limousin „Hagwirt"
Vererbt folgende negativen Merkmale	▪ Zu tief liegende Euter oder nicht saugfähige Zitzen ▪ Farbe Kopf: weniger als geschätzt 20 % weiß ▪ Farbe Körper: komplett pigmentiert oder komplett unpigmentiert	▪ Zu tief liegende Euter oder nicht saugfähige Zitzen ▪ Große Kälber	▪ Zu liegendes Euter und nicht saugfähige Zitzen ▪ Eine fehlende deutliche Aufhellung vom Flotzmaul und um die Augen. ▪ Farb- und Pigmentflecken
Produktionseigenschaften	▪ Ruhig und gutmütig ▪ beste Weideeignung ▪ sehr hohe Zunahmen ▪ regelmäßiges, problemloses Abkalben ▪ beste Muttereigenschaften ▪ sehr gute Milchleistung ▪ frohwüchsige Kälber ▪ hohe Absetzgewichte ▪ kontinuierliche, hohe Milchleistung	▪ Ruhiger Charakter ▪ Gute Futtereffizienz (Mastleistung) ▪ Hohe Fleischqualität ▪ Schweres Abkalben ▪ Große Kälber	▪ Anpassungsfähig und gute Weideeignung ▪ umgänglicher Charakter ▪ Kontinuierliche, hohe Mastleistung bei sehr guter Futtereffizienz ▪ Hervorragende Ausschlachtung mit guter Fleischmarmorierung

Bullenauswahl:

Begründung:

10 Die Besamung von Erna steht unmittelbar bevor. Der Besamungstechniker kommt auf Ihren Betrieb, um die Erstbesamung durchzuführen. Erläutern Sie die Konservierung bzw. Lagerung des Spermas.

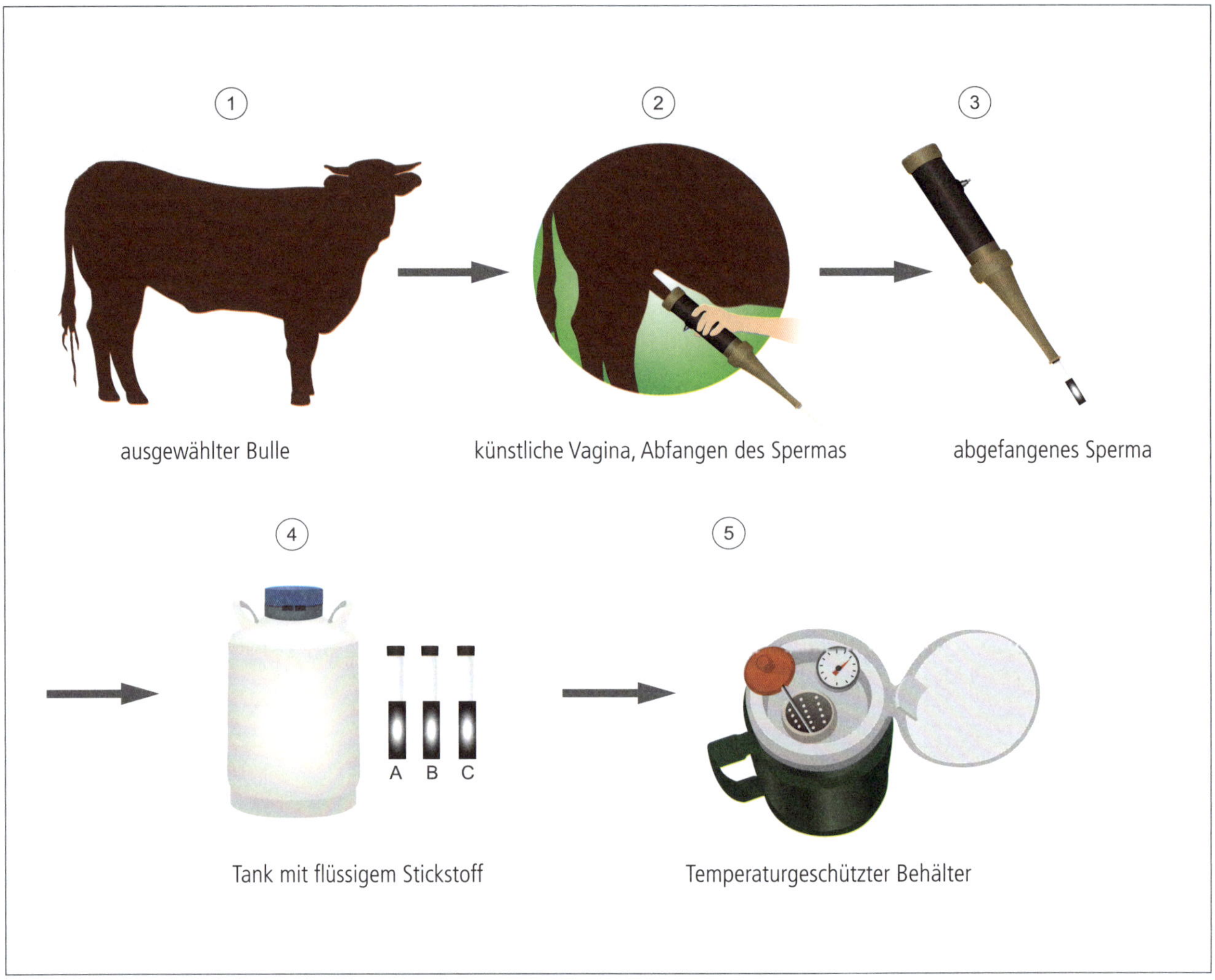

Abbildung 1: Spermagewinnung und -lagerung

Abbildung 2: Temperaturgeschützter Behälter

11 Der Besamungstechniker besamt Erna.

a Beschriften Sie folgende Abbildung, indem Sie die richtigen Begriffe in die Tabelle eintragen.

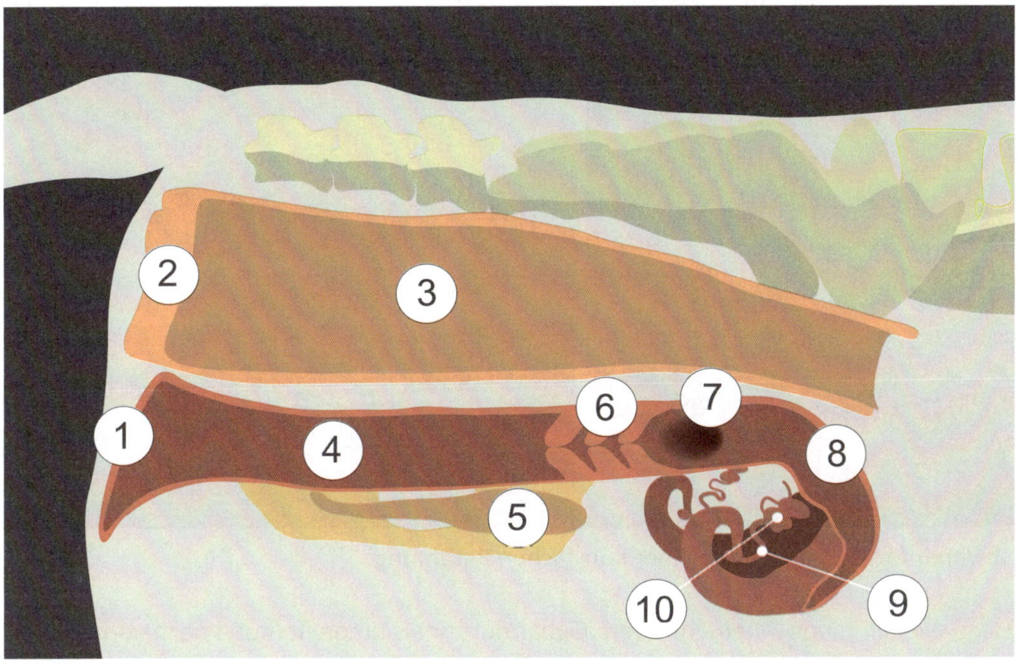

Abbildung 1: Querschnitt durch das Geschlechtsorgan der Kuh

Tabelle 1: Begriffe zur Abbildung 1

1		6	
2		7	
3		8	
4		9	
5		10	

b Sie beobachten den Besamungstechniker bei der Besamung von Erna. Bringen Sie die einzelnen Schritte in die richtige Reihenfolge, indem Sie sie korrekt nummerieren.

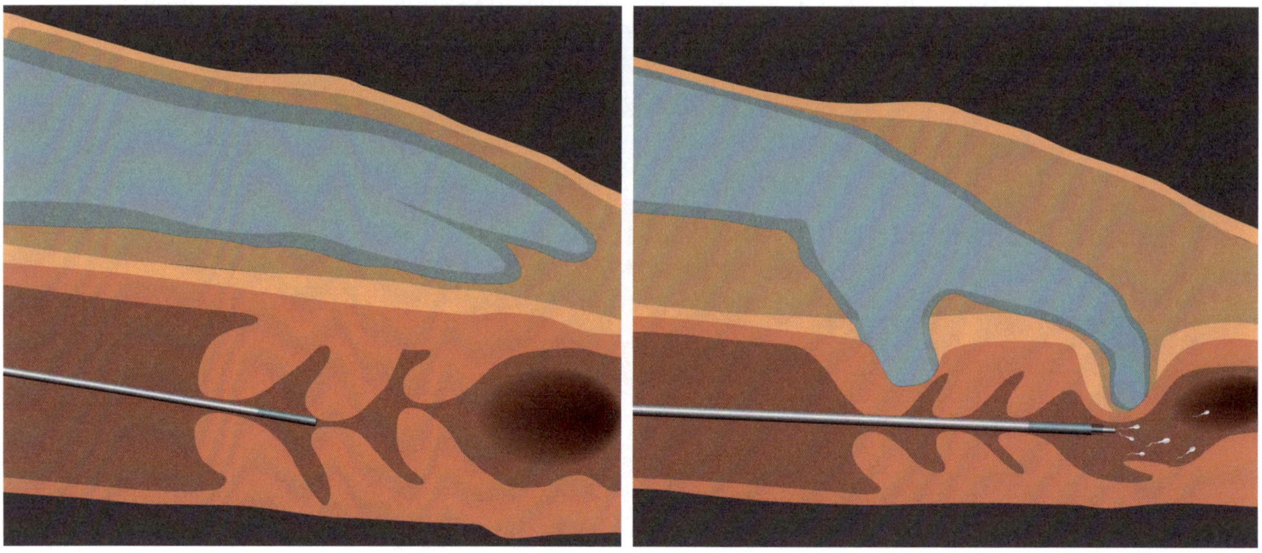

Abbildung 1 und 2: Vereinfachte Darstellung einer künstlichen Besamung

___	Linke Hand wieder in den After einführen. Gebärmutterhals umgreifen und nach vorne schieben (Trichterbildung)
___	Mit der linken Hand den Mastdarm leeren
___	Mit der rechten Hand die Pipette durch die Cervix schieben
___	Einführen der linken Hand (Handschuh) in den After der Kuh
___	Besamungspistole mit der rechten Hand auslösen und Samen abspritzen
___	Mit der rechten Hand die Pipette waagrecht oder leicht nach oben gerichtet weiterschieben.
___	Linke Hand aus dem After entfernen und mit den Fingern die Schamlippen spreizen
___	Mit dem Zeigefinger der linken Hand die Pipettenspitze am Ausgang der Cervix ertasten
___	Dokumentation
___	Pipette mit der rechten Hand waagrecht in die Scheide einführen (ca. 10 cm)
___	Besamungspipette entfernen und linke Hand aus dem After entfernen
___	Mit dem kleinen Finger der linken Hand die Einführung der Pipettenspitze in die Cervix kontrollieren (Treffen der Cervixeinmündung)

12 Neben der künstlichen Besamung gibt es auch die Möglichkeit des Natursprungs, der eher selten durchgeführt wird oder von der Betriebsgröße abhängig ist. Markieren Sie alle Aussagen, die zur künstlichen Besamung passen, mit einem „K" und alle Aussagen, die zum Natursprung passen, mit einem „N".

___
Gut geeignet für Weide- und Mutterkuhhalter
Fast keine Brunstbeobachtung nötig

___
Geringere Bullenqualität = geringerer Zuchtfortschritt
Verletzungsgefahr für Bulle und Kuh
Haltung kostet Platz, Futter und Arbeit
Bulle sollte in regelmäßigen Abständen gewechselt werden

___
Sperma des Bullen wird gewonnen und künstlich (manuell) in die Gebärmutter eingebracht

___
Gut geeignet für große Herden

___
Bessere Zuchtauswahl
Keine Infektionen durch Deckvorgang und Verletzungen
Einfache Handhabung
Stärken-/Schwächen-Ausgleich der einzelnen Kuh möglich

___
Kosten
Voraussetzung: gutes Management

___
Bulle bespringt das Rind und gibt den Samen im Scheidenvorhof ab

13 Erna wurde mit dem Sperma von Skidoo künstlich besamt. Ob die Besamung geglückt ist, kann auf verschiedene Arten überprüft werden. Vervollständigen Sie mithilfe des Wortkastens den folgenden Lückentext.

Milch ▪ Progesterongehalt ▪ 19./20. ▪ Gebärmutterschleimhaut ▪ rektale ▪ Eihaut ▪ Testflüssigkeit ▪ 5. bis 6. ▪ Eihautgriff ▪ 25. bis 28.

Der Progesteron-Milchtest kann ab dem ____________ Tag nach der Besamung durchgeführt werden. Dazu werden __________ und ___________________ in einem Reagenzglas gemischt. Mithilfe einer Farbskala wird der ________________________ eingeschätzt. Ab dem _______________. Trächtigkeitstag kann von Besamungstechnikern oder Tierärzten eine Ultraschalluntersuchung durchgeführt werden. Hierbei wird kontrolliert, ob sich der Embryo in die ______________________________ eingenistet hat. Dazu wird eine ___________ Ultraschalluntersuchung durchgeführt. Ab der _____________ Woche nach der Besamung führt der Tierarzt den „_______________" durch. Hierbei prüft er, ob hinter der Gebärmutterwand eine „zweite" Haut, die ___________ des Embryos, zu ertasten ist.

2.2 Milchvieh

Lernsituation 2.2.1 Haltung und Pflege

Situation

Im Sommer wird ein Teil der Milchkühe auf die Weide getrieben. Zum abendlichen Melken kommen die Kühe von der Weide und stehen im Wartestall, um hintereinander gemolken zu werden. Sie bemerken, dass beim Rausgehen aus dem Melkstand ein Tier, obwohl es an den Melkstand gewöhnt ist, diesen nur langsam verlässt. Alle anderen Tiere bewegen sich zügig.

Abbildung 1 und 2: Eintreiben der Kühe zum Melken und Fischgrätenmelkstand

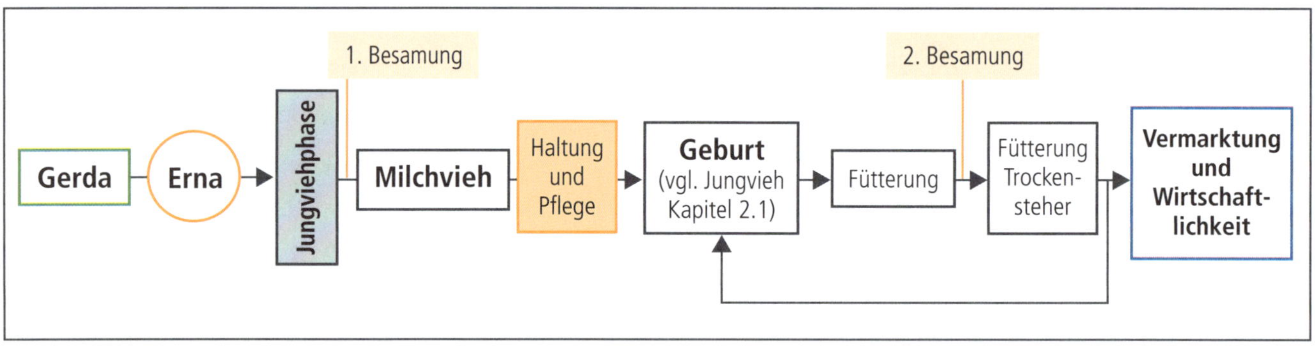

Abbildung 3: Produktionsabschnitte der Milchviehhaltung

1 Nennen Sie Faktoren, die die Fortbewegung der Kühe im Stall erschweren.

Baulich:

Tierindividuell:

2 Durch die tägliche Beobachtung der Kühe können frühzeitig Probleme oder Krankheiten erkannt werden.

a Finden Sie im Suchrätsel die Überbegriffe zu den 14 Kuhsignalen, die Sie bei Kühen permanent überwachen müssen.

K	R	A	K	R	U	K	M	A	B	I	R	E	K	M	S	S	T	Y	X	Ä	E	K	R	K	L
L	A	U	F	M	E	R	K	S	A	M	K	E	I	T	T	R	A	K	T	Y	W	Ö	I	T	E
O	U	Z	S	N	A	U		V	A	G	W	M	U	L	D	Ä	Y	U	R	W	Q	R	U	K	M
G	G	Q	A	B	I	R	M	K	O	Q	P	M	C	N	M	Ä	L	G	L	G	T	P	P	A	E
R	E	L	L	A	F	L	O	T	Z	M	A	U	L	P	A	L	V	A	N	K	C	E	I	S	N
I	N	M	V	A	G	W	M	U	L	Q	S	M	Ä	U	A	I	K	O	U	O	E	R	W	L	M
A	O	E	K	O	Q	P	A	C	N	B	S	A	L	Ä	M	Q	P	P	X	F	L	K	P	I	A
N	A	A	I	A	I	X	G	T	D	Ä	A	L	I	A	M	W	Ö	W	X	H	L	O	P	R	K
T	M	M	L	M	L	Y	E	P	K	L	A	U	E	N	U	Q	P	P	X	F	L	N	P	A	N
O	M	M	N	M	N	O	L	T	Ö	Y	O	Q	P	M	C	W	Ö	W	X	H	L	D	T	P	Y
L	D	D	U	D	U	X	E	T	R	Y	X	X	T	D	Ä	Y	U	R	W	Q	E	I	Y	K	O
T	F	L	G	L	G	T	N	B	P	S	L	Q	R	U	T	A	R	E	P	M	E	T	L	I	A
E	A	V	A	N	K	C	K	L	E	O	N	B	S	A	L	V	A	N	K	C	A	I	V	L	M
R	N	K	O	U	O	E	E	P	R	A	A	L	I	A	I	G	O	U	O	E	K	O	T	N	M
M	I	I	A	L	K	T	I	N	H	A	A	G	W	M	N	I	A	L	K	T	I	N	I	U	D
L	V	L	M	K	C	H	V	V	A	I	O	Q	P	U	C	L	M	K	C	H	V	P	L	G	L
N	H	N	M	O	E	A	H	H	L	U	X	X	M	D	Ä	N	M	O	E	A	H	E	N	A	N
U	W	I	D	E	R	R	I	S	T	W	L	T	S	M	Ä	U	D	N	H	G	C	I	U	O	U
G	L	G	L	T	S	E	L	E	U	T	A	B	S	A	L	G	L	T	G	W	A	I	A	A	L
A	I	O	M	O	M	S	I	I	N	A	G	W	S	P	S	O	M	O	Q	P	M	L	M	M	K
O	M	L	A	L	A	I	M	S	G	N	U	L	L	Ü	F	N	E	S	N	A	P	N	M	T	J
A	A	L	M	L	M	C	A	I	W	R	W	Ö	W	X	H	L	M	U	M	C	A	X	L	L	U
Ä	K	A	H	A	R	U	K	M	A	B	I	R	E	A	H	A	H	A	T	U	K	T	A	I	A
L	N	X	A	C	N	E	U	A	K	R	E	D	E	I	W	C	A	V	E	E	L	P	Q	E	K
O	P	T	S	W	N	A	U	M	V	A	G	W	M	T	S	W	N	A	U	M	R	N	X	Z	T

b Ordnen Sie die gefunden Kuhsignale bzw. Begriffe aus **Teilaufgabe a** den passenden Erklärungen zur Erkennung von Problemen zu.

Tabelle 1: Kuhsignale mit Erklärungen

Merkmal	Probleme
______________	Quetschungen, Abschürfungen oder Entzündungen
______________	Apathischer Eindruck, hängende Ohren, desinteressiert
______________	Zu hohe oder zu niedrige Frequenz (Normalfrequenz: 10–30-mal pro Minute), röcheln, husten
______________	BCS weicht von der rassenspezifischen Norm ab
______________	Hungergrube deutlich erkennbar
______________	Trocken, verkrustet, Ausfluss
______________	Konsistenz nicht cremig und ringwerfend, blutig, schleimig

______________	Gekrümmter Rücken, gesenkter Kopf, Gliedmaßen ungleich belastet
______________	Schwellungen, Verletzungen, schwammig
______________	Kalte Ohren, kalter Rücken, Fieber (Normbereich: 38–39,2 Grad Celsius)
______________	Schwellungen, ungleiche Belastung, Entlastung, Hornschäden, Geschwüre
______________	Weniger als 50 Kauschläge pro Bissen
______________	Gerötet, geschwollen, hart, heiß, flockige Milch
______________	Tränend, trüb, eingefallen, eitrig

3 Beim Austreiben aus dem Melkstand beobachten Sie, dass ein Tier der Herde hinterherhumpelt und nicht gut nachkommt. Bei näherem Betrachten sehen Sie, dass das Tier an der Klaue verletzt ist.

a Listen Sie mögliche Ursachen für Verletzungen an den Klauen und für Klauendefekte auf.

b Welche Maßnahmen ergreifen Sie unmittelbar nach dem Erkennen des Humpelns?

c Viele Klauenkrankheiten lassen sich durch einen hohen Kuhkomfort vermeiden. Zählen Sie verschiedene Möglichkeiten zur Verbesserung des Kuhkomforts in Bezug auf die Klaue auf.

d Füllen Sie den Steckbrief der Klauenkrankheit „Rusterholz´sches Sohlengeschwür" aus.

Steckbrief

Abbildung 1: Klauenbehandlung

Krankheit

Rusterholz'sches Sohlengeschwür

Ursache/Erreger

Symptome

Behandlungsmöglichkeiten

Präventive Maßnahmen

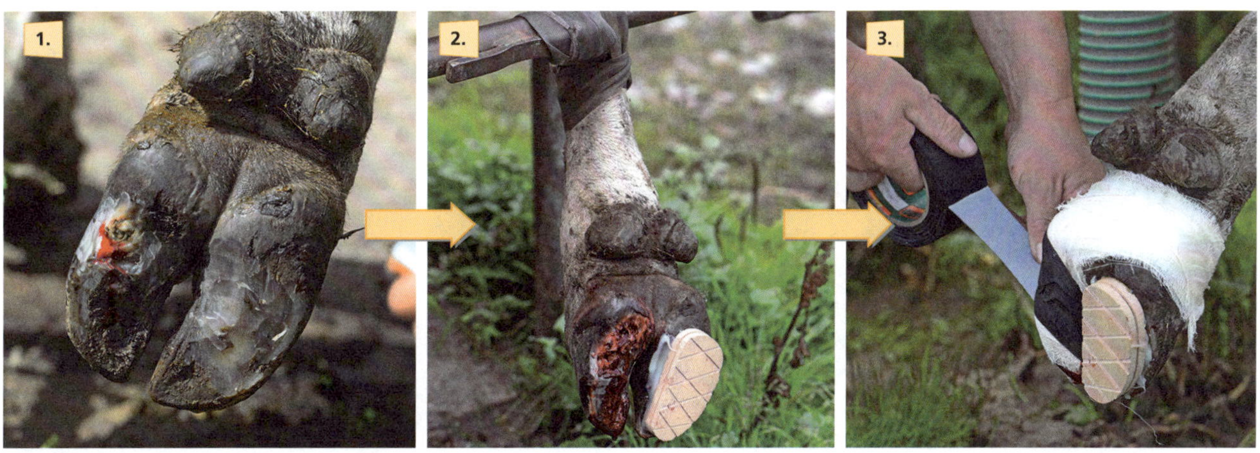

Abbildung 2 bis 4: Behandlung eines Sohlengeschwürs: 1. Herausschneiden des Abszesses; 2. Entfernter Abszess; 3. Klaue nach der Abszess-Behandlung

e Nennen Sie mögliche Folgen von Klauenkrankheiten.

f Ihr Ausbilder hat Sie zum überbetrieblichen Ausbildungskurs angemeldet. Ein Baustein ist die Klauenpflege. Schreiben Sie als Zusammenfassung des Kurses eine Anleitung mit allen wichtigen Arbeitsschritten und Erläuterungen inkl. der benötigten Ausrüstung.

Anleitung:

Ausrüstung:

4 Der Laufstall hat sich in der Rinderhaltung etabliert. Geben Sie zu den folgenden Begriffen verschiedene Gestaltungs- und Ausstattungsformen an.

Tabelle 1: Gestaltungs- und Ausstattungsformen von Laufställen

Stallsystem	
Liegefläche	
Einstreu	
Lauffläche	

5 Neben der dauerhaften Haltung im Laufstall gibt es auch die Möglichkeit, die Herde zeitweise auf die Weide auszutreiben.

a Erklären Sie folgende Begriffe:

Tabelle 1: Weideformen

Kurzrasenweide	
Umtriebsweide	

b Benennen Sie Vor- und Nachteile des jeweiligen Systems.

Tabelle 1: Vergleich von Weidesystemen

Weidesystem	Vorteile	Nachteile
Kurzrasenweide	▪ Effiziente Grünlandnutzung	
Umtriebsweide	▪ Weideruhe auf den einzelnen Koppeln	

c Nennen Sie Aspekte, die bei der Weidehaltung beachtet werden müssen.

6 Ihr Ausbilder hat in direkter Umgebung des Laufstalls eine freie Fläche zur Verfügung und überlegt, dort eine Weide anzulegen.

a Erstellen Sie eine Pro-und-Contra-Mindmap für die Weidenutzung.

Pro	**Weiden-nutzung**	**Contra**

b Zeichnen Sie anhand der vorgegebenen Rahmenbedingungen (Länge: 190 m, Breite: 150 m) in den unten stehenden Skizzen die jeweiligen Begrenzungen für eine Stand- und eine Umtriebsweide ein. Zeichnen Sie zusätzlich jeweils die Laufwege ein.

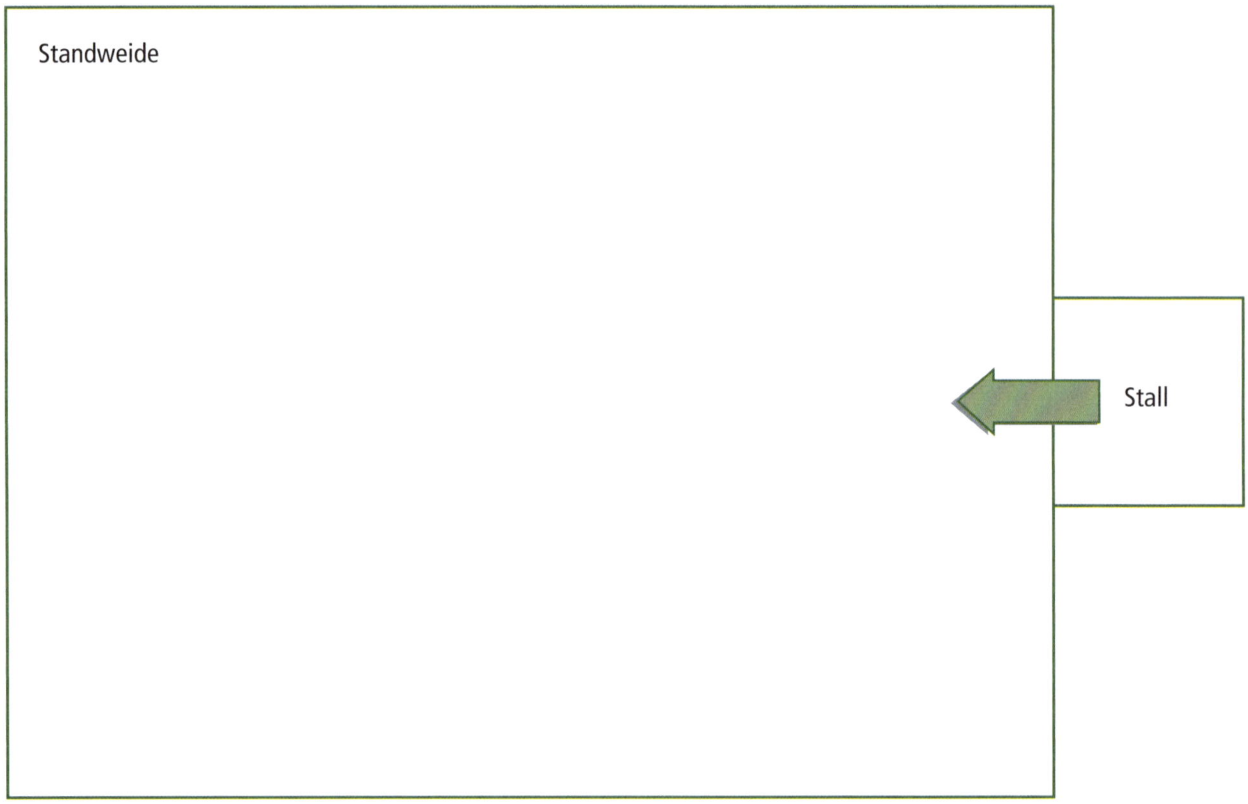

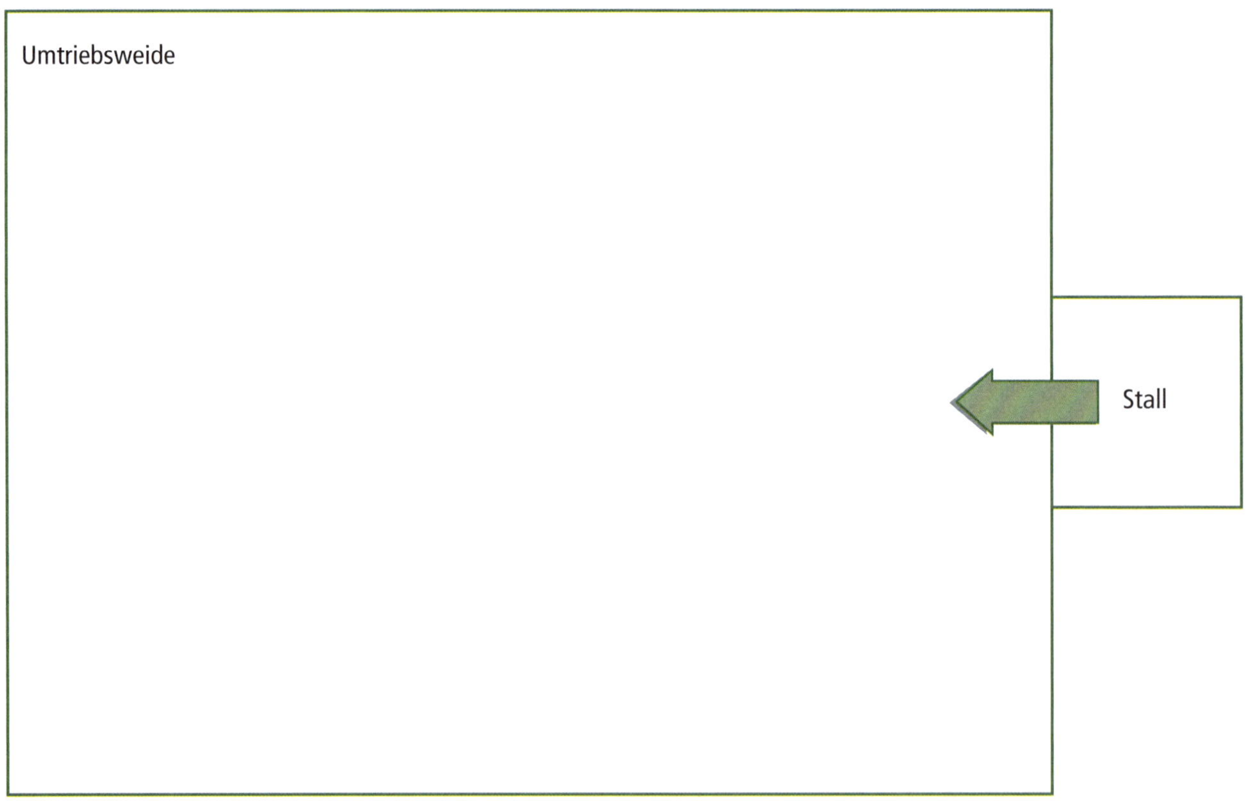

7 Aufgrund der betrieblichen Gegebenheiten entscheidet sich Ihr Ausbilder für die Standweide. Dazu wollen Sie auf der betreffenden Fläche einen Weidezaun errichten (Seitenlängen: 190 m × 150 m).

a In der folgenden Liste finden Sie das benötigte Material sowie die entsprechenden Vorgaben. Berechnen Sie die fehlenden Angaben in der Tabelle.

Tabelle 1: Benötigtes Material

Berechnungsgrundlage	Zaunanlage mit elektrischem Weidezaungerät	
Tierart	Rind	
Zaunart	Zaunanlage permanent, „Fest-Zaun" mit Holzstreckenpfahl	
Leitermaterial	Aludraht	
Isolatorendraht	Streckenisolator mit Stütze zum Einschrauben	
Zaunanlage	Einfache Zaunlänge	
	Anzahl der Drahtreihen	3
	Gesamtlänge Draht	
	Abstand der Streckenpfähle	6 m
	Anzahl der Streckenpfähle (aufrunden auf ganze Pfähle)	
	Anzahl der Ecken	4
	Anzahl Eck- und Torpfähle	6
	Anzahl der Tore am Eck	2
	Anzahl der freistehenden Tore	0
Torbau	Aludraht mit Tor-Set	
Bewuchs	Mittlerer Bewuchs	
Weidezaungerät	230 Volt	
	Entfernung Zaun-Gerät	100 m
	Entfernung Gerät-Erde	1 m

b Vervollständigen Sie mit der obigen Tabelle die Angaben zum Zaun. Berechnen Sie die Kosten für das benötigte Material.

Tabelle 1: Berechnung der Zaunkosten

Komponente	**Anzahl**	**Stückpreis in €**	**Gesamtkosten in €**
Drahtverbindungsklemme	1	10,49	10,49
Streckenpfahl		9,99	
Eck- und Torpfähle		33,99	
Aludraht 1,6 mm, 400 m	6	32,99	
Drahtverbindung 1,4–2,2 mm	6	29,99	
Eck-/Torisolator	6	4,59	
Streckenisolator	324	4,49	
Torgriffset	6	7,99	
Weidezaungerät	1	155	155
Spezial-Erdpfahl (Erdung)	1	9,49	9,49
Untergrundkabel, 50 m	3	51,99	
Gesamtpreis			

c Berechnen Sie die Arbeitskosten für den Zaunbau, wenn eine Fremdfirma pro Stunde durchschnittlich ca. 80 Meter Zaun schafft (inklusive Nebenarbeiten, Elektroanschluss und Verkabelung). Dafür arbeiten zwei Personen, die Arbeitsstunde kostet 35,40 €.

d Ihr Ausbilder will Kälber auf diese Weide stellen. Berechnen Sie die maximal mögliche Anzahl an Tieren, wenn ein Tier mit 0,3 RGV (Raufutter verzehrende Großvieheinheit) und pro Hektar eine RGV angesetzt wird.

8 Auch bei der Weidehaltung müssen die Milchkühe zweimal täglich gemolken werden. Aktuell haben Sie in Ihrem Betrieb eine Rohrmelkanlage.

a Beschriften Sie die Skizze einer Rohrmelkanlage. Die Begriffe können dem Wortkasten entnommen werden.

Pulsator ▪ Regelventil ▪ Langer Milchschlauch ▪ Kurzer Milchschlauch ▪ Manometer ▪ Vakuumpumpe ▪ Vakuumtank ▪ Sicherheitsabscheider ▪ Melkzeug ▪ Milchleitung ▪ Milchabscheider ▪ Vakuumleitung

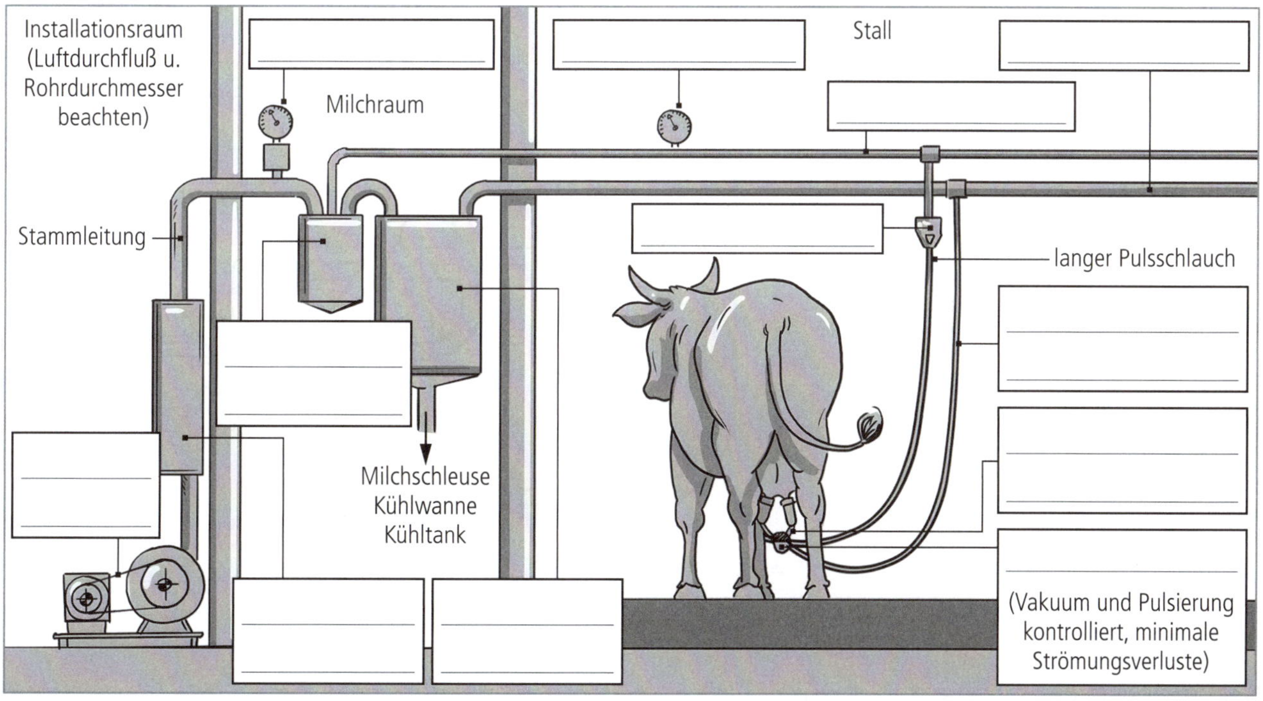

Abbildung 1: Rohrmelkanlage

b Benennen Sie die Aufgaben ausgewählter Bestandteile.

Tabelle 1: Bestandteile Rohrmelkanlage und Aufgaben

Milchtank:	
Regelventil und Manometer:	
Vakuumtank:	
Sicherheits-abscheider:	
Pulsator:	

c Eine optimale Funktionsweise des Melkzeugs ist Grundvoraussetzung für die Milchgewinnung bei der Kuh. Ergänzen Sie in der unten stehenden Tabelle die Bestandteile des Melkzeugs.

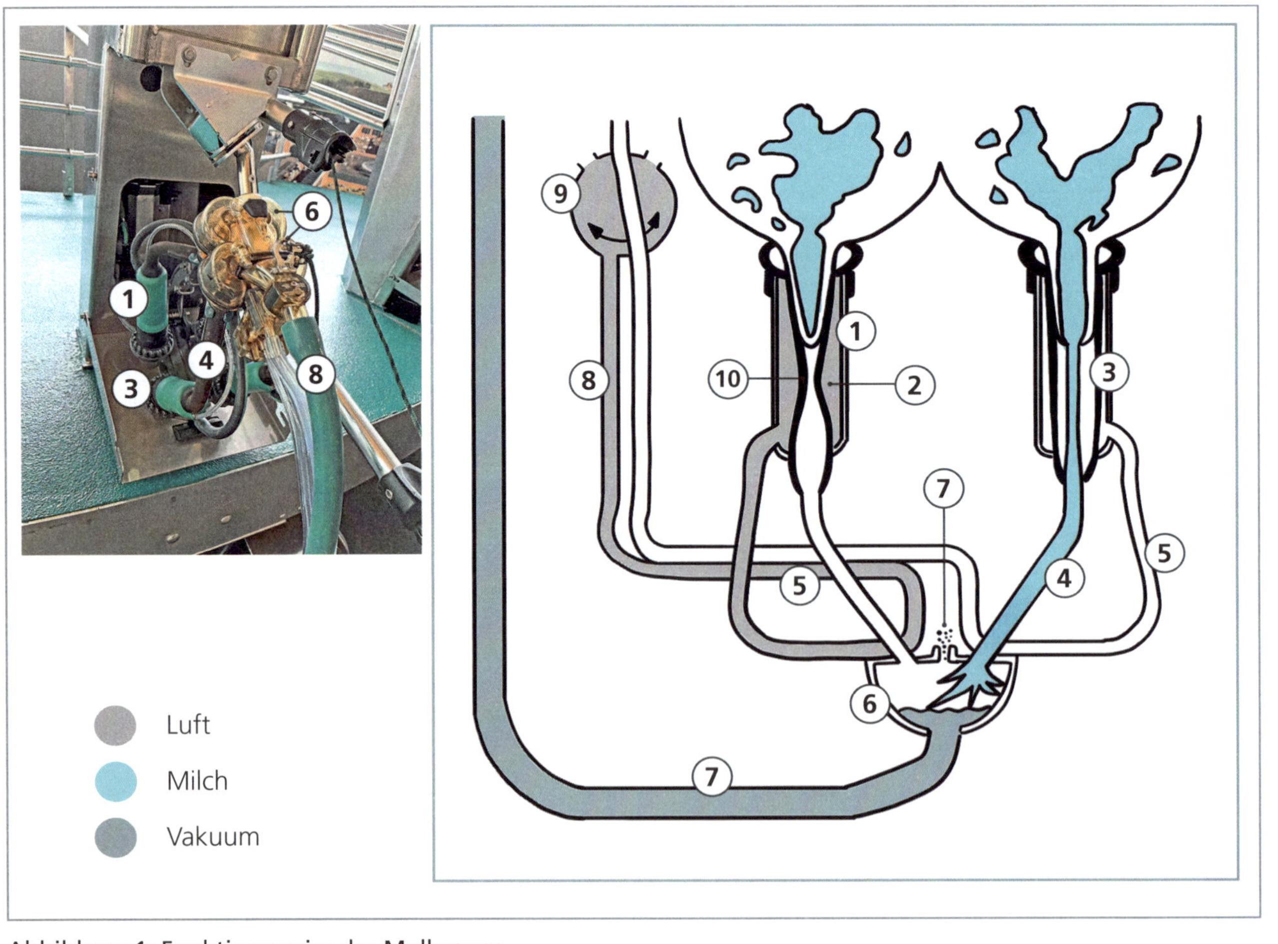

Abbildung 1: Funktionsweise des Melkzeugs

Tabelle 1: Bestandteile des Melkzeugs

1	
2	
3	
4	
5	
6	
7	
8	
9	
10	

9 Je nach Betriebsgröße und -organisation bieten sich unterschiedliche Melkstände an.

a Vergleichen Sie die Melksysteme und kreuzen Sie den zutreffenden Smiley in der Tabelle an. Diskutieren Sie Ihre Einschätzung.

Abbildung 1: Verschiedene Melkstände

Hinweis: Hier sind – je nach Erfahrung – unterschiedliche Einschätzungen möglich. Wichtig ist, dass sich Auszubildende mit diesen Aspekten auseinandersetzen

Gut: Mittel: Ungünstig:

Tabelle 1: Vergleich von Melkständen

	Fischgräten-Melkstand 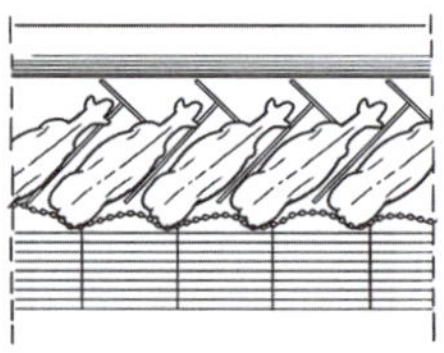	**Side-by-Side-Melkstand** 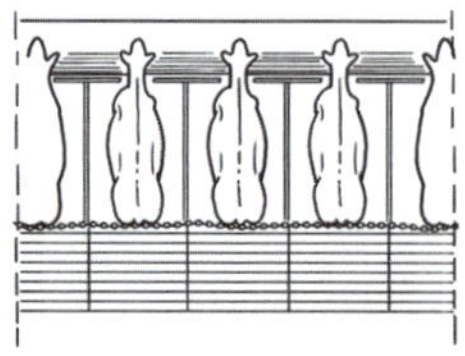	**Melkkarussell** 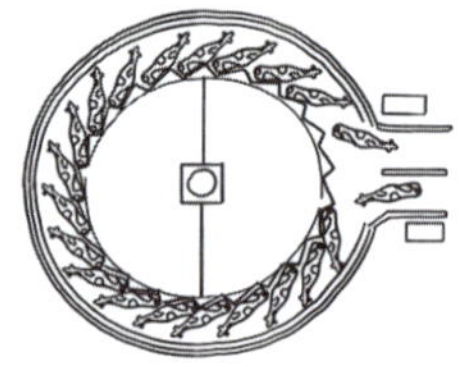	**Melkroboter** 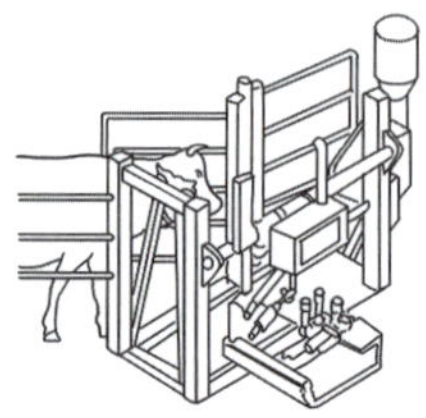
Platzbedarf im Stall				
Anschaffungs-kosten				
Tier- und Euter-kontrolle/-beobachtung				
Tierselektions-möglichkeit				
Melkzeug-positionierung				
Generelle Erweiterungs-möglichkeit				

b Der Einsatz der unterschiedlichen Melksysteme ist abhängig von der Herdengröße und dem Stallsystem. Recherchieren Sie sinnhafte Großvieh-Einheiten (GV-Einheiten) für die Melksysteme und diskutieren Sie mögliche Erfahrungen der Handhabung mit Ihrem Ausbilder und/oder mit Ihrer (ÜA-)Lehrkraft.

Tabelle 2: Melksystem im Verhältnis zur Herdengröße

Melkstand	Herdengröße
Fischgräten-Melkstand	
Side-by-Side-Melkstand	
Melkkarussell	
Melkroboter	

10 Um eine stetig einwandfreie Milchqualität zu gewährleisten, muss die Melkanlage nach jedem Melkvorgang gereinigt werden.

a Erklären Sie die Wirkung von sauren und alkalischen Reinigungsmitteln.

Alkalisch:	
Sauer:	

b Nennen Sie verschiedene Reinigungssysteme für Melkanlagen.

c Erläutern Sie die Reinigungsschritte der Melkanlage auf Ihrem Ausbildungsbetrieb.

11 Haken Sie anhand der Checkliste die wichtigsten Arbeitsschritte bei der täglichen Reinigung der Melkanlage und der Milchkammer in Ihrem Ausbildungsbetrieb ab.

Tabelle 1: Reinigung der Melkanlage/Milchkammer (Arbeitsschritte)

Arbeitsschritte	✓
Melkgeschirr auf Halterung setzen und äußerlich abspülen	
Milchfilter entfernen	
Leitung vom Milchtank entfernen (halbautomatische Anlage)	
Leitung an Reinigungskreislauf anschließen	
Reinigungsprogramm der Melkmaschine anschalten	
Mit Dampfstrahler Melkstand von Kot, Urin und anderen Verunreinigungen säubern	
Sichtüberprüfung, ob ausreichend und gründlich gereinigt worden ist	
Sichtüberprüfung, ob gesamtes Wasser abgepumpt ist	
Alles mit klarem Wasser nachspülen	

12 a In der überbetrieblichen Ausbildungen haben Sie sich wichtige Informationen zum Melkvorgang aufgeschrieben. Leider ist der Zettel beim Transport in Ihrer Tasche zerrissen. Nummerieren Sie die Fetzen in einer logischen Reihenfolge.

____	Diese Vorgehensweise verhindert, dass man das Melkgeschirr beim Anlegen nicht wieder herunterreißt. Zudem schont es die Gelenke der melkenden Person, da nicht umgegriffen werden muss.
____	Alternativ gibt es auch die Nachmelkautomatik, die bei Unterschreitung eines festgelegten Milchflusses (800 ml/Min.) das Melkzeug belastet und die Position verändert. Dadurch soll ein höherer Ausmelkgrad erreicht werden.
1	Die Euterhygiene und -pflege ist entscheidend für die Eutergesundheit. Das Euter muss vor jedem Melkgang gereinigt werden und vor Keimübertragung geschützt werden (Handschuhe tragen).
____	Vor dem Melken muss eine Funktionskontrolle der Melkeinheit stattfinden. Dabei achtet man unter anderem auf das Melkvakuum, die Pulsation und die Beschaffenheit der Gummiteile.
____	Wenn der Milchfluss schwächer wird, wird durch den Zisternengriff der Ausmelkgrad ermittelt. Das Vakuum muss abgesperrt und nach kurzer Wartezeit die Melkbecher abgenommen werden.
____	Nun arbeitet die Melkmaschine. Wird das Melken zu früh beendet, schüttet die Kuh weiter Oxytocin aus. Wird das Geschirr zu spät abgenommen, kommt es zum Blindmelken.
____	Zeigt die Milch Verunreinigungen (Blut, Flocken etc.), muss die Milch der Kuh separat aufgefangen und ein Schalmtest durchgeführt werden.
____	Nach der Reinigung und dem Vormelken wird das Melkgeschirr angelegt. Man beginnt mit der Zitze, die am weitesten entfernt ist, und arbeitet sich im Kreis am Euter entlang. Dies soll sehr zügig geschehen, um Infektionen zu verhindern.
____	Zusätzlich gibt es noch die Abnahme-Automatik. Nach Unterschreiten des eingestellten Milchflusses (z. B. 250 ml/Min.) wird nach einer bestimmten Verzögerungszeit das Vakuum im Melkzeug abgeschaltet und das Geschirr mittels Seilzug von den Zitzen abgezogen.
____	Zur Reinigung können Vliestücher, Holzwolle oder Einwegtücher genutzt werden.
14	Für eventuell nötige Pflegemaßnahmen (z. B. Verletzung des Euters, Schutz vor Sonnenbrand) können während des Melkens Pflegeprodukte (z. B. Melkfett) aufgetragen werden.
____	Die Melkbecher müssen ohne Lufteinbrüche und Verschmutzungen angelegt werden. Das Melkzeug hängt locker, frei beweglich und pendelnd, um die Eutermuskulatur zu lockern.
____	Die Zitzenkuppen benötigen eine besondere Aufmerksamkeit, da die Milch über den Strichkanal die Kuh verlässt. Hier ist die Infektionsgefahr des Euters am höchsten.
____	Um Stress bei der Kuh zu vermeiden, spricht man sie an und berührt sie vorsichtig. Bevor das Melkgeschirr angeschlossen wird, muss per Hand vorgemolken werden. Dabei achtet man auf den Zustand der Milch.

b Vergleichen Sie den hier dargestellten Ablauf des Melkens mit dem Melkvorgang in Ihrem Betrieb.

c Geben Sie verschiedene Möglichkeiten zur Stress- und Unfallvermeidung für Menschen und Tiere beim Melkvorgang an.

d Notieren Sie Möglichkeiten zur Gesunderhaltung des Euters.

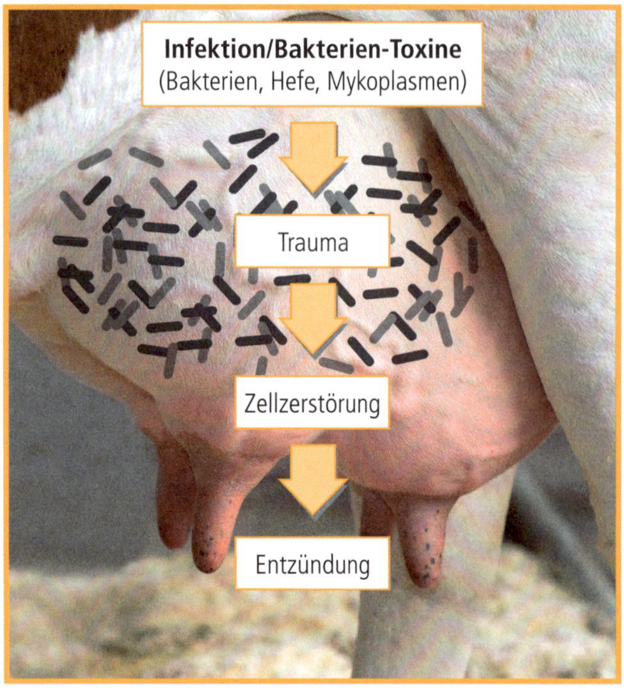

Abbildung 1: Infektion des Euters

e Sie sind beim Melken mittlerweile fest eingeteilt. Eines Morgens stellen Sie fest, dass beim Vormelken einer Kuh ein Euterviertel gerötet ist und die erste Milch eine orange Farbe und eine wässrig-flockige Konsistenz aufweist. Sofort informieren Sie Ihren Ausbilder über die akute Mastitis. Erläutern Sie das weitere Vorgehen.

f Füllen Sie zur Mastitis einen Steckbrief aus. Die Vorlagen können dem Anhang entnommen werden (siehe **Anhang Arbeitsblattvorlage 2** S. 385 f.).

Steckbrief

Foto

Bezeichnung:

Krankheit:

13 Die Milch Ihres Betriebes wird regelmäßig von der für Sie zuständigen Molkerei untersucht. Steigt die Zellzahl signifikant an, so ist dies ein Anzeichen für Probleme im Stall. Ihr Ausbilder bekommt den Hinweis, dass bei der letzten Überprüfung die Zellzahl bei über 200 000 Körperzellen pro ml Milch lag.

a Erläutern Sie den Begriff „Zellzahl“.

b Informieren Sie sich über mögliche Ursachen für erhöhte Zellzahlen.

Nicht infektiös:	
Infektiös:	

c Mit ihrem Ausbilder überprüfen Sie die aufgelisteten Ursachen und kommen zu dem Ergebnis, dass die Zitzengummis schon länger nicht mehr gewechselt wurden. Sie sind porös und eingerissen. Wie gehen Sie weiter vor und lässt sich dieses Problem zukünftig vermeiden?

Situation

Mit Ihrem Ausbilder haben Sie den „Tag der offenen Stalltür“ im Nachbarort besucht. Dort präsentierte ein befreundeter Landwirt seinen Stall mit neuester Technik der Innenwirtschaft. Auf dem Betrieb Ihres Ausbilders steht in den nächsten zwei Jahren der Neubau des Milchviehstalles an. Er lädt Sie ein, mit Ihm verschiedene Messen und Informationsveranstaltungen zum Thema „Stallkonzepte der Zukunft“ zu besuchen.

Abbildung 1 und 2: Automatisierung im Kuhstall – Sensortechnik und Roboting

14 **a** Das Management einer Milchviehherde ist sehr aufwendig. Digitale Tools und „Roboting“ erleichtern zum einen die Arbeit und stellen zum anderen die Landwirte vor große Herausforderungen. Ergänzen Sie zu den aufgeführten Bereichen verschiedene Möglichkeiten, die Technisierung vorteilhaft zu nutzen.

Tabelle 1: Einsatz digitaler Technik im landwirtschaftlichen Betrieb

Bereich	Einsatzmöglichkeiten
Fütterung	
Reproduktion	
Haltung	
Melken	

b Geben Sie für die angegebenen Bereiche Möglichkeiten der Überwachung an. Die Wordcloud gibt Ihnen Anhaltspunkte. Tragen Sie möglichst zwei Möglichkeiten pro Bereich ein.

Aktivität ▪ Milchleistung ▪ Vormagen-pH ▪ Milchzellzahl ▪ Geburtsalarm ▪ Wiederkäudauer ▪ Fresszeiten ▪ Laufverhalten ▪ Melkbarkeit ▪ Geburtsüberwachung ▪ Pansenbewegung ▪ Temperatur ▪ Kuhortung ▪ Eutergesundheit ▪ Milchtemperatur ▪ Stoffwechsellage ▪ Körpergewicht ▪ Liegeverhalten ▪ BCS (Body-Condition-Score) ▪ Milchinhaltsstoffe ▪ Milchfarbe ▪ Leitfähigkeit ▪ Hormonprofile ▪ Fruchtbarkeit ▪ LCS (Locomotion-Score)

Ohrsensoren

____

____

____

____

Sensoren Hals oben

____

____

Vormagensensoren

____

____

____

____

____

Sensoren Hals

____

____

____

Brunstüberwachungs- und Geburtssensoren

____

Kamerasystem im Stall

____

____

____

____

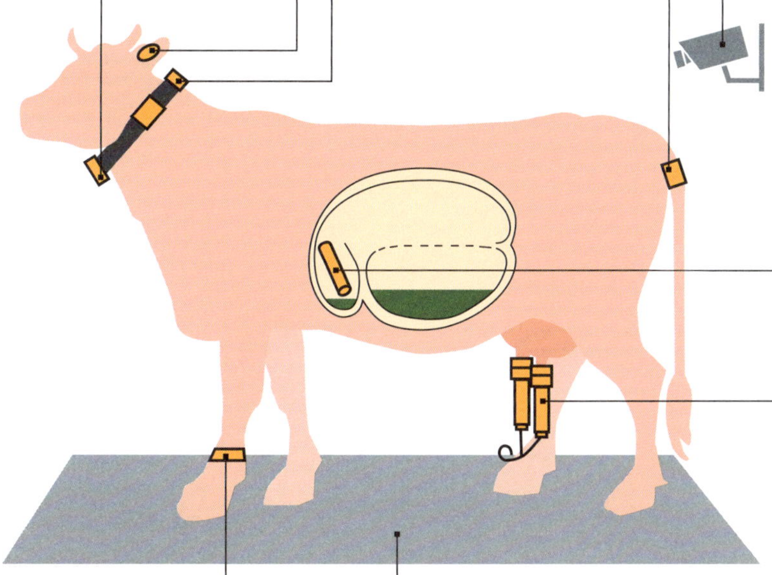

Melkzeug

____

____

____

____

____

____

____

____

____

____

____

Sensoren Fuß-Pedometer

____

____

____

____

Mattentechnik

____

Abbildung 1: Automatisierungstechniken im Kuhstall

c Sensoren am und im Tier werden immer in Rinderställen eingesetzt. Listen Sie exemplarisch erfasste Daten auf, beurteilen Sie diese und ziehen Sie daraus mögliche Schlussfolgerungen.

Erfasste Daten:

Rückschlüsse für den Landwirt:

- Futtermenge

d Im Vergleich zum Melken im Melkstand bringt der Melkroboter sowohl Vor- als auch Nachteile mit sich. Sammeln Sie diese und ziehen Sie ein Fazit in Bezug auf die Praxis in Ihrem Ausbildungsbetrieb.

Tabelle 1: Vor- und Nachteile des Melkroboters

Vorteile	Nachteile

Fazit:

15 Der Futtermischwagen hat bereits in vielen Betrieben Einzug gehalten.

a Beschriften Sie die verschiedenen Mischtechniken.

Tabelle 1: Unterschiedliche Futtermischsysteme

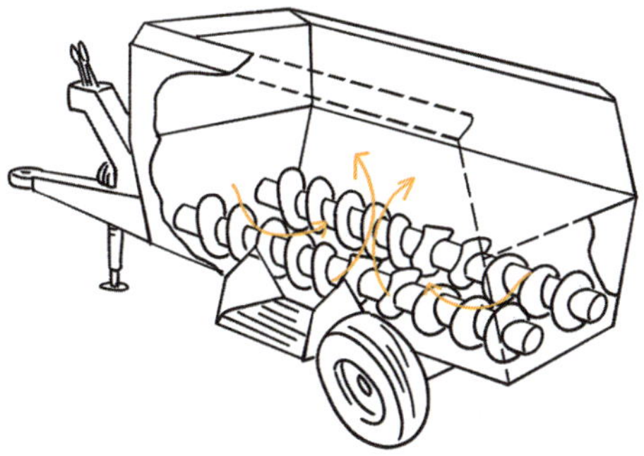	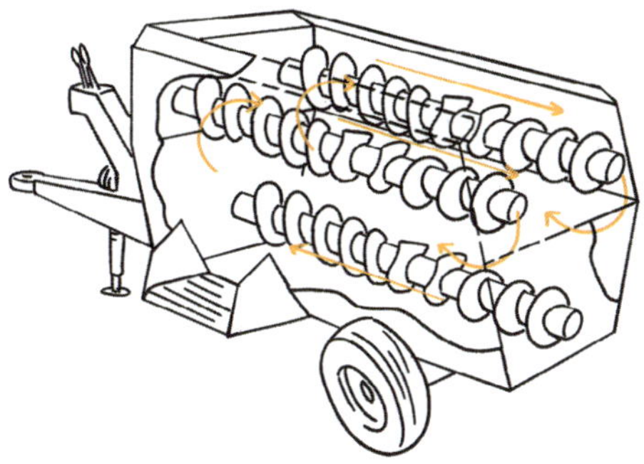
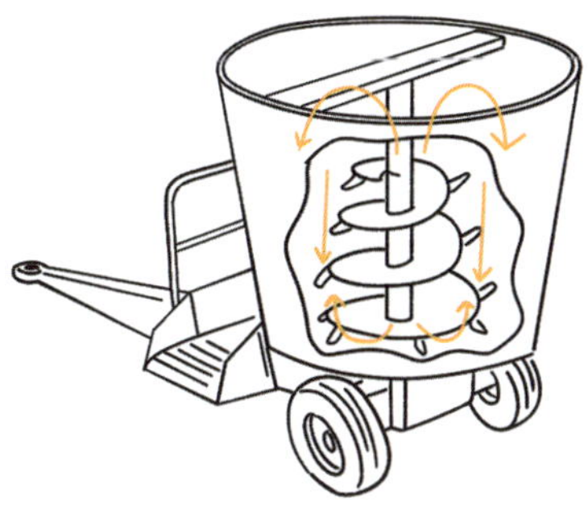	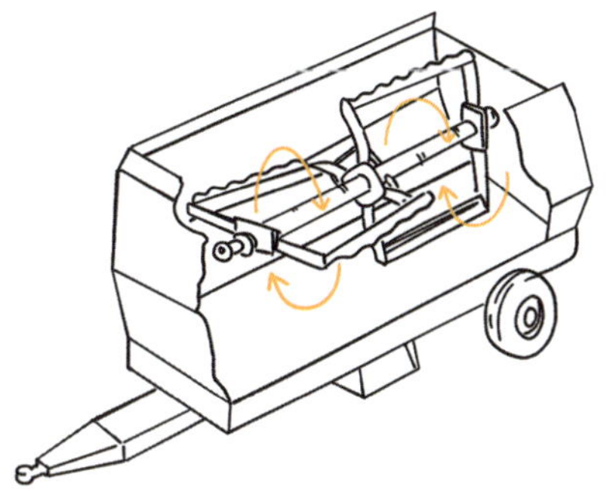

b Bewerten Sie die Mischsysteme anhand der jeweiligen Eignung.

Gut: Mittel: Eher schlecht:

Tabelle 2: Eignung von Mischsystemen

	Für struktur-reiches Futter	Für struktur-armes Futter	Zum Auflösen von Ballen
Horizontalmischer			
Vertikalmischer			

c Recherchieren Sie Vorteile von Futtermischwagen.

d Beladen Sie Ihren Futtermischwagen in der richtigen Reihenfolge mit den folgenden Futtermitteln:

- Biertreber
- Grassilage
- Stroh
- Kraft- und Mineralfutter
- Maissilage

e Der Landwirt setzt für die Vorlage einen Fütterungsroboter und für das Nachschieben des Futters einen Anschieberoboter ein. Erläutern Sie Vorteile für den unterstützenden Einsatz dieser Roboter mit vollautomatischen Futtervorlagesystemen und denken Sie mögliche Nachteile an.

Abbildung 1 und 2: links: Aufgehängter Futtermischwagen, vollautomatisch; rechts: Roboter zum Nachschieben von Futter

16 Damit alle Leistungsdaten im gesamten Stall erfasst werden können, bedarf es unterschiedlicher Sensoren und Kameras im Fress-, Liege-, Melk- und Laufbereich. Die Datenmenge „füttert" eine KI, die ein effizientes Betriebsmanagement ermöglicht.

a Recherchieren Sie sinnvolle Möglichkeiten für Sensoren an fest verbauten Stallteilen.

Hinweis: Bei den Lösungen handelt es sich um Vorschläge. Diese können aufgrund der Aktualität und des derzeitigen Entwicklungspotenzials variieren.

Tabelle 1: Fest verbaute Sensortechnik in den verschiedenen Stallbereichen

	 Schnittstelle → Fressbereich	 Schnittstelle → Steh-, Liege- und Laufbereich	 Schnittstelle → Gesundheitsüberwachung und Brunsterkennung	 Kuhpositionsbestimmung	Schnittstelle ↓ Trends der Herdenleistung gesamt
Sensor-Technik im Stall	Intelligentes Fressgitter, Aufenthaltszeit im Fressbereich, Wiederkausensor				
Datenerfassung via Programm (Landwirt)	Elektronische Konzentratfütterung				
Datenzusammenführung aus den verschiedenen Quellen	Sensortechnik am Tier, Futterwagen, Vorschiebeautomaten, Smartphone und PC des Landwirts (individuell)				

b Recherchieren Sie für Ihre Region Datenbanken, die Ihr Ausbilder bedient, um Rückschlüsse auf die Betriebsabläufe, die Herde und zukünftige Entwicklungen ziehen zu können.

Tabelle 1: Datenerfassung und Dokumentation

Datenbank	Was wird erfasst?	Wer erfasst?
Datenbanken von Schlachtbetrieben	Schlachtgewicht, Muskelfleischanteil, Schinken in kg, Indexpunkte	Schlachter, neutraler Klassifizierer, Veterinär

17 In der Landwirtschaft werden viele Betriebsdaten digital erfasst. Ihr Ausbilder zeigt Ihnen aus seinem Bestand das folgende digitale Tierdatenblatt. Beschriften Sie die nachfolgenden Abbildungen und schlüsseln Sie die einzelnen Abkürzungen auf. Bewerten Sie die verschiedenen Merkmale.

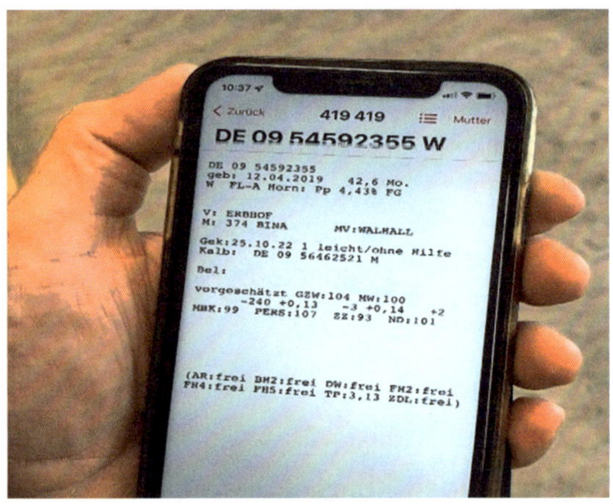

Abbildung 1: Tierdatenblatt

Allgemeine Angaben:

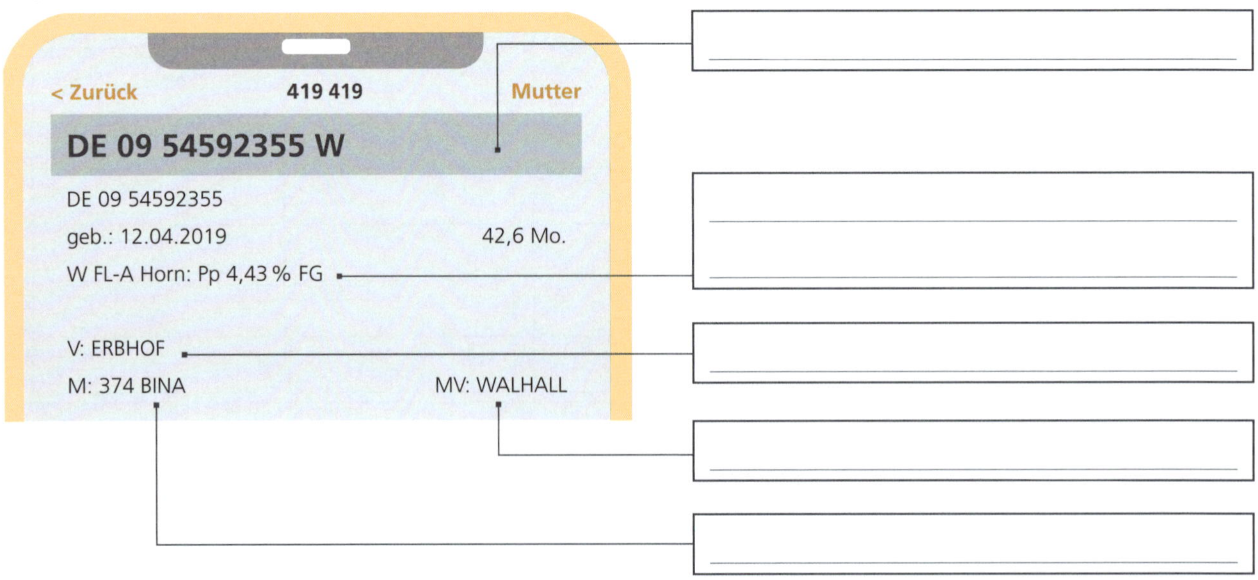

Leistungsdaten:

Gek: 25.10.22 1 leicht/ohne Hilfe
Kalb: DE 09 5646251 M
Bel:
vorgeschätzt GZW: 104 MW: 100
−240 +0,13 −3 +0,14 +2
MBK: 99 PERS: 107 ZZ: 93 ND: 101

GZW:	MW:	Fett in % und kg:	Eiweiß in % und kg:
MBK:	PERS:	ZZ:	ND:

Bewertung:

Erbkrankheiten:

AR: frei BH2: frei DW: frei FH2: frei
FH4: frei FH5: frei TP: 3,13 ZDL: frei

AR:	BH2:	DW:	FH2:
FH4:	FH5:	TP:	ZDL:

Bewertung:

18 Diskutieren Sie in der Klasse und mit Ihrem Ausbilder über Nutzen und Grenzen der umfangreichen Datenerfassung im Betrieb.

19 Landwirtschaftliche Betriebe benötigen sehr viel Energie. Finden Sie in einem ersten Schritt „Energiefresser" in Ihrem Betrieb heraus und leiten Sie daraus Einsparpotenziale im Milchviehbetrieb ab. Informieren Sie sich beispielsweise bei Ihrer zuständigen Stelle, im Internet oder in Fachzeitschriften. Erstellen Sie dazu eine Präsentation für Ihren Betrieb.

Lernsituation 2.2.2 Zucht (Folgebesamung)

Situation

Erna wird auf Ihrem Betrieb zur Nachzucht behalten und steht zu ihrer zweiten Besamung bereit. Jede Kuh muss mit dem optimalen Sperma belegt werden. Erna ist bei der ersten Besamung mit dem Sperma eines Bullen besamt worden, der als Zuchtmerkmal „problemloses Abkalben" vorweist. Da war sie noch im Wachstum und der Geburtsweg noch enger als bei den kommenden Geburten. Deshalb kann das Merkmal „kleine Kälber" jetzt vernachlässigt und das Augenmerk auf andere Zuchtmerkmale gelegt werden.

Abbildung 1: Milchviehstall

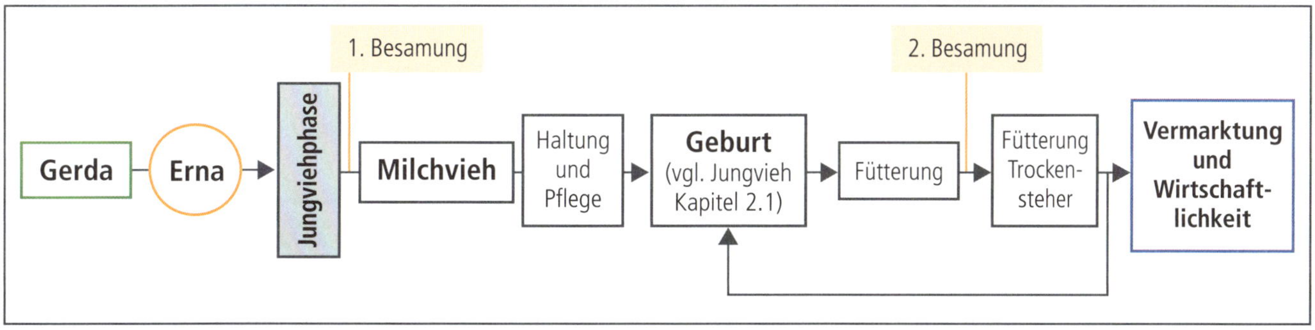

Abbildung 2: Produktionsabschnitte der Milchviehhaltung

1 Es gilt, die Schwächen von Erna herauszufinden, um diese durch einen in diesen Merkmalen starken Bullen zu verbessern (Stärken-/Schwächen-Ausgleich). Dadurch kann ein optimales Zuchtergebnis erreicht werden. Füllen Sie mithilfe des Suchsels den Lückentext aus.

Hinweis: Die Wörter können vor- oder rückwärts im Suchsel stehen!

A	K	R	U	K	M	A	B	I	R	E	K	M	S	S	T	Y	X	Ä	E	Y	R	Q	Y	W	P	K
Ä	A	A	V	E	M	L	A	L	I	A	I	D	T	R	A	K	T	Y	W	Y	I	S	O	W	A	E
Z	S	N	A	U	M	V	A	G	W	M	U	L	G	R	M	R	O	F	S	G	N	U	T	L	A	H
Q	A	B	I	R	U	K	O	Q	P	M	C	N	T	M	Y	U	O	O	Q	P	M	C	N	T	M	R
L	L	A	L	I	T	I	X	X	T	D	Ä	P	H	P	E	P	X	X	X	T	D	Ä	N	K	U	K
M	V	A	G	W	A	U	L	Q	S	M	Ä	U	G	P	Q	A	N	I	C	H	T	Ä	U	O	M	O
E	K	O	Q	P	T	C	N	B	S	A	L	Ä	H	Q	L	L	A	L	I	A	I	D	G	N	W	N
A	I	A	I	X	I	T	D	Ä	P	R	U	B	U	U	R	H	M	V	A	G	W	M	U	C	E	C
M	L	M	L	Y	O	P	I	P	Z	U	C	H	T	Z	I	E	L	K	O	Q	P	M	C	E	L	E
M	N	M	N	O	N	T	M	Y	U	N	Y	S	S	Y	E	P	A	I	X	X	T	D	Ä	M	T	R
D	U	D	U	X	S	T	M	Y	U	U	E	T	M	Y	U	R	W	Q	E	U	Y	T	Y	I	B	J
L	G	L	G	T	F	B	V	S	V	P	Ä	I	P	E	P	V	A	Ä	H	P	Ä	H	W	U	E	U
N	K	N	K	C	R	L	M	O	N	Ä	U	G	Z	V	S	V	U	N	C	I	A	I	A	S	D	L
U	O	U	O	E	E	P	V	A	V	P	Ä	H	Q	I	M	H	S	T	S	W	M	U	W	L	I	T
M	I	L	C	H	I	N	H	A	L	T	S	S	T	O	F	F	E	A	I	P	M	C	L	I	N	T
K	C	K	C	H	V	V	I	I	S	E	Z	B	X	F	L	F	X	L	T	P	I	N	V	W	G	L
O	E	O	E	A	H	H	L	U	O	N	N	P	E	P	Ü	H	E	I	E	E	T	L	K	P	U	M
N	H	N	H	G	C	A	G	W	S	W	W	P	V	S	M	U	M	R	N	I	A	I	I	T	N	E
T	S	T	S	E	L	E	K	T	I	O	N	Q	S	M	M	C	M	C	E	W	M	U	L	P	G	A
O	M	O	M	S	I	I	E	A	G	W	S	P	S	Y	D	W	D	Ä	G	T	M	C	N	T	E	M
L	A	L	A	I	M	S	W	O	Q	P	P	X	F	L	L	A	L	Y	Q	M	T	G	B	E	N	M
L	M	L	M	C	A	I	W	R	W	Ö	W	X	H	O	N	S	N	O	R	X	B	U	A	A	I	D
A	H	A	L	E	I	S	T	U	N	G	S	F	Ä	H	I	G	K	E	I	T	D	E	F	M	U	L
X	A	C	M	E	A	G	V	A	G	W	M	U	L	Q	S	M	Ä	U	G	P	Q	Q	P	M	C	N

Die Steigerung der ____________________ ist das allgemeine ____________ in der Rinderzucht. Dabei wird auf höhere Milchleistung, die ____________________ wie Fett und Eiweiß sowie die Mastfähigkeit geachtet. Zudem sollte das Tier eine gute ________________ und allgemeine Fitness haben und bei Bedarf ____________ hornlos sein. Die Erbanlagen sollen unverändert (________________) von den Eltern an die Nachkommen weitergegeben werden. Aber aufgepasst! Die Leistung wird ____ vererbt, lediglich die genetischen Voraussetzungen dafür. Die Leistung wird auch durch ______________________ wie die Fütterung, Hygiene oder ________________ beeinflusst. Weiterhin ist die zu besamende Kuh zu 50 % an den Leistungen ihrer Nachkommen beteiligt.

2 Ergänzen Sie in der Tabelle, wie Sie an Daten zu den jeweiligen Merkmalskomplexen kommen.

Leistungsdaten	
Abstammung	
Exterieur-Beurteilung	

3 In der Zwischenprüfung war es Ihre Aufgabe, eine Exterieur-Beurteilung durchzuführen. Nachdem Sie mit Ihrer Note nicht zufrieden waren, vertiefen Sie Ihre Erkenntnisse anhand von Erna im Hinblick auf deren Besamung.

Ergänzen Sie zu den vorgegebenen Hauptmerkmalen für die Rassen Fleckvieh und Holstein jeweils mindestens zwei Einzelmerkmale.

Rahmen/Körper:

____

____

Bemuskelung:

____

____

Milchtyp:

Schärfe im Widerrist,

Rippenausprägung,

Harmonie, Skelett

____

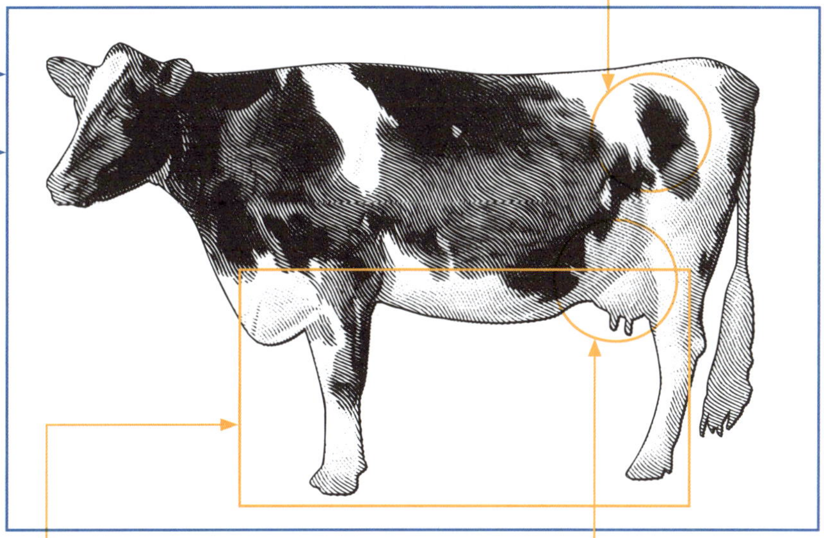

Fundament:

____

____

Euter:

____

____

Abbildung 1: Exterieur-Beurteilung

4 **a** Betrachten Sie das Bild und listen Sie die offensichtlichen Schwächen von Erna auf.

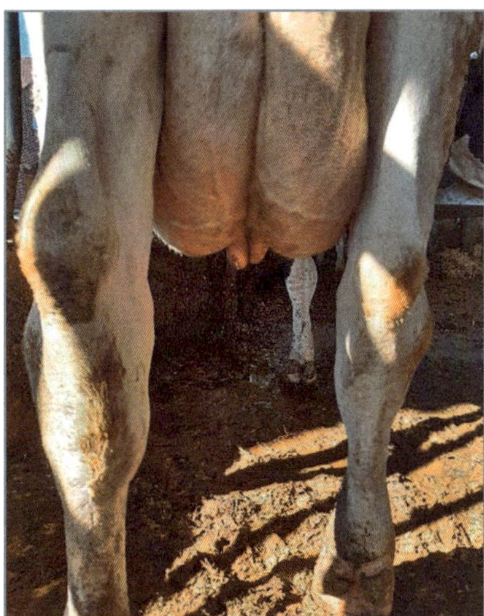

Abbildung 2: Ernas Euter

____

____

____

____

____

____

____

____

____

____

b Da es wahrscheinlich nicht möglich ist, einen Bullen zu finden, der alle negativen Eigenschaften von Erna auf einmal verbessern wird, gilt es, die Merkmale nach Dringlichkeit der Verbesserung zu priorisieren. Wie würden Sie dies aus Ihrer Sicht tun?

https://vel.plus/LSLAWI19

Abbildung 1: Stierdatenblatt „Heiss"

5 Ihr Ausbilder hat bereits drei Bullen in die engere Wahl aufgenommen und legt Ihnen einen Bullenkatalog vor. Sie betrachten die Auszüge aus dem Bullenkatalog und wiederholen den Aufbau eines Bullenstammblattes.

a Benennen Sie die markierten Bereiche des Datenblattes mit den korrekten Überbegriffen.

HEISS
DE 09 57165910 / geb 14.07.2021
HB-Nr.: 10/881855
KK: AB BK: A2A2
EUROselect

Abstammung

Züchter: Dieter Bürger GbR, Wiebelsheim — Linie Huch

HASHTAG DE 09 54210676	HAYABUSA		HERZSCHLAG
	MAXIMA		MANDRIN
	2/2 11.384 4,32 3,39 878		MIAMI
ROMVELL DE 09 48317746	DELL		DEXTRO
5/4 11.568 4,31 3,59 914	ROMVANY		VANSTEIN
HL: 3 12.753 4,49 3,57 1.027	3/2 10.767 4,49 3,33 842 HL: 2 11.557 4,56 3,31 909		ROMWEIN

➲ Exterieur & Nutzungsdauer

Exterieurzuchtwerte — 0 Töchter (81)

Merkmal	Tendenz	Tendenz	ZW
Rahmen			99
Bemuskelung			104
Fundament			111
Euter			125
Kreuzhöhe	klein	groß	102
Körperlänge	kurz	lang	100
Hüftbreite	schmal	breit	97
Rumpftiefe	seicht	tief	94
Beckenneigung	eben	abfallend	91
Sprg.winkel	steil	säbelbeinig	93
Sprg.auspräg.	voll	trocken	111
Fessel	durchtrittig	steil	101
Trachten	niedrig	hoch	104
Voreuterlänge	kurz	lang	101
Sch.euterlänge	kurz	lang	105
Voreuteraufhäng.	locker	fest	113
Zentralband	nicht ausg.	stark ausg.	111
Euterboden	tief	hoch	116
Strichlänge	kurz	lang	87
Strichdicke	dünn	dick	88
Strichplatz. vo.	außen	innen	117
Strichplatz. hi.	außen	innen	118
Strichstell. hi.	nach außen	nach innen	119
Euterreinheit	Nebenstr.	reine Euter	106

Skala: 88 – 100 – 112 – 124 – 136; Optimum

Milch — 0 Töchter — MW: 128 (85)
+1239 Mkg | -0,13 F% | +40 Fkg | -0,05 E% | +39 Ekg

Fleisch — FW: 123 (76)
NTZ: 117 (77) | AUS: 128 (76) | HKL: 108 (74)

Fitness — ÖZW: 147 (82) — FIT: 122 (81)

ND: 130 (70)	FRW: 108 (70)	BEF:	MBK: 124 (83)
VIW: 106 (73)	KVLp: 107 (82)	KVLm: 108 (76)	MVH: 99 (61)
EGW: 111 (82)	ZZ: 106 (77)	PER: 106 (77)	LST: 111 (74)
MAS: 115 (59)		FFRU: 100 (64)	ZYST: 112 (63)

Besser geht´s nicht!

Allererste Portionen verfügbar! Heiss, für diesen Bullen gibt es nur eine Umschreibung: "Dafür haben wir Jahrzehnte gezüchtet um solch einen kompletten Bullen zustande zu bringen, der genomisch einfach alles hat." Das in einer Komplettheit und auf einem Niveau wie kein Anderer. Heiss ist aus einer der exterieurstärksten Fleckviehlinien gezogen, seit Jahrzehnten sind diese Kühe auf Schauen siegreich, aber vor allem sind sie auch in der Herde weit verbreitet und stellen hier tagtäglich unter Beweis, dass auch die hohe Nutzungsdauer und Fitness nicht von ungefähr kommt.

Verwandschaft Romance in der 1. Lak. (Zü: Bürger Dieter, Wiebelsheim)

MW	FW	FIT	GZW
128 (85)	123 (76)	122 (81)	149 (76)

Abbildung 2: Stierdatenblatt

b Ergänzen Sie die Bedeutung der Abkürzungen im folgenden Datenblatt des Zuchtbullen „Heiss“ für die Abstammungs- und exemplarischen Ahnenleistungen.

Tabelle 1: Auszug Tierdatenblatt – Abstammungs- und Ahnenleistungen

Züchter: Vorname, Nachname			HB-Nr.: 10 / 881855 KK: AB; BK: A2A2
DE 09 57165910 / geb.: XX.XX.20XX	KK:	BK:	Hb-Nr.:
Abstammung			
	Hashtag DE 09 654 10676	Hayabusa	Herzschlag
		Maxima 2/2 11.284 4,32 2,39 878	Manderin Miami
	Romvell DE 09 48317746 5/4 11.568 4,31 3,59 914 HL: 3 12.753 4,49 3,75 1.027	Romvany 3/2 10.767 4,49 3,33 842 HL: 2 11 557 4,56 3,32 909	Vanstein Romwein
	5/4: HL: 3 12.753: 4,49: 3,75: 1027:		

c „Heiss“ ist ein EUROselect-Bulle, d. h., es liegen nur genomische Zuchtwerte vor. Ergänzen Sie die Bedeutungen.

Tabelle 1: Auszug Stierdatenblatt (Werte Stand: Februar 2024)

Milch		0 Töchter	MW: 130 (84)	
+1 239 Mkg	−0,13 F%	+40 Fkg	0,05 E%	+39 Ekg

Fleisch:		FW: 124(71)
NTZ: 117(72)	AUS: 128 (76)	HKL: 108 (74)
NTZ:	AUS:	HKL:

Fitness	ÖZW: 152(81)	FIT: 124(79)
ÖZW:		FIT:

ND:	130(70)	FRW:	108(70)	BEF:		MBK:	124(83)
VIW:	106(73)	KVLp:	107(82)	KVLm:	108(76)	MVH:	99(61)
EGW:	111(82)	ZZ:	106(77)	PER:	106(77)	LST:	111(74)
MAS:	115(59)			FFRU:	100(64)	ZYST:	112(63)

ND:	FRW:	BEF:	MBK:
VIW:	KVLp:	KVLm:	MVH:
EGW:	ZZ:	PER:	LST:
MAS:		FFRU:	ZYST:

6 a Definieren Sie folgende Begriffe:

Tabelle 1: Erläuterungen zum Datenblatt

Persistenz:	
Kalbeverlauf paternal:	
Kalbeverlauf maternal:	

b Ihr Ausbilder erklärt Ihnen: „Die geschätzten Zuchtwerte der einzelnen Merkmale werden standardisiert und als Relativzuchtwert mit einem Mittel von 100 ausgewiesen. Die Zuchtwerte über 100 sind immer positiv zu bewerten. In der Klammer kannst du die jeweilige Sicherheit des Zuchtwertes in Prozent ablesen."

Beurteilen Sie die Aussage des Ausbilders.

https://vel.plus/LSLAWI20

Abbildung 1: Datenblatt Heiss

https://vel.plus/LSLAWI21

Abbildung 2: Datenblatt Merdico

c Vergleichen Sie die Datenblätter bzgl. der für Sie relevanten Merkmale bei Erna. Ergänzen Sie die unten stehende Tabelle.

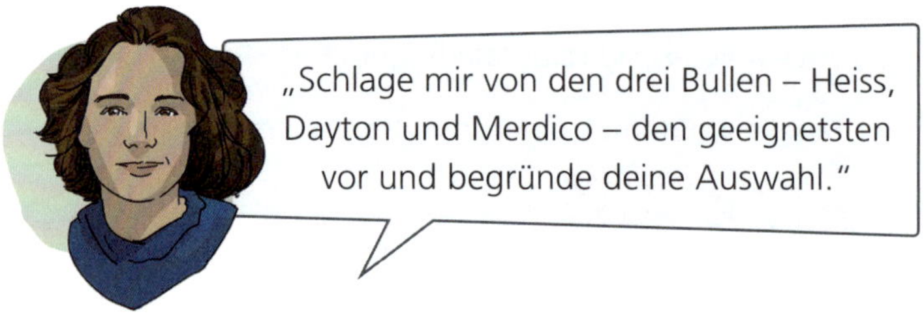

Tabelle 1: Exterieurzuchtwerte von „Heiss", „Merdico" und „Dayton" (Auszug Werte: Stand Febr. 2024)

https://vel.plus/LSLAWI20

Exterieurzuchtwerte — **0 Töchter (81)**

Merkmal	Tendenz	88 100 112 124 136	Tendenz	ZW
Sprg.winkel	steil		säbelbeinig	93
Sprg.auspräg.	voll		trocken	111
Fessel	durchtrittig		steil	101
Zentralband	nicht ausg.		stark ausg.	111
Euterboden	tief		hoch	116
Strichlänge	kurz		lang	87
Strichdicke	dünn		dick	88
Strichplatz. vo.	außen		innen	117
Strichplatz. hi.	außen		innen	118
Strichstell. hi.	nach außen		nach innen	119
Euterreinheit	Nebenstr.		reine Euter	106
Optimum				

Abbildung 1: Exterieurzuchtwerte von „Heiss"

https://vel.plus/LSLAWI21

Exterieurzuchtwerte — **0 Töchter (83)**

Merkmal	Tendenz	88 100 112 124 136	Tendenz	ZW
Sprg.winkel	steil		säbelbeinig	105
Sprg.auspräg.	voll		trocken	109
Fessel	durchtrittig		steil	106
Zentralband	nicht ausg.		stark ausg.	109
Euterboden	tief		hoch	107
Strichlänge	kurz		lang	106
Strichdicke	dünn		dick	97
Strichplatz. vo.	außen		innen	102
Strichplatz. hi.	außen		innen	109
Strichstell. hi.	nach außen		nach innen	101
Euterreinheit	Nebenstr.		reine Euter	99
Optimum				

Abbildung 2: Exterieurzuchtwerte von „Merdico"

https://vel.plus/LSLAWI22

Exterieurzuchtwerte — **0 Töchter (79)**

Merkmal	Tendenz	88 100 112 124 136	Tendenz	ZW
Sprg.winkel	steil		säbelbeinig	100
Sprg.auspräg.	voll		trocken	110
Fessel	durchtrittig		steil	107
Zentralband	nicht ausg.		stark ausg.	98
Euterboden	tief		hoch	115
Strichlänge	kurz		lang	90
Strichdicke	dünn		dick	88
Strichplatz. vo.	außen		innen	105
Strichplatz. hi.	außen		innen	99
Strichstell. hi.	nach außen		nach innen	107
Euterreinheit	Nebenstr.		reine Euter	101
Optimum				

Abbildung 3: Exterieurzuchtwerte von „Dayton"

Tabelle 1: Vergleich der Exterieurzuchtwerte

Bulle	Priorisierung 1	Priorisierung 2	Priorisierung 3
Merkmal			
Merdico			
Heiss			
Dayton			

d Entscheiden Sie sich für einen geeigneten Bullen für Erna und erläutern Sie Ihre Wahl.

e Zu den dargestellten Bullen stehen auf den Katalogseiten noch folgende Teil- und Gesamtzuchtwerte. Vergleichen und interpretieren Sie diese und überprüfen Sie Ihren ausgewählten Bullen auch auf die Eignung hinsichtlich dieser Kriterien.

https://vel.plus/LSLAWI20	https://vel.plus/LSLAWI21	https://vel.plus/LSLAWI22
Abbildung 1: Datenblatt „Heiss"	Abbildung 2: Datenblatt „Merdico"	Abbildung 3: Datenblatt „Dayton"

Tabelle 1: Teil- und Gesamtzuchtwerte von „Heiss", „Merdico" und „Dayton" (Daten: Stand Nov. 2023)

	Milchwert	Fleischwert	Fitnesswert	Gesamtzuchtwert
Heiss	130 (84)	124 (71)	125(79)	153(74)
Dayton	125(83)	106(69)	115(77)	134(73)
Merdico	127(83)	114(73)	119(78)	140(74)

f Bei der Durchsicht des Zuchtbullenkataloges stoßen Sie auf folgende Icons. Erklären Sie diese.

melk ROBOTER	
Kreuzung	
BEF	
ÖZW	
GESEXT	

7 Geben Sie die Vor- und Nachteile von gesextem Sperma an.

Vorteile:

Nachteile:

8 Viele Betriebe beklagen die kurze Nutzungsdauer aufgrund von Euter- und Fundamentproblemen. Der „RZGesund" (GES = Gesundheitszuchtwert) zielt in der Holsteinzucht auf mehr Nachhaltigkeit, eine höhere Tiergesundheit und Kälbervitalität ab. Recherchieren Sie die Teilaspekte zum „RZGesund" und ergänzen Sie in der folgenden Darstellung die Überbegriffe.

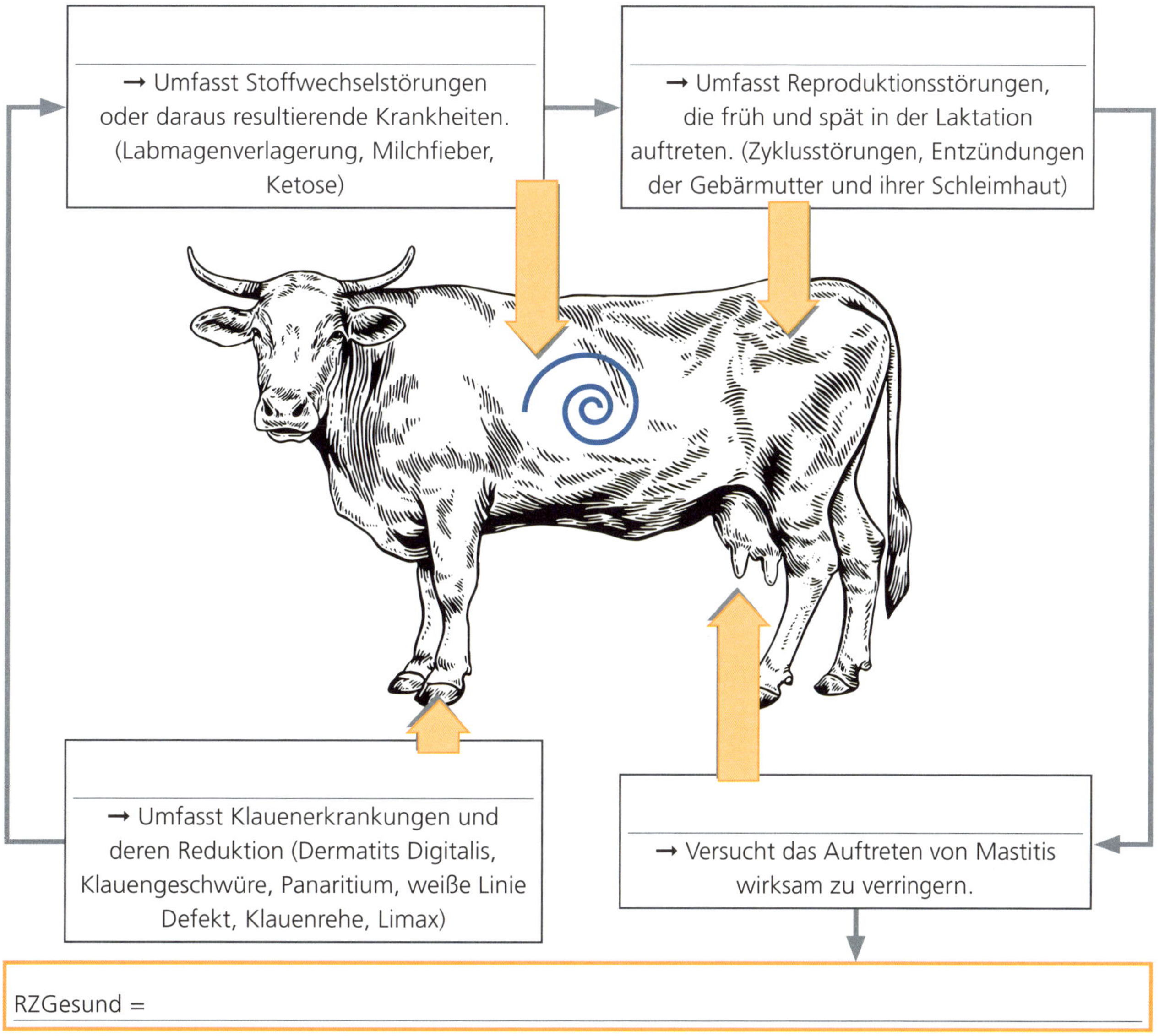

Abbildung 1: GES-Zuchtwert bei der Holsteinzucht

9 Neben den bereits angesprochenen Zuchtwerten gibt es bei der Rasse Holstein noch den ökonomischen Zuchtwert (RZ€). Recherchieren Sie die Bedeutung dieses Zuchtwertes.

Einflussfaktoren:

10 Der züchterische Fortschritt ist im Rinderbreich erst nach sehr langer Zeit zu erkennen. Eine Möglichkeit, den züchterischen Fortschritt zu optimieren, ist der Embryonentransfer.

a Definieren Sie mit eigenen Worten den Begriff „Embryonentransfer".

b Nennen Sie Gründe, weshalb Sie als Züchter einen Embryonentransfer durchführen, und beschreiben Sie, welches Risiko besteht.

Risiko:

c Erklären Sie den Begriff „Superovulation".

d Welche Vorteile ergeben sich, wenn gesextes Sperma für den Embryonentransfer genutzt wird?

11 Ergänzen Sie die Tabelle mit der Bezeichnung der Rasse und kreuzen Sie die jeweilige Nutzung an.

Milchrasse Fleischrasse

Tabelle 1: Zuordnung der Nutzung

Bild	Rasse	Besonderheiten der Rasse (Region, Haltung)	Nutzung	

12 Ergänzen Sie die Tabelle aus **Aufgabe 11** um eine regionaltypische Rinderrasse.

Lernsituation 2.2.3 Fütterung von Milchvieh und Trockenstehern

Situation

Neben Haltung, Pflege und Zuchtbullenauswahl spielt die Fütterung von Erna und der Herde nicht nur für eine hohe Milchleistung eine Rolle, sondern sie ist auch für die allgemeine Fitness und Gesundheit wichtig. Ihr Ausbilder möchte, dass Sie sich nun vermehrt um die Fütterung von Erna kümmern. Sie achten darauf, dass das genetische Milchleistungspotenzial ausgeschöpft wird und Erna für die nächste Abkalbung gut vorbereitet wird.

Abbildung 1: Milchkühe im Stall

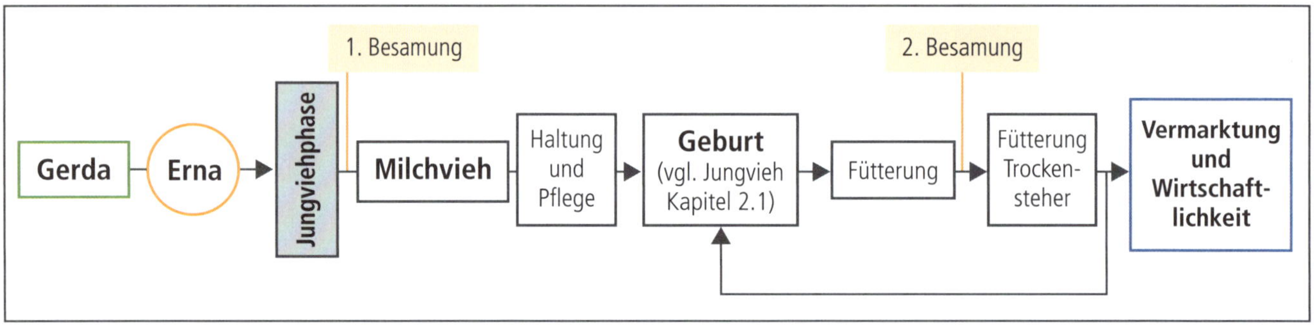

Abbildung 2: Produktionsabschnitte der Milchviehhaltung

1 Schweine und Rinder bekommen zwar oftmals gleiche Futtermittel, dennoch unterscheidet sich die Fütterung der beiden Tierarten grundlegend bezüglich der Verarbeitungs- und Darreichungsform.

a Lösen Sie das Kreuzworträtsel. Hinweis: Die Umlaute Ü, Ä und Ö werden ausgeschrieben.

Fragestellungen:

1 Die ….zerlegt das Futter in die einzelnen Bestandteile.
2 Der … ist der größte Magen des Wiederkäuers.
3 Der Labmagen ist ein ….magen.
4 Tiere mit einem mehrhöhligen Magen nennt man ….
5 Tiere mit einhöhligem Magen nennt man….
6 Der dritte Magen ist der ….
7 Der … unterstützt des Wiederkäuen.
8 … sind Biokatalysatoren, die die Verdauung beschleunigen.

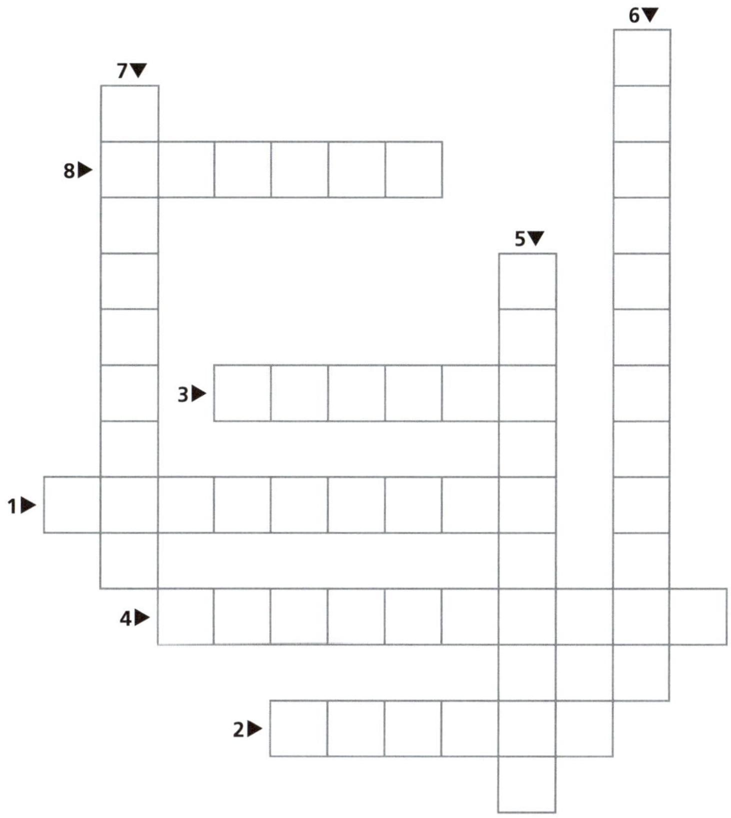

b Definieren Sie die folgenden Verdauungsarten.

Chemische Verdauung:

Biologische Verdauung:

Mechanische Verdauung:

2 Da der Verdauungstrakt des Rindes aus mehreren Mägen besteht und das Wiederkäuen ein essenzieller Bestandteil der Verdauung ist, möchte ihr Ausbilder, dass Sie sich intensiv damit beschäftigen.

a Beschriften Sie die Rechtecke in **Abbildung 1** mit den verschiedenen Bestandteilen des Verdauungstraktes des Rindes.

b Nummerieren Sie den Weg des Futters durch den Verdauungstrakt mithilfe der Kreise. Beachten Sie: Durch das Wiederkäuen durchlaufen Futterbestandteile manche Bereiche mehrfach.

c Ergänzen Sie jeweils die wichtigsten Aufgaben des Bestandteils.

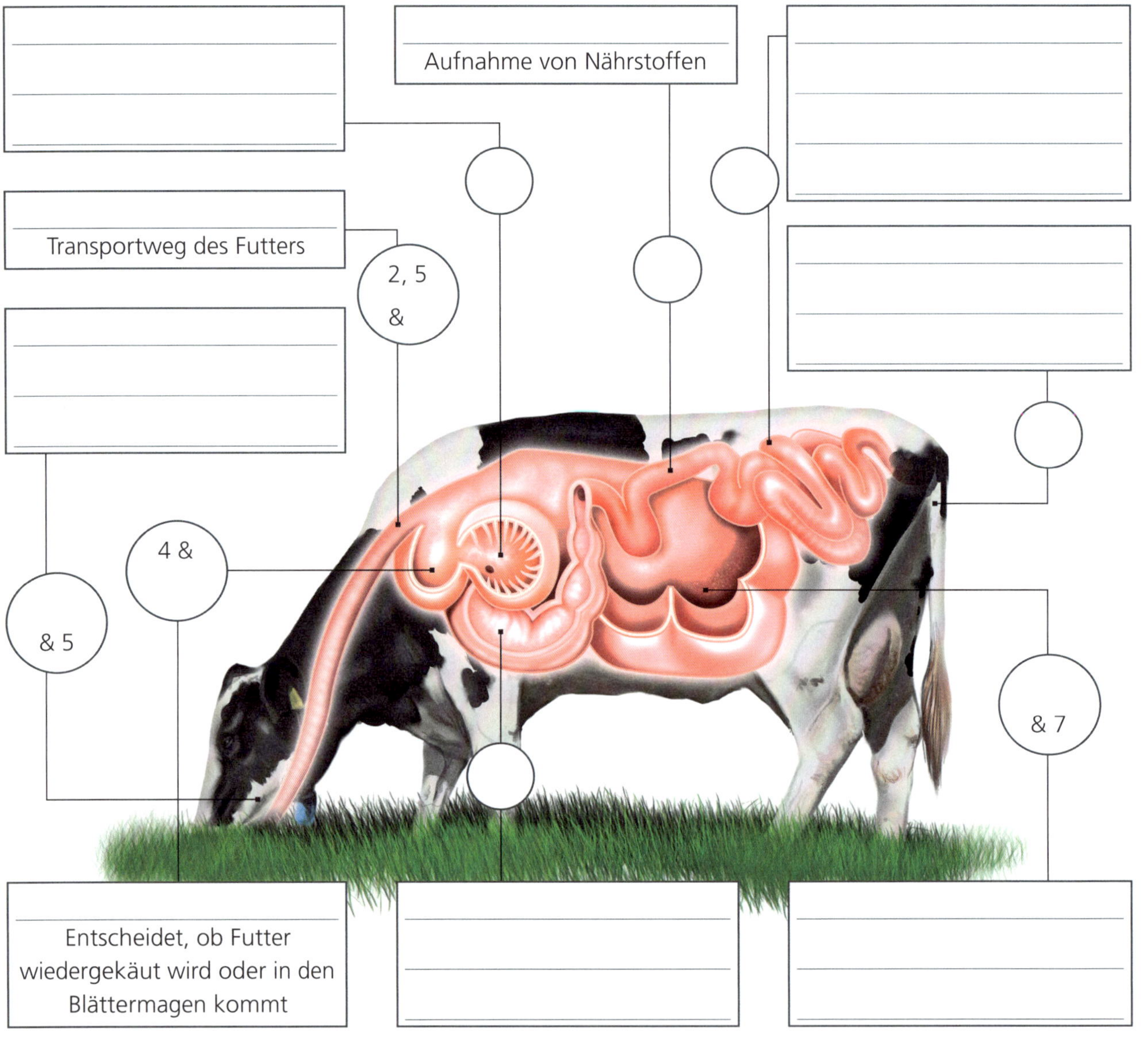

Abbildung 1: Bestandteile und Funktionen des Verdauungssystems von Wiederkäuern

d In dem Suchsel befinden sich 19 Begriffe zu den Verdauungsorganen bei Wiederkäuern. Ergänzen Sie diese in den Lückentext.

https://vel.plus/LSLAWI23

e Vervollständigen Sie den Lückentext zu Verdauungsvorgängen beim Rind mit Hilfe des Wortkastens.

essentielle ▪ Mahlzähne ▪ Bakterien ▪ Einzellern ▪ 200 ▪ Harnstoff ▪ Aufschließen ▪ 60 ▪ Reflex ▪ Kohlenhydrate ▪ ungekaut ▪ Milchfett ▪ Pansenbakterien ▪ Zellulase ▪ Widerstand ▪ Essigsäure ▪ Kauplatte ▪ Kohlenhydraten ▪ Buttersäure ▪ Bakterienmasse ▪ Volumen ▪ verdaulich ▪ Energie ▪ 7 ▪ Unterkiefer ▪ Propion

Das Gebiss:

Das Rind hat im ______________ acht Schneidezähne mit denen sie das Gras abreißen kann. Um genug ______________ zu erzeugen, besitzt das Rind eine ____________ im Oberkiefer. Das Futter wird zunächst nur gefressen und ____________ abgeschluckt.

Der Pansen:

Der Pansen hat ein ___________ von 150 bis 200 Liter und kann circa _____ kg Frischmasse Futter aufnehmen. Im Pansen befinden sich eine Vielzahl an ____________ und ____________ (ca. ___ kg Trockenmasse). Diese helfen beim _______________ der schwer verdaulichen Pflanzenmasse. Wenn die Kuh mit der Wiederkautätigkeit beginnt, werden die von den Bakterien schon angegriffenen Pflanzenteile durch einen ________ ins Maul zurückbefördert. Dort zerreiben es die kräftigen _____________ zu einem feinen Brei, welcher eingespeichelt wird. Die Kuh produziert dafür bis zu ______ Liter Speichel am Tag.

Der Zelluloseaufschluss im Pansen:

Die ___________________ produzieren das Enzym ___________ welches die Zellulose spaltet und damit _____________ macht. Dadurch gelingt es dem Rind 50–60 % der im Pansen vorhandenen Zellulose zu verwerten. Das Endprodukt der Verwertung von Zellulose ist ____________, diese wird zu ___________ umgewandelt.

Der Stärke- und Zuckerabbau im Pansen:

Damit das Rind mit __________ versorgt werden kann, benötigt es __________- und ______________.
Die Kohlenhydrate im Futter werden durch Bakterien zu diesen Fettsäuren abgebaut. Hierbei werden circa 95–100 % der im Futter enthaltenen _________________ verwertet.

Der Eiweißauf- und abbau im Pansen:

Das Futtereiweiß wird im Pansen durch Bakterien zu Ammoniak umgewandelt. Mit Ammoniak und __________________ kann das Rind lebensnotwendige (= ____________) Aminosäuren in Form von __________________ aufbauen. Essentielle Aminosäure sind unteranderem Lysin, Methionin, Leucin, Valin und Tryphtophan. Ca. 70 % des im Futter vorhandenen Eiweißes wird im Pansen verdaut. Überschüssiger Ammoniak wird in der Leber umgewandelt und über den Urin und die Milch in Form von ____________ ausgeschieden.

3 a Recherchieren Sie Beispiele für Kohlenhydratfraktionen mit unterschiedlicher Verdaulichkeit. Ordnen Sie diese passend zu.

Tabelle 1: Verdaulichkeit verschiedener Kohlenhydrate

Verdaulichkeit verschiedener Kohlenhydrate	Sehr gut	Gut	Mittel	Nicht verdaulich
Beispiele				

b Ordnen Sie in der folgenden Grafik die Kohlenhydratfraktionen aus **Teilaufgabe a** entsprechend ihres Weges in der Kuh zu.

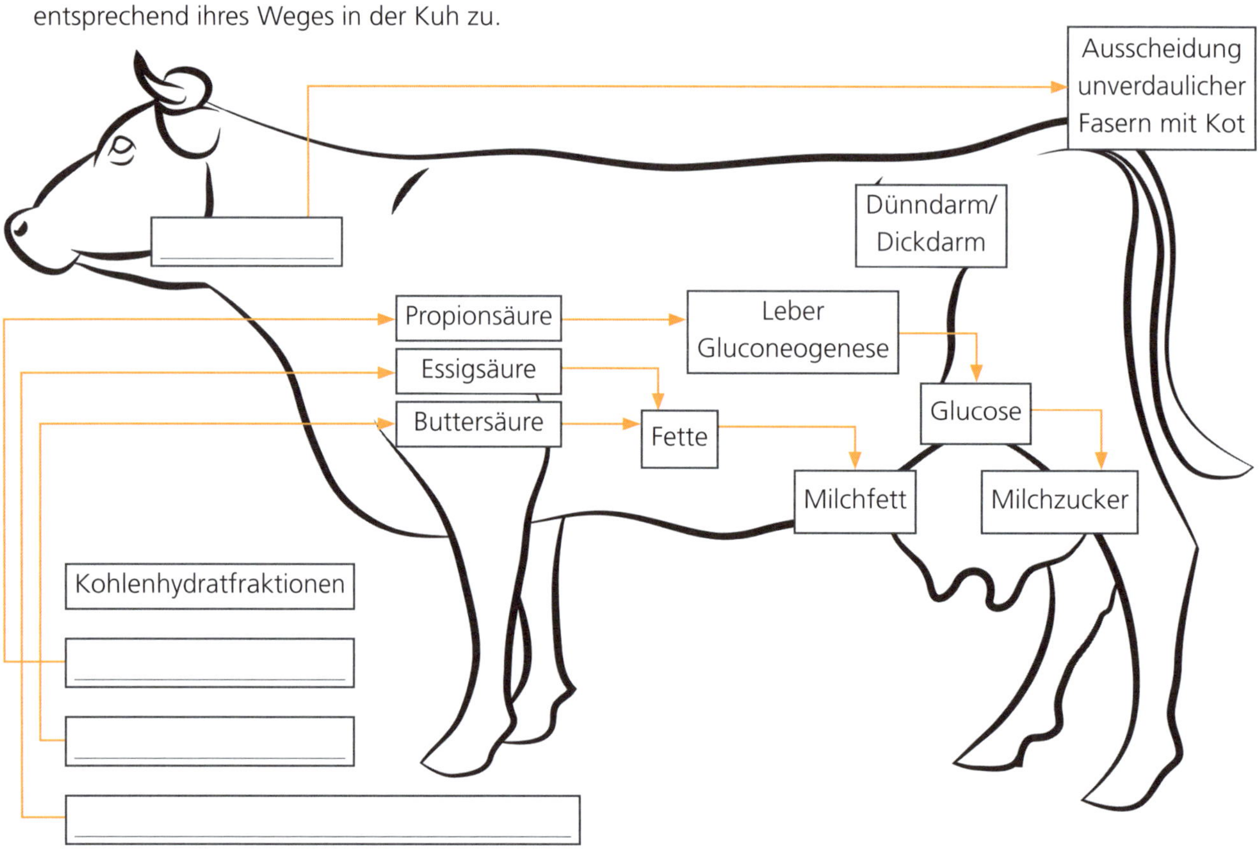

Abbildung 1: Umwandlung der Kohlenhydratfraktionen in der Kuh

4 In der Berufsschule haben Sie die Eiweißverdauung des Rindes ausführlich behandelt. Erstellen Sie aus den folgenden Begriffen eine Formel und erklären Sie diese mit eigenen Worten.

(pflanzlich) ▪ (tierisch) ▪ UDP ▪ nXP ▪ Mikrobenprotein

Formel: ________ = ________________ + ______________________

Erläuterung:

Situation

In der intensiven Milchviehhaltung werden in der Regel Teil- oder Totalmischrationen gefüttert. Diese bestehen aus verschiedenen Futterkomponenten und müssen für eine ausgewogene, leistungsgerechte Versorgung der Tiere zusammengestellt werden. Bei der Erstellung der verschiedenen Rationen für seine Leistungsgruppen im Milchviehstall (Trockensteher, frisch laktierend, Altmelker) wird Ihr Ausbilder von einem Futterberater unterstützt. Ihr Ausbilder führt mit Ihnen am Futtertisch als ersten Schritt eine Futtermittelbeurteilung durch. Dabei fällt Ihnen auf, dass sehr viele Silagen vorgelegt werden.

Abbildung 1: Gemischte Rinderherde

5 Erstellen Sie eine **Mindmap** für eine praktische Beurteilung von Silagen, wie Sie zum Beispiel am Silo ohne Hilfe von Unterlagen durchgeführt werden kann (Sinnesprüfung).

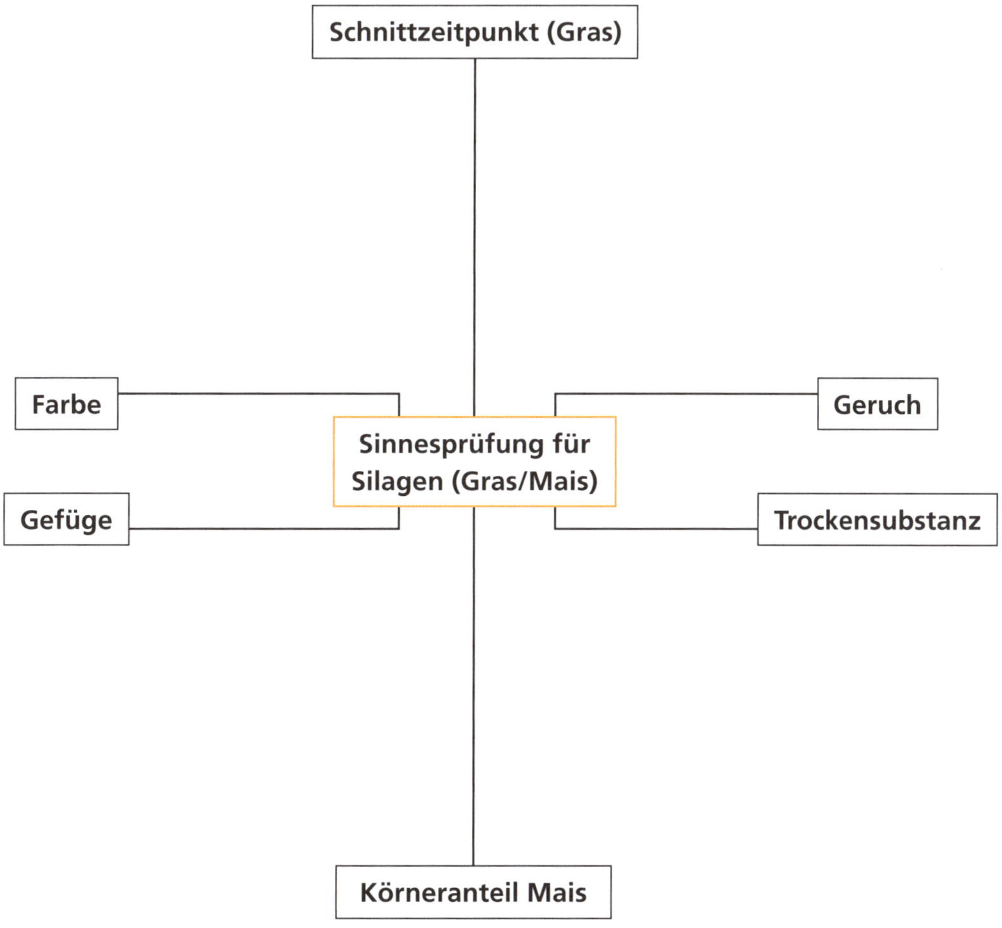

6 Folgende Futtermittel befinden sich in der Milchviehration Ihres Ausbildungsbetriebes.

a Verbinden Sie die Komponenten mit den passenden Futtermittelkategorien. Ergänzen Sie in der Tabelle um jeweils ein weiteres Futtermittel.

Tabelle 1: Futtermittel und deren Kategorien

Futtermittel		Futtermittelkategorie(n) und Beispiele
Maissilage		Raufutter, z. B. ____________
Biertreber		Mineral-/Ergänzungsfuttermittel, z. B. ____________
Viehsalz		Saftfutter, z. B. ____________
Heu		Spezialfuttermittel, z. B. ____________
Weizenschrot		Eiweißkraftfuttermittel, z. B. ____________
Rapsextraktionsschrot		Grundfutter, z. B. ____________
Propylenglykol		Energiekraftfuttermittel, z. B. ____________

b Definieren Sie folgende Begriffe und erklären Sie deren Bedeutung in der Milchviehfütterung.

Ausgleichskraftfutter:

Leistungskraftfutter:

Grundfutter:

7 Geben Sie zu folgenden Angaben die Richtwerte in der Milchviehfütterung an.

Tabelle 1: Richtwerte in der Milchviehfütterung

Angaben	Richtwerte
Strukturgehalt in %	
TM-Bedarf aus Grundfutter in %	
TM-Bedarf aus Leistungsfutter in %	
TM-Bedarf gesamt in kg pro Tag	20–25 kg in der Hochleistungsphase
TM-Bedarf gesamt in %	

8 Recherchieren Sie regionaltypische Werte für den Leistungs- und Erhaltungsbedarf an Energie und Eiweiß bei folgenden Grunddaten:

Kuh Erna:	750 kg LG
Milchinhaltsstoffe:	
Fett	4,2 %
Eiweiß	3,50 %

Tabelle 1: Erhaltungs- und Leistungsbedarf

Erhaltungsbedarf		Leistungsbedarf je kg Milch	
Energie:		Energie:	
Eiweiß:		Eiweiß:	

9 In der Schule hat eine Mitschülerin erzählt, dass auf ihrem Ausbildungsbetrieb die hofeigenen Futtermittel zur Analyse der Inhaltsstoffe in ein Labor geschickt werden.

a Beurteilen Sie die Notwendigkeit einer Futtermittelanalyse.

b Sie haben selbst eine Probe der Grassilage Ihres Ausbildungsbetriebes eingeschickt. Folgendes Ergebnis kam per Post. Erklären Sie in eigenen Worten die fehlenden Parameter. Geben Sie die fehlenden Orientierungswerte für die Inhaltsstoffe an.

Tabelle 1: Probe Grassilage

Probe Grassilage (1. Schnitt), Angaben je kg TM			
Erntedatum	18.05.		
Inhaltsstoffe		Orientierungswert	Erklärung
Trockenmasse (g/kg FM)	374		Gibt den Feuchtigkeitsgehalt des Futtermittels an
Rohasche (g)	95		
Rohprotein (g)	152		
ADFom (g)	276		
Zucker (g)	11	30–60	Kohlenhydratanteil
NEL (MJ)	6,2		
ME Wiederkäuer (MJ)	10,4		Energiegehalt (Mastvieh)
Gasbildung (ml)	50,8	> 49	Gibt die Verdaulichkeit der Grassilage an
nXP (g)	148	> 140	
RNB (g)	7	< 6	
Milchsäure (g)	15	> 50	Erwünschte Säure (Schmackhaftigkeit); verhindert Clostridien
Essigsäure (g)	2	20–30	
Buttersäure (g)	2	< 3	Unerwünschte Säure, entsteht durch Fehlgärungen
pH-Wert	4,8		

c Beurteilen Sie die Qualität der Grassilage für die Milchviehfütterung. Geben Sie mögliche Ursachen für Abweichungen von den Orientierungswerten an.

10 Ihr Ausbilder zeigt Ihnen eine selbst zusammengestellte Futterrationsberechnung. Die vielen Abkürzungen in der Legende bringen Sie allerdings etwas durcheinander.

a Ergänzen Sie die fehlenden Abkürzungen bzw. erläutern Sie die Bedeutung der Inhaltsstoffe.

Tabelle 1: Futterinhaltsstoffe und deren Bedeutung

Inhaltsstoffe	Erläuterung/Bedeutung
nXP	
	Nicht-Faser-Kohlenhydrate; Gruppe der leicht verdaulichen Kohlenhydrate eines Futtermittels wie Zucker, Stärke und Pektine
SW	
	Neutrale-Detergentien-Faser in der organischen Masse (= aschefrei), mit Amylase (= stärkespaltendes Enzym) behandelt, um die Stärke komplett herauszulösen; enthält neben Cellulose und Lignin auch Hemicellulose.

b Berechnen Sie die fehlenden Werte.

Tabelle 1: Rationsberechnung Milchvieh

Futterberechnung für laktierende Milchkühe									
			Gehalt **je kg TM im Futter**						
FM kg	**Futterart**	**TM %**	**NEL MJ**	**nXP g**	**RNB**	**NFC g**	**SW**	**aNDFom g**	
29,0	Grassilage	36,2	6,4	141	+3	303	2,60	408	
16,0	Maissilage	34,8	7,0	137	–10	509	1,50	345	
5,0	Rapsextraktionsschrot	89,0	7,3	253	+21	204	0,38	315	
3,5	Gerste (Winter), Körner	88,0	7,9	154	–9	618	–0,08	225	
0,1	Gerste, Stroh	86,0	3,8	75	–7	110	4,30	790	
1,0	Melasse	78,6	7,6	153	–3	746	–0,40		
0,04	Viehsalz	94,0			+0		1,00		
0,04	Kohlensaurer Futterkalk	96,0			+0		1,00		
	Gesamtmenge								
	Summe:								
	Je kg TM								
		Gehalt **in der Ration**							
FM kg	**Futterart**	**TM kg**	**NEL MJ**	**nXP g**	**RNB g**	**NFC g**	**SW**	**aNDFom g**	
29,0	Grassilage	10,50	67,2	1 481	31,5	3 182	27,3	4 284	
16,0	Maissilage								
5,0	Rapsextraktionsschrot								
3,5	Gerste (Winter), Körner	3,08	24,3	474	–27,7	1 903	–0,2	693	
0,1	Gerste, Stroh								
1,0	Melasse	0,79	6,0	121	–2,4	589	–0,3		
0,04	Viehsalz	0,04					0		
0,04	Kohlensaurer Futterkalk	0,04					0		
	Gesamtmenge								
	Summe:								
	Je kg TM	% TS							

c Beurteilen Sie die Ration für eine frisch laktierende Kuh (700 kg LG, Tagesleistung 30 kg, 4,0 % Fett und 3,4 % Eiweiß) nach folgenden Kriterien:

RNB-Wert:

TM-Aufnahme:

Grobfutteranteil i. d. TM:

Milcherzeugungswerte:

d Vergleichen Sie das Berechnungsschema mit einer regionaltypischen Berechnungsvorlage.

11 Im Berufsschulunterricht rechnen Sie zur Übung eigene Futterrationen. Sie nutzen diese Möglichkeit, um Ihre Ration für Erna zu überprüfen.

a Berechnen Sie die Inhaltsstoffe folgender Grundfutterration und ermitteln Sie die Milcherzeugungswerte. Beurteilen Sie diese Ration. Hinweis: Runden Sie die Ergebnisse je nach Wert mathematisch sinnvoll.

Tabelle 1: Rationsberechnung für Erna

Futterberechnung für Erna: 750 kg LG, Milchinhaltsstoffe: 4,20 % Fett, 3,50 % Eiweiß, 35 kg Milchmenge											
			Gehalt **je kg Trockenmasse**				Gehalt **in der Ration**				
FM kg	**Futterart**	**TS %**	**aNDFom g**	**nXP g**	**NEL MJ**	**RNB g**	**TM kg**	**aNDFom g**	**nXP g**	**NEL MJ**	**RNB g**
	Grassilage	35	465	143	6,36	6	9				
	Maissilage	33	458	136	6,81	–9	8				
	Heu	86	555	125	5,65	–2	1				
						Summe:	18				
Abzug Erhaltungsbedarf									–490	–42	
Verbleib für Milch											
Geteilt durch Bedarf pro kg Milch									87	3,4	
Milcherzeugungswerte											

Beurteilung:

b Sie haben Sich aufgrund des negativen RNB-Wertes der Grundfutterration für das eiweißreiche Ausgleichskraftfuttermittel Rapsextraktionsschrot (RES) entschieden. Berechnen Sie die benötigte Menge.

c Gleichen Sie die Grundfutterration mit dem Rapsextraktionsschrot aus.

Tabelle 1: Futterberechnung für Erna

Futterberechnung für Erna: 750 kg LG, Milchinhaltsstoffe: 4,20 % Fett, 3,50 % Eiweiß, 35 kg Milchmenge											
		Gehalt **je kg Frischmasse**					Gehalt **in der Ration**				
FM kg	**Futterart**	**TS %**	**aNDFom g**	**nXP g**	**NEL MJ**	**RNB g**	**TM kg**	**aNDFom g**	**nXP g**	**NEL MJ**	**RNB g**
51,1	Grundfutter						18,18	8 404	2 010	75,37	−20
____	____	89	–	224	6,37	____	____	–	____	____	____
						Summe:	____	____	____	____	____
Geteilt durch Bedarf pro kg Milch									87	3,4	
Milcherzeugungswerte									____	____	

d Wählen Sie ein passendes Leistungskraftfutter und ermitteln Sie die benötigte Menge, um die angestrebte Milchleistung von 35 kg für Erna zu erreichen.

Auswahl des Leistungskraftfuttermittels:

____

____

____

Tabelle 1: Fehlbedarf Milchmenge

Fehlbedarf an kg Milch	
nach Eiweiß (nXP)	nach Energie (MJ NEL)
____	____

Beurteilung:

____

____

____

____

____

____

____

____

e Berechnen Sie die Milcherzeugungswerte der Gesamtration unter Berücksichtigung des Leistungskraftfuttermittels.

Tabelle 2: Rationsberechnung Milchvieh

Futterberechnung für Erna: 750 kg LG, Milchinhaltsstoffe: 4,20 % Fett, 3,50 % Eiweiß, 35 kg Milchmenge											
			Gehalt **je kg Frischmasse**				Gehalt **in der Ration**				
FM kg	**Futterart**	**TS %**	**aNDFom g**	**nXP g**	**NEL MJ**	**RNB g**	**TM kg**	**aNDFom g**	**nXP g**	**NEL MJ**	**RNB g**
52,1	Grundfutter+ RES						18,89	8 404	2 234	81	–0,8
______	______ ______	______	–	______	______	______	______	–	______	______	______
						Summe:	______	______	______	______	______
Geteilt durch Bedarf pro kg Milch									87	3,4	
Milcherzeugungswerte									______	______	

f Beurteilen Sie die Ration für Erna. Geben Sie eventuell Vorbesserungsvorschläge an.

____
____
____
____
____
____
____
____
____
____
____
____
____
____
____

12 Bei der obigen Futterrationsberechnung wurden einige Werte vernachlässigt. Diese müssen in weiterer Folge noch beachtet werden.

a Geben Sie Mineralfuttermittel, deren praxisgerechte Mengen und Verabreichungsformen an, um den Mineralstoffbedarf von Erna zu decken.

____

____

____

____

____

____

____

____

b Laut Futterberechnungsprogramm liegt der Wert bXS obiger Ration mit 2,9 % leicht unter der Empfehlung für Hochleistungskühe von 3,5–5,5 % pro kg Trockenmasse. Erläutern Sie dessen Bedeutung und machen Sie einen Lösungsvorschlag.

____

____

____

____

____

____

13 Berechnen Sie für eine Milchkuh Ihres Ausbildungsbetriebes eine Futterration. Nutzen Sie regionaltypische Rationsberechnungsprogramme oder folgenden QR-Code.

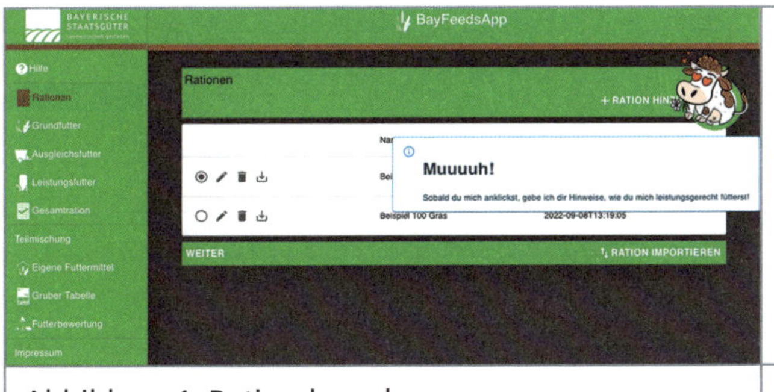

Abbildung 1: Rationsberechnungsprogramm BayFeedsApp

https://vel.plus/LSLAWI24

Abbildung 2: QR Code Bay FeedsApp

14 Ein befreundeter Landwirt zeigt Ihnen eine Futterration, die er für eine Kuh mit 30 kg Milchleistung erstellt hat. Die Milcherzeugungswerte der Ration sind perfekt ausgeglichen und die Mineralstoffversorgung passt auch – trotzdem bittet er Sie, die Ration nachzurechnen und ihm eventuell Verbesserungsvorschläge zu machen.

Als Leistungskraftfutter verwendet er eine hofeigene Mischung bestehend aus 40 % aus Weizenschrot, 40 % Körnermais und 20 % Rapsextraktionsschrot.

Tabelle 1: Rationsberechnung Milchvieh

Futterberechnung Milchvieh: 700 kg LG, Milchinhaltsstoffe: 4,0 % Fett, 3,60 % Eiweiß, 30 kg Milchmenge											
		Gehalt je kg **TM bzw. FM**					Gehalt in der Ration				
FM kg	**Futterart**	**TS %**	**aNDFom g**	**nXP g**	**NEL MJ**	**RNB g**	**TM kg**	**aNDFom g**	**nXP g**	**NEL MJ**	**RNB g**
14,3	Grassilage (3. Schnitt, Rispenspreizen)	35	510	129	5,66	5					
17,9	Maissilage (Teigreife, körnerarm)	28	520	130	6,36	–7					
11	Leistungskraftfutter	88	–	165	7,0	–1,6	9,7	–	1 815	77	–18
						Summe:					
Abzug Erhaltungsbedarf									–470	–39,9	
Verbleib für Milch											
Geteilt durch Bedarf pro kg Milch									89	3,3	
Milcherzeugungswerte											

Beurteilung der eingesetzten Futtermittel und Inhaltsstoffe der Ration:

15 Der RNB-Wert (beschreibt das Eiweiß-Energie-Verhältnis im Pansen für die MO) hat in der Futterration für Rinder eine große Bedeutung. Die Orientierungswerte für eine tiergerechte Wiederkäuerration wurden in den letzten Jahrzehnten mehrfach angepasst und schwanken auch aktuell je nach Leistung eines Rindes.

a Erklären Sie mit eigenen Worten die Bedeutung dieses Wertes und ergänzen Sie die Formel für die Berechnung des RNB-Wertes.

Formel für Berechnung des RNB-Wertes:

b Erläutern Sie folgende Abweichungen von einem optimalen RNB-Wert in der Gesamtration und deren Folgen.

Positiver RNB:

Negativer RNB:

16 Der Einsatz von nicht europäischen und genetisch veränderten Sojaprodukten in der Fütterung steht in der Kritik. GVO-freier Sojaextraktionsschrot ist jedoch knapp und dadurch teuer. Alternative heimische Eiweißfuttermittel sind Ackerbohnen, Lupinen und Rapsextraktionsschrot. Diese Futtermittel können allerdings nicht einfach 1:1 ersetzt werden.

a Klären Sie in diesem Zusammenhang die beiden folgenden Begriffe.

Nährstoffäquivalenz (Energie und Eiweiß):

Preiswürdigkeit:

b Ermitteln Sie die Menge an Rapsextraktionsschrot (RES), die benötigt wird, um 1 kg Sojaextraktionsschrot (SES) – bezogen auf Energie- und Eiweißgehalt – zu ersetzen. Verwenden Sie Werte aus Ihren Futterwerttabellen.

c Eine weitere Möglichkeit ist der Einsatz von Futterharnstoff. Beurteilen Sie den Einsatz in der Rinderration.

17 Recherchieren Sie Besonderheiten der ökologischen Rinderfütterung im Vergleich zur konventionellen Fütterung.

Grundfutter:

Kraftfutter:

Futterergänzung/Spezialfutter:

18 Beurteilen Sie die grundsätzliche Eignung folgender Futtermittel für die Milchviehfütterung:

Tabelle 1: Eignung von Futtermittel

	Kleegras (frisch):
	CCM:
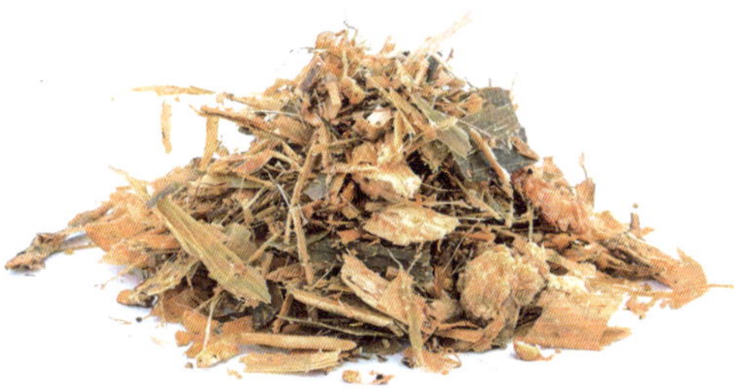	GPS (Gerste/Weizen):
	Heu:

19 Die Silomaisernte auf Ihrem Ausbildungsbetrieb war dieses Jahr unterdurchschnittlich. Die Qualität ist in Ordnung, aber die Menge reicht eventuell nicht. Gehen Sie bei der Mengenermittlung von folgenden Grunddaten aus:

Tabelle 1: Futterbedarf eines Tierbestandes

Tierbestand	Menge Maissilage pro Tier und Tag (Frischmasse)
100 melkende Kühe	17 kg
17 Trockensteher	2 kg
25 Jungvieh < 1 Jahr	3 kg
12 Jungvieh 1–2 Jahre	2 kg

a Berechnen Sie den Jahresbedarf an Maissilage für die gesamte Herde in dt FM.

b Berechnen Sie das Volumen der gesamten Maissilage, wenn Sie von 6,28 dt FM/m³ ausgehen.

c Ihr Fahrsilo ist 28 m lang, 70 dm breit, 550 cm hoch und nur zu 75 % gefüllt. Berechnen Sie das Volumen der vorhandenen und fehlenden Maissilage.

d Berechnen Sie für die fehlende Menge das Gewicht (dt) und die Kosten. Recherchieren Sie den aktuellen Einkaufspreis.

20 Ergänzen Sie zu den Beschreibungen jeweils das passende Vitamin und bewerten Sie dieses nach dessen Löslichkeit (**W** = wasserlöslich; **F** = fettlöslich).

Tabelle 1: Vitamine im Tierkörper

Vitamin	Herkunft und Funktionen im Körper	Löslichkeit
______	Kann durch UV-Einwirkung in der Haut gebildet werden. Hat Einfluss auf den Calcium- und Phosporhaushalt und somit auf die Knochenbildung, Darm- und Nierenfunktion.	______
______	Wird von Pansenbakterien synthetisiert. Das Spurenelement Kobalt ist wichtiger Bestandteil. Beeinflusst die Futteraufnahme und die Vitalität durch seinen Einfluss auf Enzymfunktionen (Glukose- und Aminosäurenaufbau).	______
______	Wird im Körper selbst hergestellt. Ist im Futter nur in der Vorstufe (Carotinoide) vorhanden, besonders viel im Grünfutter. Hat Einfluss auf Zellmembranen von Darm und Atemwegen sowie auf Wachstum, Embryonalentwicklung, Augen- und Nierenfunktion. Bei einer Überversorgung können negative Wechselwirkungen mit Vitamin E auftreten.	______
______	Hat antioxidative Wirkung (Schutz) für Zellmembranen. Ergänzende Wechselwirkung mit Selen. Positiv für Eutergesundheit, Fruchtbarkeit und Immunabwehr, daher Vitamin- und Selenstatus der Mutter rund um die Geburt im Blick haben. Bei einer Überversorgung können negative Wechselwirkungen mit Vitamin A auftreten.	______
______	Provitamin mit eigener Vitaminwirkung. Hat Einfluss auf Fruchtbarkeit, Progesteronbildung und Immunabwehr. Ist die Vorstufe für Vitamin A.	______
______	Wird in der Leber gebildet. Beeinflusst Fruchtbarkeit, Immunabwehr sowie Aufbau von Stützgewebe (Kollagen) und Muskelgewebe.	______
______	Ist beteiligt an der Funktion der Blutgerinnungsfaktoren. Wird von Pansenbakterien synthetisiert. Es ist kein Mangelsymptom bekannt. Es gibt keine Versorgungsempfehlung.	______

21 Finden Sie im Suchsel die sieben versteckten Mengen- und Spurenelemente sowie deren Mangelsymptome. Ordnen Sie diese in der Tabelle jeweils richtig zu.

Hinweis: Die Begriffe können in alle Richtungen gelesen werden.

T	O	Z	N	M	U	T	M	A	T	M	T	M	U	Y	N	M	Y	U	Ä	A	I	G	A	U	K	G	R
Y	T	M	Y	P	V	T	T	M	T	M	A	S	L	Y	U	U	E	Ä	U	M	Y	M	L	L	L	A	I
M	U	S	K	E	L	K	R	Ä	M	P	F	E	N	U	F	Y	T	R	Ä	M	P	P	V	F	O	G	G
A	L	I	E	K	E	B	S	U	F	Y	T	L	Y	K	T	Ä	O	P	Y	D	H	P	R	Y	M	M	M
G	E	P	V	Ä	B	R	U	V	Ä	O	N	E	Y	L	E	L	L	I	M	L	O	E	I	Y	Y	F	F
N	U	R	W	Q	E	D	M	K	T	Y	X	N	Ä	E	H	Y	E	P	U	E	S	M	Y	Ä	X	T	T
E	U	G	P	V	N	Y	A	I	Y	Y	G	Ä	U	C	M	Y	U	R	G	S	P	D	Y	U	S	Y	Y
S	S	V	S	N	S	V	M	X	Y	Ä	S	Ä	R	K	E	U	Y	T	U	M	H	L	Ä	R	M	S	S
I	P	V	T	H	S	P	V	O	N	V	Ä	H	P	S	A	A	T	N	W	M	O	N	U	G	Ä	U	S
U	G	M	I	L	C	H	F	I	E	B	E	R	I	U	J	Ä	L	A	A	D	R	P	Y	R	E	V	Y
M	G	I	L	E	H	U	L	H	Q	I	Y	E	P	C	O	U	Ä	T	G	P	Y	A	V	Y	M	G	Y
U	N	Y	L	U	W	V	A	Y	U	Y	Y	U	R	H	S	P	V	R	H	G	M	S	K	R	Y	G	Ä
Ä	X	Y	B	U	A	Ä	P	Y	U	Y	Ä	U	G	T	Y	G	K	I	L	Y	U	S	I	G	Y	M	U
M	G	Ä	R	S	C	A	L	C	I	U	M	S	V	U	E	G	I	U	E	M	Z	N	M	U	T	F	Y
T	M	U	U	P	H	U	U	O	N	U	G	P	V	Ä	O	N	Y	M	A	N	G	A	N	V	T	T	V
E	F	Y	N	G	E	R	P	A	T	Y	M	G	K	T	Y	X	Y	Ä	U	D	Ä	L	S	K	E	Y	K
D	T	V	S	G	K	U	Q	I	Y	V	A	G	I	Y	Y	G	Ä	U	S	Y	Ö	M	T	I	D	S	I
Y	Y	K	T	N	Ä	V	U	Y	Y	U	R	W	X	Y	Ä	U	D	Ä	H	P	E	E	Y	F	Y	E	S
Y	S	I	X	X	L	Ä	G	N	U	R	Ö	T	S	S	T	I	E	K	R	A	B	T	H	C	U	R	F
P	E	S	B	P	B	U	V	Ä	U	S	V	U	R	G	Ä	U	S	Y	E	M	W	M	H	R	T	T	G
L	Y	U	U	G	E	A	R	L	E	S	E	D	A	R	E	V	Y	Y	E	K	O	Q	A	A	E	S	I
M	A	R	L	Y	R	O	Z	N	M	A	R	L	U	Y	M	G	Y	Ä	A	I	X	X	S	U	L	S	R

Tabelle 1: Mangelsymptome von Mengen- und Spurenelementen

Elemente	Mangelsymptom	Kategorie
		Mengenelemente
		Spurenelemente

22 a Die Acidose, die Ketose und die Labmagenverlagerung sind typische Stoffwechselerkrankungen bei Rindern. Ordnen Sie digital die richtigen Ursachen, Symptome, die Behandlung und die Vorbeugung zu. Verwenden Sie hierzu den QR Code.

https://vel.plus/LSLAWI25

Abbildung 1: Stoffwechselerkrankungen bei Rindern

b Eine fütterungsbedingte Krankheit bei Rindern ist im Steckbrief zusammengestellt. Tragen Sie die korrekte Bezeichnung ein.

c Erstellen Sie exemplarisch für die Stoffwechselstörungen Acidose und Ketose einen Steckbrief. Nutzen Sie hierfür die Formatvorlagen im Anhang (siehe **Anhang** S. 384 f.).

Steckbrief

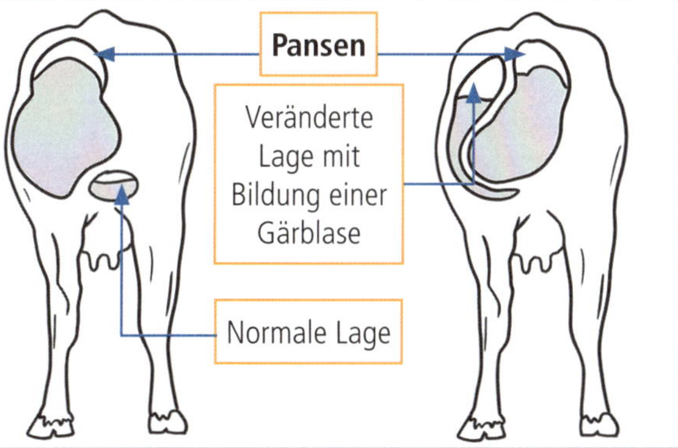

Krankheit

Ursache/Erreger

Unzureichende Strukturversorgung;
verminderte Futteraufnahme; geringe Pansenfüllung;
genetische Vorbelastung

Symptome

Teilnahmslosigkeit (Apathie), schlechte/wechselhafte Futteraufnahme; Milchleistung gering/rückläufig;
Kot ist dunkel und schmierig

Behandlungsmöglichkeiten

Je nach Verlagerung (links- oder rechtsseitig) unterschiedliche Maßnahmen durch den Tierarzt
(z. B. Rückverlagerung durch Bauchmassage/Wälzen oder Operation)

Präventive Maßnahmen

Hohe Futteraufnahme durch hochwertiges Futter, ausreichende Wasserversorgung,
Vermeidung von Stress um den Geburtstermin, passende Bullenauswahl (Schwergeburt vermeiden)

23 Die Fütterung hat hinsichtlich Menge und Inhaltsstoffen Auswirkungen auf die Milchleistung. Kreuzen Sie die richtigen Aussagen an und korrigieren Sie die falschen. Recherchieren dazu in geeigneter Fachliteratur.

Tabelle 1: Fütterungsstrategien

Aussage	Richtig	Falsch	Korrektur
Eine Ad-libitum-Fütterung in der Trockenstehphase mit Rübenblattsilage beugt Milchfieber vor.			
Ein hoher Strukturgehalt im Futter senkt den Pansen-pH-Wert.			
Das Reh springt hoch, das Reh springt weit. Warum auch nicht, es hat ja Zeit!			
Eine zu rohfaserreiche Fütterung am Anfang der Laktation erhöht die Ketosegefahr.			
Der Harnstoffgehalt der Milch wird durch die RNB in der Fütterung beeinflusst.			
Der Eiweißgehalt in der Milch ist abhängig vom XF-Gehalt in der Futterration.			

24 Über den Kot von Rindern kann man Rückschlüsse auf die Fütterung und mögliche Probleme ziehen.

a Sie haben auf Ihrem Ausbildungsbetrieb die folgenden Fotos gemacht und zeigen sie Ihren Mitschülern. Beurteilen Sie den Rinderkot und geben Sie mögliche Ursachen an.

	 Abbildung 1: Kotprobe Rind 1	 Abbildung 2: Kotprobe Rind 2
Beurteilung		
Mögliche Ursache		

b Fotografieren Sie auf Ihrem Ausbildungsbetrieb einen für Ihre Rinder idealen Kotfladen und beschreiben Sie diesen. Vergleichen Sie in der Klasse Ihre Ergebnisse.

 Abbildung 3: Optimale Kotkonsistenz bei Rindern	Abbildung 4: dein Foto
Beschreibung:	Beschreibung:

25 Sie finden am Futtertisch folgende Situation vor:

Abbildung 1 und 2: Futtertisch im Milchviehstall

a Beschreiben Sie Anzeichen für dieses Problem und dessen Folgen ausführlich.

b Zählen Sie Maßnahmen gegen das beschriebene Problem auf.

26 Zählen Sie weitere Möglichkeiten auf, wie sich überprüfen lässt, ob die berechneten Futterrationen bzw. Annahmen mit den realen Gegebenheiten übereinstimmen.

Kotkonsistenz, Futterselektion, ______________________________

____

____

____

____

Situation

Sie haben die Kuh Erna von Geburt an begleitet und mitversorgt. Die Entwicklung als Jungrind und die erste Geburt sind optimal verlaufen. Erna hat sich zu einer guten Milchkuh mit einer Spitzenleistung von 40 kg Milchleistung pro Tag entwickelt. Da sie aufgrund ihrer Leistungen und Fitness weiterhin für die Zucht im Betrieb Ihres Ausbilders eingesetzt wird, wurde sie besamt und steht am Ende ihrer Laktation. Somit muss Erna demnächst trockengestellt und entsprechend gefüttert werden.

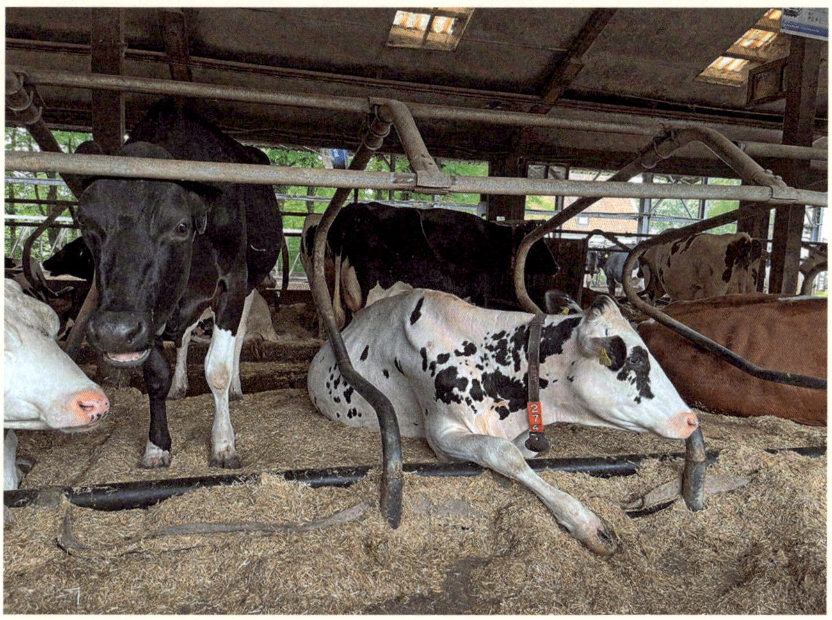

Abbildung 1: Trockenstehergruppe

27 Beim Trockenstellen von Milchkühen gibt es – abhängig von Milchleistung, Betriebsstrukturen und Gesundheitsproblemen – mehrere Verfahrensweisen.

a Erläutern Sie die Notwendigkeit einer Trockenstehphase für Milchkühe.

____

____

____

____

____

____

____

b Beschreiben Sie das Trockenstellen der Milchkühe auf Ihrem Ausbildungsbetrieb. Erläutern Sie eventuelle Besonderheiten.

c Erläutern Sie Besonderheiten beim Trockenstellen von Kühen in der ökologischen Milchviehhaltung.

28 Benennen Sie die verschiedenen Phasen der Laktation. Geben Sie jeweils Schlagwörter für Grundsätze bzw. Ziele bei der Fütterung in diesen Phasen an.

Tabelle 1: Leistungsphasen einer Milchkuh

Phasenbezeichnung	Zeitraum	Fütterung: wichtige Grundsätze
__________	Ab 61. Laktationstag; Dauer ca. zwei Monate	__________
Frisch laktierend	__________	__________
__________	2–3 Wochen vor bis 3 Wochen nach der Abkalbung	__________
__________	6–8 Wochen vor der Abkalbung	__________
__________	ab dem 200. Laktationstag	__________

29 Sie haben für Erna folgende Trockensteherration erstellt. Zusammen mit Ihrem Ausbilder überprüfen Sie diese und passen sie gegebenenfalls an. Beurteilen Sie die Ration mithilfe regionaltypischer Literatur. Ziehen Sie ein Fazit.

Tabelle 1: Futterberechnung für Trockensteher

Futterberechnung für Erna: 750 kg LG, Frühtrockenstehphase (1–3 Wochen)										
			Gehalt **in der Ration**							
FM kg	**Futterart**	**TS %**	**TM kg**	**NEL MJ**	**nXP g**	**RNB g**	**NFC g**	**aNDFom g**	**Ca g**	**P g**
32,0	Grassilage	36,2	11,58	74,4	1633	34,8	3510	4726	85,7	41,7
6,0	Maissilage	34,8	2,09	14,6	286	−20,9	1063	720	4,2	5,0
0,8	Rapsextraktionsschrot	89,0	0,71	5,2	180	15,0	145	224	5,6	11,2
1,6	Gerste (Winter), Körner	88,0	1,41	11,1	217	−12,7	870	317	1,7	6,9
0,08	Viehsalz	94,0	0,08							
		Summe:	15,87	105,3	2316	16,2	5588	5988	97,1	64,8
Je kg TM			39 % TS	6,64	146	1,0	352	377	6,1	4,1

Beurteilung und Verbesserungsvorschläge:

Fazit:

30 Berechnen Sie exemplarisch mithilfe einer Anwendung oder eines Formblattes Ihrer Region die Futtermengen für eine Trockensteherration ihres Ausbildungs- oder Elternbetriebes.

Hinweis: Sollten Sie auf kein regionales Berechnungsprogramm Zugriff haben, verwenden Sie den nachfolgenden QR-Code.

- Energiegehalt unter 6 MJ/Nel je kg TM
- Mögliche Futtermittel: Stroh, Heu, Silagen, geeignete Kraftfuttermischung, Saftfuttermittel (z. B. Biertreber, Pressschnitzel)
- Ausgeglichener RNB-Wert
- aNDFom mindestens 28 %
- Ausreichend für 2 Tage
- Tierzahl 12
- Lebendgewicht 725 kg
- 2 Wochen vor der Kalbung

https://vel.plus/LSLAWI26

Abbildung 1: Berechnungsprogramm

31 Erna hat problemlos abgekalbt, dem Kalb geht es gut. Allerdings liegt Erna bewegungslos und apathisch in der Abkalbebox. Beim Betasten fällt Ihnen auf, dass sie kalte Ohren hat.

Abbildung 2: Kuh in der Abkalbebucht

a Finden Sie Fachbegriffe und Synonyme für die wahrscheinlich vorliegende Stoffwechselstörung.

b Erläutern Sie mögliche Ursachen.

c Ergänzen Sie Behandlungsmöglichkeiten.

d Nennen Sie präventive Maßnahmen.

Lernsituation 2.2.4 Vermarktung und Wirtschaftlichkeit von Milchvieh

Situation

Ihr Ausbilder ist für ein paar Tage im Urlaub und überlässt Ihnen die täglichen Routinearbeiten. Heute Morgen haben Sie die Milchgeldabrechnung von der Molkerei bekommen. Sie schicken Ihrem Ausbilder ein Bild davon und fragen, was Sie nun damit machen sollen. Er beauftragt Sie, bis zu seiner Rückkehr alle wichtigen Informationen zur Milchgeldabrechnung zu recherchieren und Ihre Ergebnisse zu dokumentieren.

Abbildung 1: Milchabholung

1 Ordnen Sie die Angaben aus der Tabelle den entsprechenden Nummern auf der Milchgeldabrechnung zu und erläutern Sie diese.

Tabelle 1: Angaben zur Milchgeldabrechnung

Nummerierung	Bezeichnung	Erläuterung
	Zellzahl	
	Temperatur	
	Hemmstoff	
	Menge	
10	pH-Wert	Je mehr Milchsäure enthalten, desto niedriger ist der pH-Wert; dies führt zu einem veränderten Geschmack und Geruch (Optimum 6,4–6,8).
	Gefrierpunkt	
	Fettgehalt	
	Eiweißgehalt	
	Keimgehalt	Gibt die Gesamtzahl der Bakterien in der Milch an; hoher Keimgehalt deutet auf Probleme bei der Melkhygiene oder der Lagerung hin.
	Harnstoff	

Milchanlieferung in Liter je Tag / Temperatur und Probewerte im Abrechnungsmonat

Tag	1		3		5		7		9	
1										
2	1.134,9	4,5	4,14		78		–0,526	167	N	6,68
3										
4	1.145,8	4,5	3,99					133		6,69
5										
6	1.126,7	4,5	4,13					131		6,70
7										
8	1.194,6	4,4	4,06				–0,527	187		6,69
9										
10	1.209,9	4,5	4,08				–0,525	146		6,68
11										
12	1.223,8	4,5	3,88				–0,528	102		6,69
13										
14	1.210,4	4,5	4,04		117	33	–0,531	139	N	6,69
15										
16	1.220,9	4,5	3,89				–0,531	162		6,71
Güteklasse	1	Bezahlklasse		S						

Tag		2		4		6		8		10
17										
18	1.205,8	4,5	4,07	3,58				187		6,70
19										
20	1.197,1	4,4	3,92	3,52			–0,535	183		6,68
21										
22	1.214,9	4,4	3,90	3,58	107	29	–0,535	217		6,71
23										
24	1.188,1	4,5	4,03	3,61			–0,531	195		6,68
25										
26	1.232,3	4,5	4,02	3,53			–0,531	155		6,69
27										
28	1.226,5	4,6	4,17	3,50	135		–0,530	204		6,71
29										
30	1.222,7	4,6	4,01	3,48			–0,529	179		6,70
31										
Monat	27.954,4 Ltr.				107	31	–0,529	165		
Anlieferung 18 313 kg			4,02	3,55	120	29	–0,529	165		

Milchpreisberechnung in Cent/Kilogramm	Preis/Cent
Grundpreis ohne Gentechnik	33,40
Fettkorrektur 2,7 Cent je Prozent Fett	–0,49
Eiweiß-Korrektur 4,1 Cent je Prozent Eiweiß	0,62
Fütterungszuschlag	0,90
Bezahl-Klasse S	0,50
Ihr Milchauszahlungspreis je kg (Inkl. MwSt.)	

Milchgeldabrechnung	Anlieferung kg	Milchpreis/kg	Netto-Milchgeld	9,5 % MWST	Bruttobetrag
17954,4 Liter × 1,020	18313 X	38,25 Ct	6396,73 +	607,69	7004,42 €

Auszahlungsbetrag EUR: **7072,02 Euro**

Kalenderjahr	
Anlieferung	108 123 kg
Fett (Durchschnitt)	4,19 %
Eiweiß (Durchschnitt)	3,61 %

2 Beurteilen Sie auf Ihrem Betrieb die Milchinhaltsstoffe an drei verschiedenen Tagen und leiten Sie daraus mögliche Verbesserungsvorschläge ab.

Tabelle 2: Beurteilung der Milchinhaltsstoffe

Abholungstag	Probleme	Verbesserungsvorschläge
4	Niedriger Fettgehalt	Rohfaserversorgung sicherstellen; Selektion der Futtermittel durch genaues Mischen vermeiden; keine Verwendung von zu langen Rohfaserfuttermitteln; ggf. Wasserzusatz bei zu trockener Ration

3 Berechnen Sie mithilfe der angegebenen Daten in der Milchgeldabrechnung aus **Aufgabe 1** das Milchgeld.

4 Notieren Sie eine Definition für den Begriff „Zellzahlen".

5 Erstellen Sie eine Mindmap mit möglichen Ursachen für einen erhöhten Zellgehalt in der Milch. Markieren Sie die vom Menschen verursachten Ursachen mit einem Kreuz

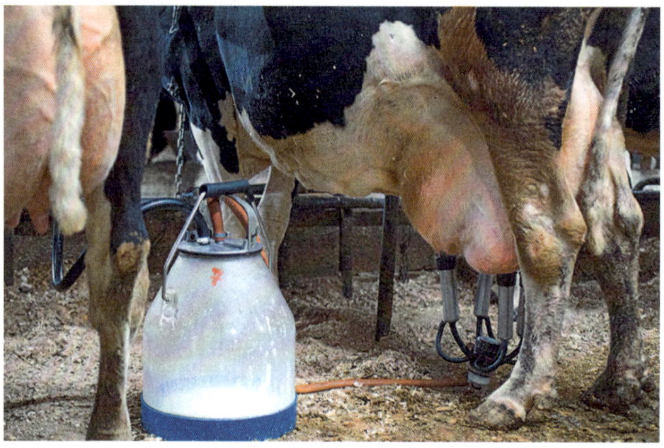

Abbildung 1: Kuh mit akuter Mastitis

Legende:

- Physiologische Eigenschaften des Tieres
- Stallbau
- Hygiene

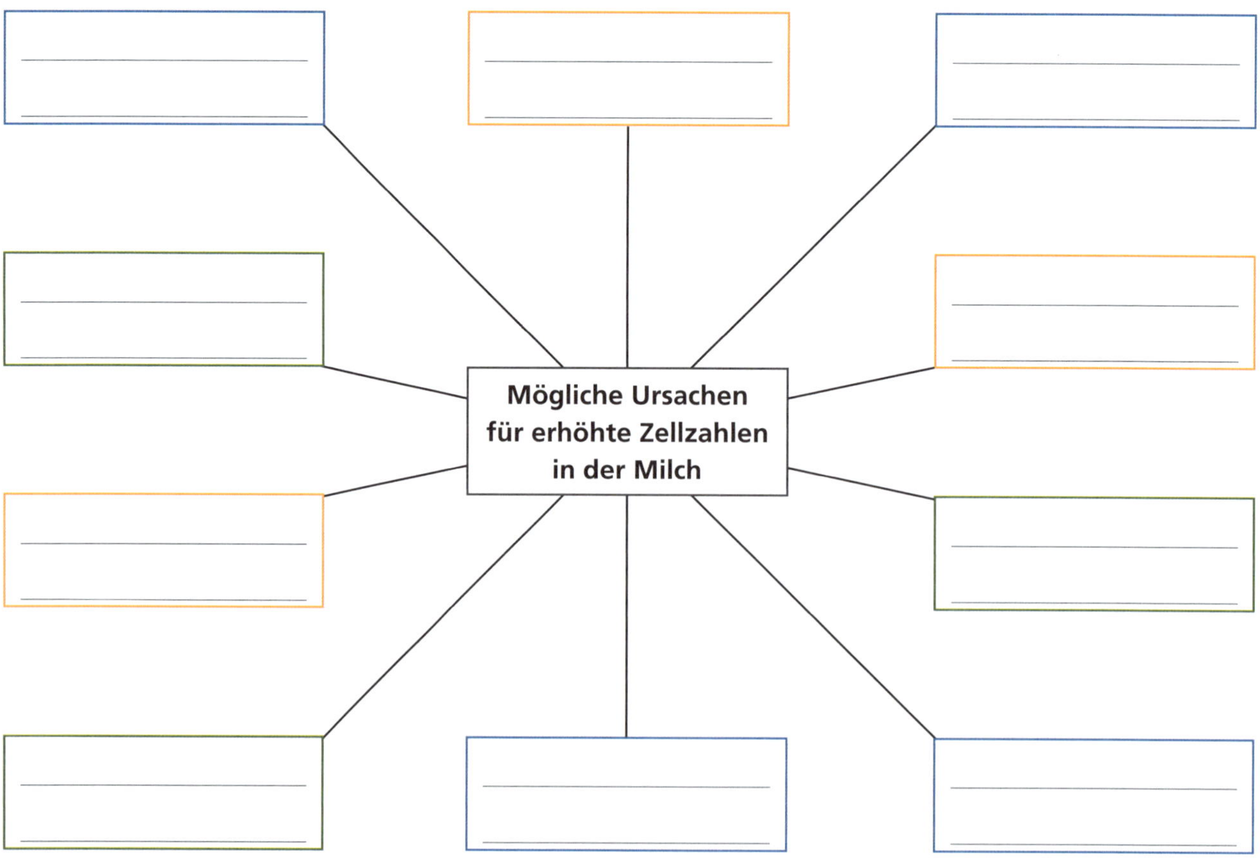

6 Die Überwachung von Leistungsdaten der Herde ist essenziell für eine optimale und bedarfsgerechte Fütterung.

Tabelle 1: Exemplarische Daten aus einem LKV-Bericht

PM Datum	Anzahl der Kühe[1] alle	Milch	trocken	Lakt.-Tage	Milch kg	Fett %	Eiweiß %	Harnstoff mg/dl	FEQ %
15.02.	29	21	5	207	26,7	3,89	3,89	23,1	1,00
20.03.	29	20	5	168	26,9	4,16	3,83	29,2	1,09
25.04.	28	17	5	137	30,2	3,82	3,61	16,3	1,06
29.05.	27	21	3	157	29,9	4,24	3,48	16,5	1,22
03.07.	27	22	3	159	25,2	3,70	3,42	29,3	1,08
01.08.	21	14	5	143	26,0	4,20	3,53	27,2	1,19

PM Datum	Milch Kg/gesamt	Zellzahl *1000	Durchschn. Minutengemelk	Anteil Abstiegsphase über 2 Min. in %	Anteil Blindmelkzeit Über 1 Min. in %	Probenahme
15.02.	560,7	282	1,61	76,2	23,8	morgens
20.03.	537,6	449	1,64	61,1	44,4	abends
25.04.	512,6	142	1,70	83,3	25,0	morgens
29.05.	626,9	126	1,80	83,3	38,9	abends
03.07.	553,5	384	1,73	78,9	36,8	morgens
01.08.	364,3	138	1,64	83,3	33,3	abends

1 Summe der Tiere kann abweichen, wegen z. B. Verkauf bzw. Nutzungsänderung als Mutterkühe

a Ergänzen Sie die Tabelle mithilfe des LKV-Monatsberichts.

Tabelle 1: Begriffe zum LKV-Bericht

Begriff	Erläuterung
Laktationstage	______________________ ______________________ ______________________
______________	Gibt Auskunft über die Rohfaser- und Energieversorgung der Herde.
______________ ______________	Der Gesundheitsparameter des Euters, weist auf Entzündungen bzw. Stressfaktoren hin.
Durchschnittliches Minutengemelk in kg/min	______________________ ______________________ ______________________
______________ ______________ ______________	Gibt die Anzahl der Tiere in % an, bei welchen die Abstiegsphase über 2 Minuten dauert und somit die Hauptgemelkphase verlängert. Dies kann an der Technik (falsch eingestellte Melktechnik), der Zucht (Stufeneuter) oder am Alter der Tiere liegen.
Anteil Blindmelkzeit über 1 Min in %	______________________ ______________________ ______________________ ______________________ ______________________ ______________________ ______________________ ______________________ ______________________

b Vergleichen Sie die markierten Werte der jeweiligen Kenndaten miteinander. Gehen Sie dabei auf die wichtigsten Einflussfaktoren ein und formulieren Sie mögliche Verbesserungsvorschläge.

Tabelle 1: Auszug LKV-Bericht

PM	Anzahl der Kühe			Lakt.-Tage	Milch kg	Fett %	Eiweiß %	Harnstoff mg/dl	FEQ %
Datum	alle	Milch	trocken						
20.03.	29	20	5	168	26,9	4,16	3,83	29,2	1,09

20.03.:

Tabelle 2: Auszug LKV-Bericht

PM Datum	Milch kg/gesamt	Zellzahl *1 000	Durchschn. Minutengemelk kg/min	Anteil Abstiegsphase Über 2 Min. in %	Anteil Blindmelkzeit Über 1 Min in %	Probenahme
20.03.	537,6	449	1,64	61,1	44,4	abends

20.03.:

Tabelle 1: Auszug LKV-Bericht

PM Datum	Anzahl der Kühe			Lakt.-Tage	Milch kg	Fett %	Eiweiß %	Harnstoff mg/dl	FEQ %
	alle	Milch	trocken						
03.07.	27	22	3	159	25,2	3,70	3,42	29,3	1,08

03.07.:

____

____

____

____

____

____

____

____

7 Berechnen Sie den durchschnittlichen Deckungsbeitrag I (ohne Grundfutterkosten) und II je Milchkuh und Jahr mit folgenden produktionstechnischen Daten.

Tabelle 2: Daten zur DB-Berechnung

Milchleistung (99 % davon werden verkauft)	7 200 kg
Milchpreis brutto	0,40 €/kg
Kälber/Kuh/Jahr	0,86
Bruttoerlös männl. Kalb	565,30 €
Bruttoerlös weibl. Kalb	286,30 €
Abgangsquote	25 % (Bestandsergänzungsquote)
Schlachtkuhwert brutto	1 050,20 €
Düngerwert je Kuh und Jahr Ausbringkosten	214,20 € 77,00 €
Zukaufpreis Jungkuh brutto	1 855 €
Kälberaufzucht	120 €
Kraftfutterkosten	702 €
Besamung	35 €
Tierarztkosten	90 €
Sonstige variable Kosten (Strom, Wasser, Maschinenkosten, Stall, Versicherungen, …)	183 €
Grundfutter-TM/Kuh und Jahr	41,98 dt
Kosten je dt. Grundfutter-TM	12,44 €/dt

Tabelle 1: DB-Berechnung Milchkuh

Verkaufte Milch	7 200 kg × 0,99 = 7 128 kg
Milcherlös	
Summe Marktleistung	

Ausbringkosten	77,00 €
Summe variable Kosten	

Deckungsbeitrag I	
Variable Grundfutterkosten	
Deckungsbeitrag II je Milchkuh	

Situation

Eine Ihrer Mitschülerinnen plant, zukünftig den Betrieb ihrer Eltern weiterzuführen. Sie möchte von der Milchviehhaltung auf die Mutterkuhhaltung umstellen. Der Betrieb bewirtschaftet 25 ha, davon den größten Teil als Mähweide, arrondiert um die Hofstelle, und liegt nahe einer Stadt. Sie fragt Sie, ob Sie sie bei der Planung der zukünftigen Betriebsausrichtung unterstützen können.

Abbildung 1: Mutterkuhherde auf der Weide

8 **a** Nennen Sie die Erlöspositionen der Milchvieh- und der Mutterkuhhaltung.

Milchviehhaltung: ______________________________

Mutterkuhhaltung: ______________________________

b Vergleichen Sie Milchvieh- und Mutterkuhhaltung bezüglich der in der Tabelle aufgeführten Kriterien. Verwenden Sie dafür die Begriffe gering, niedrig, mittel, hoch, sehr hoch.

Tabelle 1: Vergleich Milchvieh- und Mutterkuhhaltung.

Kriterien	Mutterkuhhaltung	Milchviehhaltung
Arbeitszeitbedarf		
Managementanforderung		
Fütterungsansprüche		
Tierbeobachtung		
Deckungsbeitrag des Verfahrens		

c Notieren Sie drei Vorteile, die die Mutterkuhhaltung mit sich bringt.

____

____

____

____

____

9 Vor einer Umstellung eines Betriebszweiges sollten Sie die finanziellen Auswirkungen kennen.

a Definieren Sie in diesem Zusammenhang folgende Begriffe.

Liquidität:

Rentabilität:

Stabilität:

b Bei der Umstellung von Milchviehhaltung auf Mutterkuhhaltung ergeben sich hinsichtlich der Betriebsliquidität neue Herausforderungen. Vergleichen Sie diese.

Milchviehhaltung:

Mutterkuhhaltung:

10 Ihre Mitschülerin ist von der Liquidität und Rentabilität der Mutterkuhhaltung nicht überzeugt.

a Nennen Sie Maßnahmen, um die Einnahmeverhältnisse bei der Mutterkuhhaltung zu verbessern.

b Ihre Mitschülerin will das Fleisch zukünftig direkt vermarkten. Listen Sie Gesichtspunkte auf, die Sie berücksichtigen und abklären muss.

https://vel.plus/
LSLAWI27

Abbildung 1: Vorschlag Ochsenfleisch „Maxl"

c Erstellen Sie exemplarisch einen Flyer für die Vermarktung des Fleisches. Stellen Sie Ihre Vorschläge in der Klasse vor und diskutieren Sie diese.

11 Die Absetzervermarktung ist ein wesentlicher Bestandteil der Mutterkuhhaltung.

a Erklären Sie das Prinzip bei männlichen Tieren.

b Recherchieren Sie den aktuellen Preis pro kg für einen Absetzer mit 250–300 kg der Rasse Ihrer Wahl.

c Beobachten Sie über den Zeitraum eines Jahres die Preisentwicklung für Bullenkälber in Ihrer Region. Erstellen Sie für die Preisdokumentation mittels EDV ein geeignetes Diagramm. Beschriften Sie die X-Achse als Zeitstrahl, die Y-Achse mit Preisangaben. Geben Sie eine geeignete Überschrift und eine Legende an.

Hinweis: Nutzen Sie die vorgegebene Fläche für eine Diagramm-Skizze oder zum Einkleben eines Ausdrucks Ihrer digitalen Auswertung.

Situation

Im Zuge seiner Stallneubauplanungen überlegt sich Ihr Ausbilder, den Betrieb durch eine Direktvermarktung im Hofladen zu diversifizieren. Der Hofladen soll mit eigenen ganzjährig erzeugten, mit saisonal verfügbaren eigenen und fremden Produkten sowie mit Zukaufwaren bestückt werden.

Abbildung 1: Werbeschild für einen Hofladen

12 Um landwirtschaftliche Produkte rentabel und direkt zu vermarkten, sind einige Faktoren zu beachten.

a Ordnen Sie den aufgeführten Voraussetzungen die passende Zuordnung **P** (persönlich) oder **B** (betrieblich) zu.

Tabelle 1: Voraussetzungen der Direktvermarktung

Voraussetzung	Zuordnung
Arbeitszeitreserven	______
Arbeitsspitzen	______
Kontaktfreude	______
Infrastrukturelle Lage	______
Körperhygiene	______
Einsatzbereitschaft	______
Bedarf in der Region	______
Kaufmännisches Geschick	______
Konkurrenz	______
Organisationstalent	______
Kostendeckung	______

b Sammeln Sie Begriffe zum Thema „Absatzwege und Werbung in der Direktvermarktung".

1 Absatzweg: ______________________________

____

2 Werbung: ______________________________

____

____

____

____

c Stellen Sie grundlegende Überlegungen zur Preisgestaltung an.

____

____

____

____

____

d Ordnen Sie den folgenden Beispielen jeweils die passenden Sortimentsarten zu. Verwenden Sie dafür die Abkürzung G für ganzjähriges Grundsortiment, S für Saisonsortiment und R für Randsortiment.

Milch (______), Obst (______), Joghurt (______), Käse (______), Eier (______),
Gemüse (______), Fleischpakete (______), Dinkel (______), Nudeln (______),
Kartoffeln (______), Marmeladen (______), Buchweizen (______),
Honig (______), Edamame (______), Kürbisse (______), Quinoa (______),
Sonnenblumen (______), Gänse (______), Blumensträuße (______),
tiefgefrorene Hackfleisch-Patties (______)

13 Der Betrieb hat noch freie Arbeitskapazitäten. Berechnen Sie den zusätzlichen jährlichen Arbeitskraftbedarf für einen Hofladen. Dieser hat 24 Stunden in der Woche geöffnet und benötigt 10 Stunden Vor- und Nachbereitungszeit je Woche.

14 Da Sie sich mit der Thematik „Diversifizierung von Betrieben" beschäftigt haben, sollen Sie für den nächsten Berufsschultag einen Vortrag vorbereiten. Der Titel lautet: „Alternative Einkommensquellen – Mein Betrieb in 10 Jahren". Der Schwerpunkt soll auf Tierwohl und/oder regionaler Vermarktung liegen. Gestalten Sie für diesen Vortrag eine ansprechende Präsentation, der Vortrag soll 10–15 Minuten dauern.

2.3 Mastrinder

Lernsituation 2.3.1 Haltung und Pflege von Mastrindern

Situation

Auf Ihrem Ausbildungsbetrieb werden neben den eigenen männlichen Kälbern auch zugekaufte Bullenkälber gemästet. Nach erfolgreicher Aufzucht wird Max mit 12 Wochen in den Mastbereich umgestallt. Ihre Aufgabe ist es, ihn durch die Mast zu begleiten. Für eine wirtschaftlich erfolgreiche Mast benötigen Sie Kenntnisse über die Fütterung, Haltung und Betreuung der Tiere. Als Anreiz verspricht Ihnen Ihr Ausbilder einen Bonus, wenn die Mast von Max optimal verläuft und die Schlachtleistung überdurchschnittlich ausfällt.

Abbildung 1: Mastbullengruppe

Abbildung 2: Max im Jungviehstall

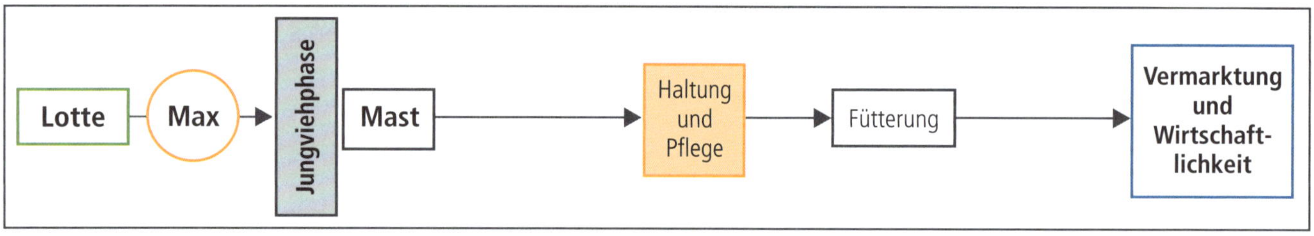

Abbildung 3: Produktionsabschnitte der Rindermast

1 Erstellen Sie ein Dokumentationsschema über die wichtigsten Informationen und Ereignisse im Mastverlauf von Max in Form einer Mindmap.

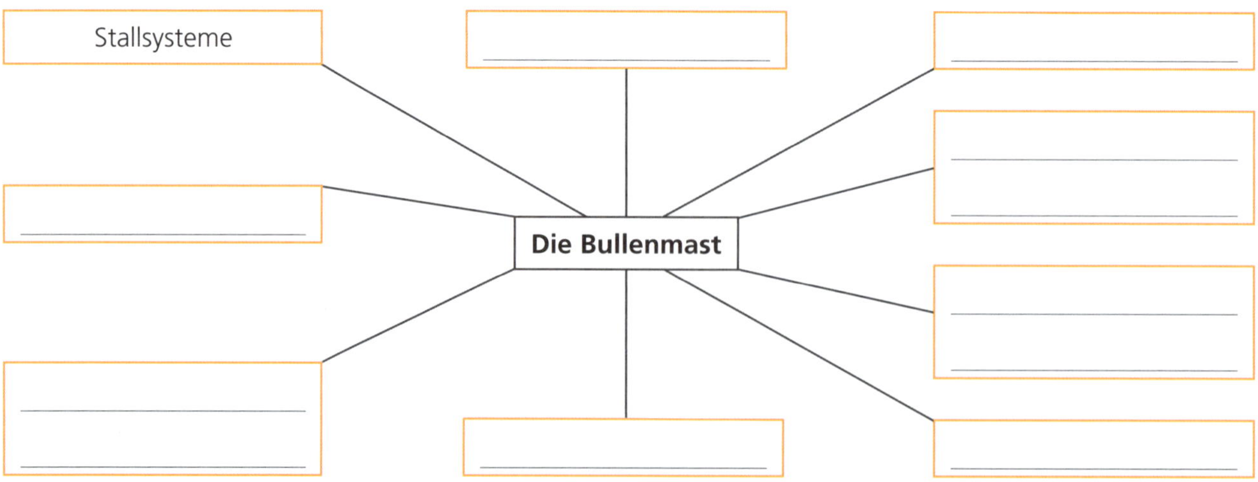

2 Während Sie sich mit dem Thema „Mast“ näher auseinandersetzen, stoßen Sie auf die Zusammensetzung der Rindfleischproduktion je nach Produktionsrichtung. Recherchieren Sie den Anteil der verschiedenen Rindfleischprodukte und vervollständigen Sie die Grafik.

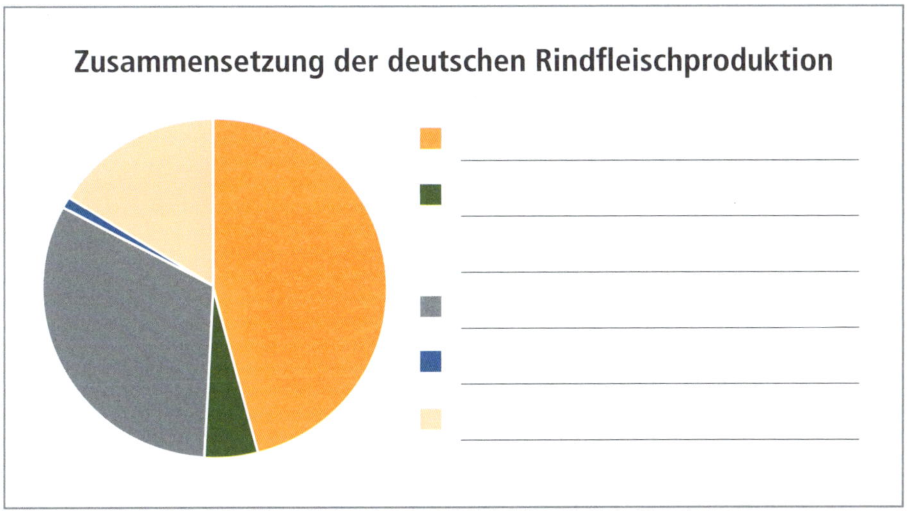

Abbildung 1: Rindfleischproduktion in Deutschland

3 Für eine gute Aufwuchsleistung ist nicht nur die Fütterung, sondern auch ein optimales Stallsystem wichtig.

a Vergleichen Sie Teilspaltenboden, Weidehaltung und Laufstall hinsichtlich der Kriterien Hygiene, Stallklima, Klauengesundheit, Kosten, Arbeitsbedarf und Tierwohl. Kreuzen Sie den passenden Smiley an.

Tabelle 1: Haltungssysteme im Vergleich

Stallsystem	Hygiene	Stallklima	Klauengesundheit	Kosten	Arbeitsbedarf	Tierwohl
Teilspaltenboden						
Weidehaltung						
Tiefstreustall						

b In der Klasse entsteht zu den Haltungsformen eine Diskussion. Nehmen Sie zu der folgenden Aussage Stellung.

„Weidehaltung mit einem Tiefstreustall ist am besten für das Tier! Warum machen das nicht alle so?“

4 In den Ferien wird Ihnen folgende Skizze von einer Hofbesichtigung zugeschickt.

Abbildung 1: Einblick in den Bullenmaststall

a Benennen Sie dieses Haltungs- und Fütterungssystem.

b Beurteilen Sie dieses Haltungssystem im Hinblick auf das Tierwohl und geben Sie eine Haltungsform an, die den Tierwohlanforderungen näherkommt.

c Bereiten Sie einen Vortrag über das Haltungssystem Ihres Ausbildungsbetriebes vor. Präsentieren Sie Ihre Ergebnisse in der Klasse.

5 **a** Berechnen Sie die Fläche des Stalles. Geben Sie an, wie viele Mastrinder (á 350 kg) in diesem Stall theoretisch gehalten werden dürfen.

Angaben: 0,8 m^2 pro 100 kg Lebendgewicht

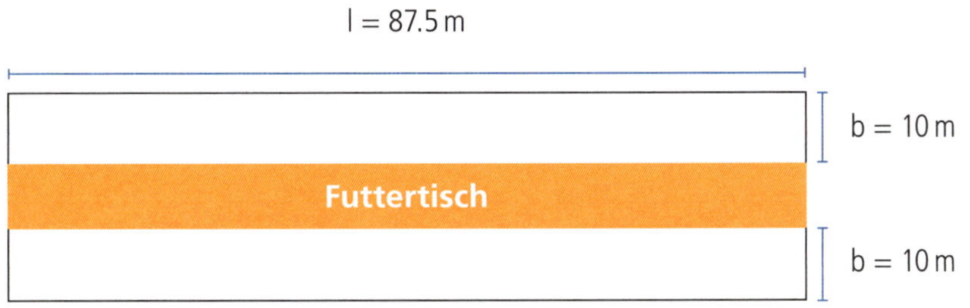

b Die Futtertischbreite limitiert die Anzahl der Mastbullen im Stall. Recherchieren und berechnen Sie unter Berücksichtigung des vorgegebenen Tier-Fressplatz-Verhältnisses die Anzahl der Rinder, die tatsächlich im Stall gehalten werden dürfen.

c Beurteilen Sie die Berechnung des Platzbedarfes bezüglich der Praxistauglichkeit.

6 Skizzieren Sie exemplarisch einen Stall Ihres Betriebes und beschriften Sie die einzelnen Bereiche (z. B. Fress-, Liegebereich).

7 Gerade in der Bullenmast gibt es viele potenzielle Gefahren. Entwickeln Sie zu den aufgezählten Begriffen jeweils Warnhinweise, die sich reimen und auch lustig sind.

Besser nicht bücken,
du hast den Feind im Rücken!

Nr.	Begriff	Warnhinweis
1	Aufspringreflex	Besser nicht bücken, du hast den Feind im Rücken!
2	Beleuchtung	
3	Rutschsicherheit	
4	Ruhiger Umgang	
5	Sauberkeit	
6	Biosicherheit	

Situation

Ihr Ausbilder kauft überwiegend männliche Kälber für die Mast. Diese sind 5–6 Wochen alt und wiegen zwischen 80 und 90 kg (Starterkälber). Er klagt: „Durch den Zukauf von Tieren werden verschiedene Krankheiten verschleppt. Deshalb müssen wir unsere Tiere gut beobachten, denn es gibt vermehrt gesundheitliche Probleme.“

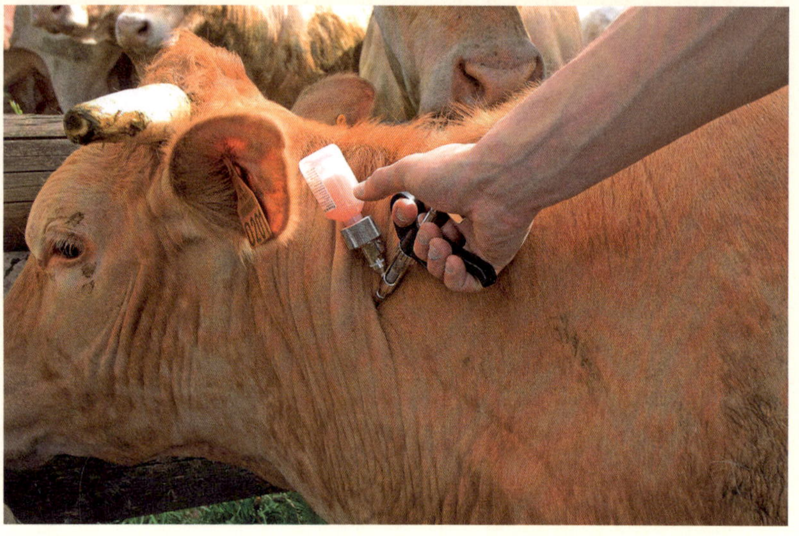

Abbildung 1: Impfung eines Jungtieres

8 Erkältungen und Durchfall sind häufige, durch Zukauf von Mastkälbern „eingeschleppte“ Krankheiten. Der Gesundheitszustand der Kälber wird beim Eintreffen im Betrieb bewertet (vgl. **Lernsituationen Agrarwirtschaft Band 1**, S. 184).

a Notieren Sie Maßnahmen, um Ihren zugekauften und bestehenden Bestand gesund zu halten.

b Erklären Sie den Begriff „Zoonose“.

c Erstellen Sie einen Steckbrief für die Kälberflechte, indem Sie die Symptomatik, den Erreger, die Behandlung und ggf. Vorbeugemaßnahmen sammeln (siehe Vorlage in **Anhang 385 f.**).

Steckbrief	
Foto	Bezeichnung: Krankheit:

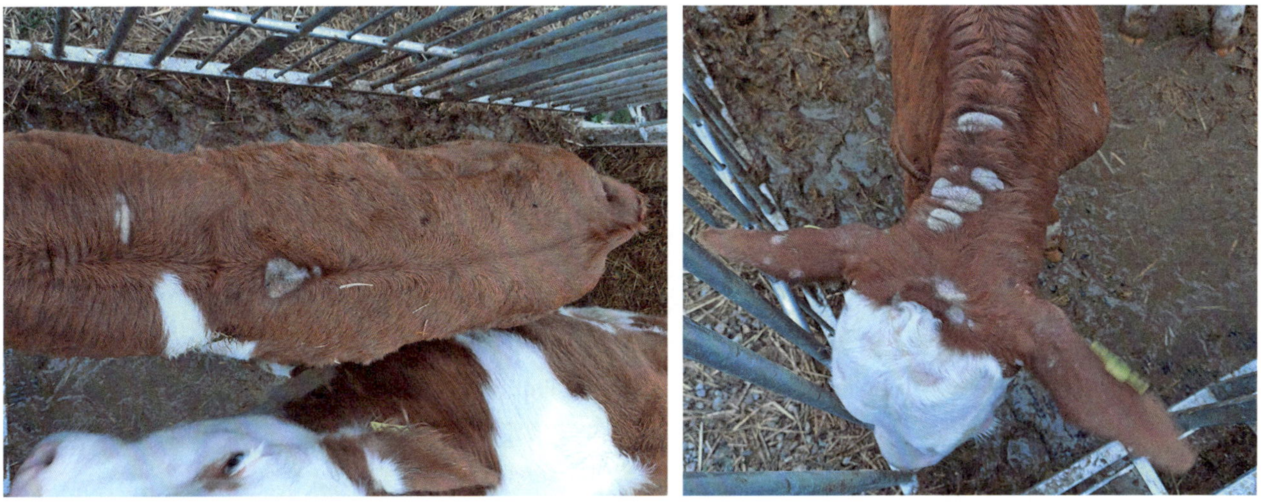

Abbildungen 1 und 2: Kälberflechte

d Erstellen Sie zu einer auf Ihrem Betrieb vorkommenden Krankheit einen zweiten Streckbrief. Fügen Sie ein passendes Bild der Krankheit mit ein (nutzen Sie wiederum die Vorlage in **Anhang 385 f.**).

9 Sowohl männliche als auch weibliche Rinder werden zur Mast genutzt.

a Sammeln Sie die Unterschiede zwischen beiden Geschlechtern in der Mast. Finden Sie Vor- und Nachteile und ergänzen Sie die Tabelle.

Tabelle 1: Vor- und Nachteile bei der Mast von weiblichen und männlichen Rindern

Weibliche Kälber	
Vorteile	**Nachteile**

Tabelle 1: Vor- und Nachteile bei der Mast von weiblichen und männlichen Rindern

Männliche Kälber	
Vorteile	**Nachteile**

b Recherchieren Sie die aktuellen Preise für Kälber bzw. Fresser für Ihre Region und Ihre geläufige Rasse!

Aktuelle Preise:

10 Informieren Sie sich über unterschiedliche Rassen in Bezug auf die Mast. Vergleichen Sie die Rassen in der Tabelle. Kreuzen Sie das entsprechende Smilye an und ergänzen Sie um die Rasse Ihres Ausbildungsbetriebes.

Tabelle 2: Vergleich verschiedener Rassen in Bezug auf Masttauglichkeit

Eigenschaften	„Gelbvieh"	„Charolais"	„Schwarzbunte"	
Tägliche Zunahmen				
Ausprägung der Bemuskelung				
Weidetauglichkeit				
Mastendgewicht				
Verhalten				

11 a Bei Tiertransporten gehören das Verladen, Entladen, Umladen und gegebenenfalls Einhalten von Ruhepausen zu den wesentlichen Aufgaben von Landwirten und Berufskraftfahrern. Recherchieren Sie die Transportbedingungen für Kälber nach der Tierschutztransportverordnung (TierSchTrV).

b Recherchieren Sie Anforderungen an betriebseigene Tiertransportanhänger, um den Stress für die Tiere zu reduzieren.

Abbildung 1: Tiertransporter mit Bullen

c Ihr Ausbilder und Sie verladen Mastbullen.

https://vel.plus/LSLAWI29

Informieren Sie sich über das fachgerechte Verladen von Mastbullen und nehmen Sie Stellung zur Aussage Ihres Ausbilders. Diskutieren Sie in der Klasse.

d Zählen Sie wahrnehmbare Stresssymptome von Rindern beim Verladen auf.

e Beim Verladen stellt sich ein Bulle stur, dreht sich um und kommt auf Sie zu. Wie reagieren Sie in dieser Situation?

f Verbinden Sie die „Best Practices" beim Beladen des Transporters jeweils mit der entsprechenden Begründung.

Tabelle 1: „Best Practice" – Beladen von Tieren

Best Practice		Begründung
Rinder in der sozialisierten Gruppe transportieren		Rinder leben innerhalb einer Gruppe in einer Hierarchie.
Treibgeschwindigkeit nicht zu schnell		6 erwachsene Tiere oder bis zu 25 Kälber
Max. Tieranzahl innerhalb des Transporters/der Gruppe		Rinder sind Herdentiere mit engen Bindungen.
Leittiere vorantreiben		Verhindert Stolpern, Rutschen oder gar einen Sturz
Rassetypische Kennzeichen beachten	→	Temperamentvolle, friedvolle oder aggressive Tiere

g Geben Sie allgemeine Vorkehrungen und Verhaltensweisen für den sicheren Umgang mit Rindern an. Recherchieren Sie hierfür eine optimale Unfallverhütung.

h Erstellen Sie einen Leittext/Bericht für Ihren Ausbildungsnachweis mit dem Titel „Zukauf von Mastrindern, mögliche Probleme im Stall und optimale Transportbedingungen".

Lernsituation 2.3.2 Fütterung von Mastrindern

Situation

Max verfügt momentan über ein Gewicht von ca. 400 kg. Er ist in einer Gruppe mit neun anderen Tieren. Die Tiere werden überwiegend mit hofeigenem Futter gemästet. Ihr Ausbilder hat Ihnen die Fütterung für diese Gruppe übertragen. Sie streben hohe tägliche Zunahmen an und achten insbesondere auf das Tierwohl.

Abbildung 1 bis 4: Mastbullengruppen in den verschiedenen Gewichtsklassen

1 Der Einsatz von Futtermitteln für Bullen hängt von den individuellen Betriebsstrukturen und den angestrebten Tageszunahmen der Tiere ab.

a Kombinieren Sie die Futtermittel für vier weitere Rationszusammensetzungen. Der Wortkasten hilft Ihnen dabei.

Grassilage ■ Maissilage ■ Rapsextraktionsschrot ■ Getreideschrot ■ Mineralfutter ■ Viehsalz ■ Sojaextraktionsschrot ■ Stroh ■ Pressschnitzelsilage ■ Biertreber

Möglichkeit	Rationszusammensetzung
1.	Grassilage, Maissilage, Rapsextraktionsschrot, Getreideschrot, Mineralfutter, Viehsalz
2.	
3.	
4.	
5.	

b Berechnen Sie exemplarisch für eine der von Ihnen aufgestellten Rationszusammensetzung aus **Teilaufgabe a** eine Ration für einen Mastbullen mit einem Gewicht von 500 kg und 1 250 g Tageszunahmen. Nutzen Sie hierfür ein regionaltypisches Berechnungsprogramm oder den nachfolgenden QR-Code.

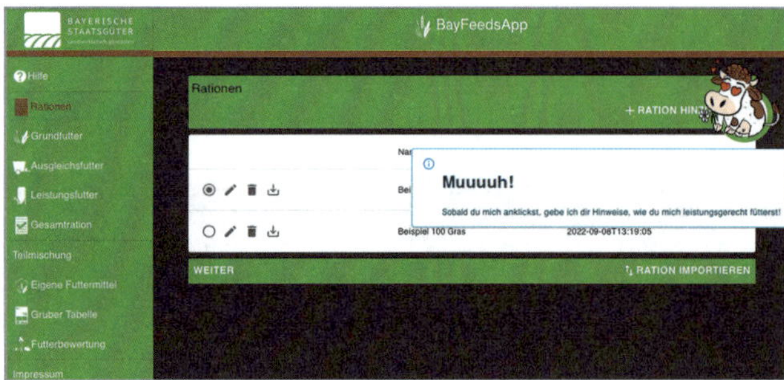

Abbildung 1: Rationsberechnungsprogramm BayFeedsApp

https://vel.plus/LSLAWI30

Abbildung 2: QR Code Bay FeedsApp

Notizen für Berechnungen:

c Bewerten Sie Ihr errechnetes Ergebnis mithilfe von regionalen Versorgungsempfehlungen.

2 Aufgrund der betrieblichen Rahmenbedingungen wird Max hauptsächlich mit Maissilage und Soja- bzw. Rapsextraktionsschrot gemästet. Sie streben momentan Tageszunahmen von 1 450 g an. Sie haben für Max (400 kg LM) folgende Futterration berechnet.

a Ergänzen Sie die drei fehlenden Werte in der Tabelle.

Tabelle 1: Futterration für Max

		Nähr- u. Mineralstoffgehalt in 1 000 g Trockenmasse (TM)								
FM g	**Futterart**	**TM g/kg**	**XF g**	**aNDFom (Grobf.) g**	**nXP g**	**ME MJ**	**Ca g**	**P g**	**Mg g**	**Na g**
16,00	Maissilage	360	172	440	137	11,4	1,9	2,2	1,2	0,3
0,80	Weizenschrot	880	30		170	13,4	0,7	3,8	1,3	0,3
0,80	Rapsextr. schrot	890	133		252	11,8	8,7	11,9	6,0	0,5
0,50	Sojaextr. schrot	880	68		291	13.8	3,1	7,0	3,0	0,2
1,00	Gerstenstroh	860	435	785	80	6,6	5,0	0,8	0,9	2,0
0,10	Mineralfutter	860					220	0,0	0,9	80
0,01	Viehsalz	990					0,0	0,0		365
Summe TM, Nähr- und Mineralstoffgehalte Ration:										

		Nähr- und Mineralstoffgehalte in der Ration (TM)								
FM g	**Futterart**	**TM kg**	**XF g**	**aNDFom (Grobf.) g**	**nXP g**	**ME MJ**	**Ca g**	**P g**	**Mg g**	**Na g**
16,00	Maissilage	5,8	990,7	2534,4	789,1	65,5	10,9	12,7	6,9	1,7
0,80	Weizenschrot	0,7	21,1	0,0	119,7	9,4	0,5	2,7	0,9	0,2
0,80	Rapsextr. schrot	0,7	94,7	0,0	179,4	8,4	6,2	8,5	4,3	0,4
0,50	Sojaextr. schrot	0,4	29,9	0,0	128	6,1	1,4	3,1	1,3	0,1
1,00	Gerstenstroh	0,9	374,1	675,1	68,8	5,7	4,3	0,7	0,8	1,7
0,10	Mineralfutter	0,1	0,0	0,0	0,0	0,0	18,9	0,0	0,1	6,9
0,01	Viehsalz	0,0	0,0	0,0	0,0	0,0	0,0	0,0	0,0	3,6
Summe TM, Nähr- und Mineralstoffgehalte Ration:		**8,6**	**1510,6**	**3209,5**	**1285,1**	**95,1**	**42,2**	**27,6**	**14,3**	**14,6**
			ME je kg TM			______				
			Rohfaser (Grobf.) in %			______				
			aNDFom (Grof.) in %			______				

b Bewerten Sie folgende Ergebnisse aus der Rationsberechnung mithilfe regionaler Versorgungsempfehlungen.

Trockenmasseaufnahme:

Energiegehalt je kg TM:

aNDFom in %:

Mineralstoffversorgung:

3 Notieren Sie die Aufgaben und Funktionen der vier in der Tabelle genannten Mineralstoffe im Tierkörper.

Tabelle 1: Bedeutung der Mineralstoffe

Mineralstoff	Bedeutung
Ca	
P	
Mg	
Na	

4 **a** Aus der Berechnung von Milchviehrationen kennen Sie die wichtige Bedeutung des RNB-Wertes. In der Bullenfutterration wird dieser Wert nicht berechnet. Erklären Sie diesen Sachverhalt.

b Als strukturwirksame Faser wird in der Bullenmast die aNDFom aus dem Grobfutter berechnet[1]. Erläutern Sie die Auswirkungen einer zu niedrigen Strukturwirksamkeit bzw. eines zu niedrigen aNDFom-Wertes.

c Nennen Sie präventive Möglichkeiten, um eine Pansenacidose zu vermeiden.

5 Soja wurde in der Vergangenheit in der Rinderfütterung sehr häufig eingesetzt. Allerdings hat Soja vermehrt einen schlechten ökologischen Ruf bekommen. Geben Sie verschiedenen alternative Futtermittel für Soja an und beurteilen Sie diese.

6 Zählen Sie Möglichkeiten auf, um zu überprüfen, ob die berechneten Futterrationen bzw. Annahmen mit den Erfahrungen aus Ihrer Praxis übereinstimmen.

1 Quelle: LfL-Information „Gruber Tabelle zur Fütterung in der Rindermast", 27. veränderte Auflage, veröff. im Januar 2023, online abrufbar unter: https://www.lfl.bayern.de/mam/cms07/publikationen/daten/informationen/gruber_tabelle_rindermast-2023_lfl-information.pdf

Lernsituation 2.3.3 Vermarktung und Wirtschaftlichkeit von Mastrindern

Situation

Max steht nun am Ende der Mast und soll geschlachtet werden. Während der Mast gab es keine Komplikationen, allerdings können Sie sich bezüglich des versprochenen Bonus noch nicht sicher sein. Aufschlüsse über die Schlachtleistung von Max erhalten Sie erst nach der Abrechnung mit dem Schlachthof.

Abbildung 1 und 2: Abziehen der Haut von Max (inks) und Rinderhälften (rechts)

1 Die Mast- und Schlachtleistung sind Grundlagen für die Zuchtwertschätzung von Fleisch.

a Erklären Sie die folgenden Begriffe.

Mastleistung:

____

____

Schlachtleistung:

____

____

____

____

b Definieren Sie den Begriff „Fettgewebeklasse".

c Recherchieren Sie für Fleckvieh, Schwarzbunte und eine weitere Rasse/Herkunft Ihrer Wahl die fehlenden Werte für die Tabelle und tragen Sie diese ein.

Tabelle 1: Merkmale der Schlachtleistung in Abhängigkeit der Rasse

Merkmale der Schlachtleistung (Durchschnittswerte)	Fleckvieh	Schwarzbunte	Weitere Rasse/Herkunft
Lebendgewicht in kg			
Schlachtgewicht in kg			
Schlachtausbeute in %			
Fettklasse	2,85	2,6	

2 Ergänzen Sie die Lücken in der Tabelle. Verbinden Sie die zusammengehörigen Beschreibungen und Kategorien.

Tabelle 1: Rindfleischarten

Kategorie		Kategorie		
________		Kuhfleisch ________		Schlachtkörper von 8 bis weniger als 12 Monate alten Rindern ________ ________
Z		________ ________		________ ________ ________ ________
A		Ochsenfleisch ________		Schlachtkörper von 12 bis weniger als 24 Monate alten nicht kastrierten männlichen Tieren ________ ________
B		Kalbfleisch ________		Schlachtkörper von mindestens 24 Monate alten nicht kastrierten männlichen Tieren ________ ________
C		________ ________		________ ________ ________
________		Jungbullenfleisch ________		Schlachtkörper von mindestens 12 Monate alten sonstigen weiblichen Tieren ________
E		Jungrindfleisch ________		________ ________ ________ ________

3 a Ergänzen Sie die Beschreibungen der Handelsklassen.

Tabelle 1: Handelsklassen und Beschreibung

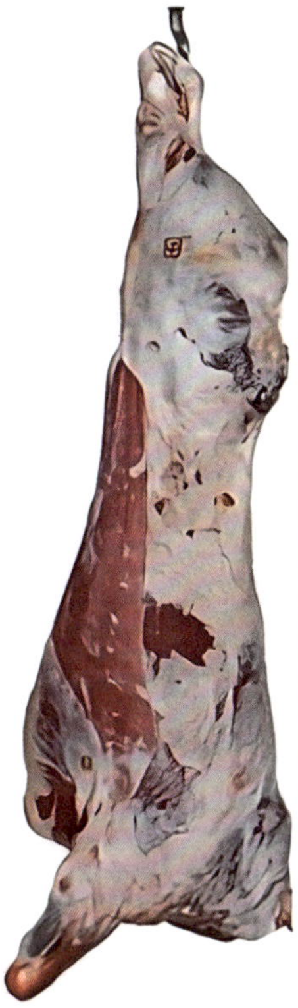		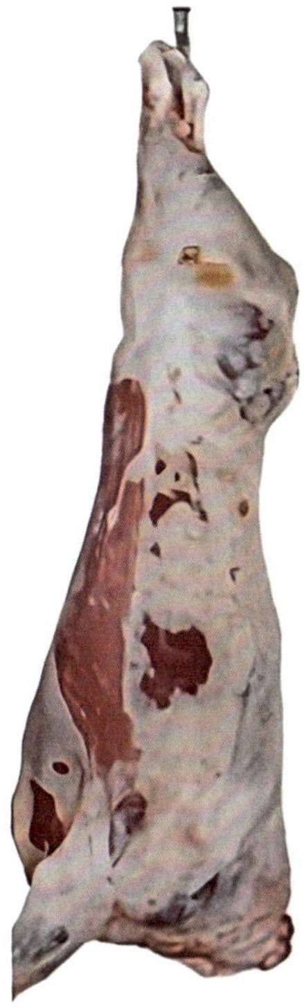	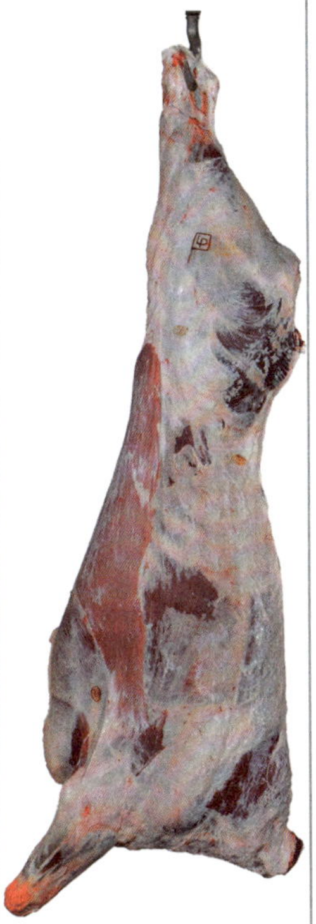	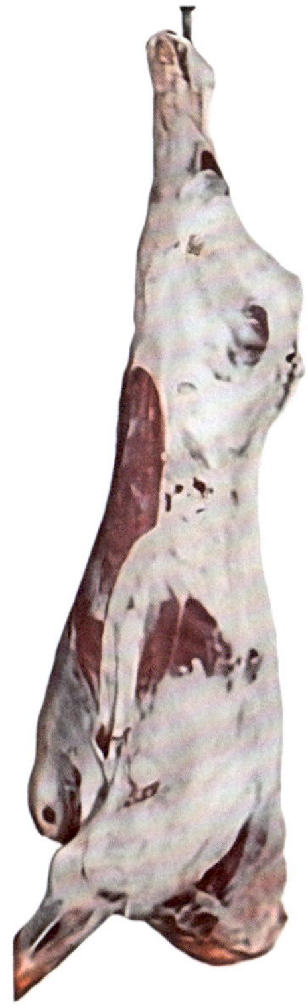
Beschreibung der Handelsklassen				
E:	U:	R: Gut; Profile insgesamt geradlinig; gute Muskelfülle	O:	P:

b Ordnen Sie den abgebildeten lebenden Körpern die richtige Handelsklasse zu und verbinden Sie den jeweils zugehörigen Schlachtkörper. Ergänzen Sie die Klassifizierung mit den richtigen Buchstaben.

Tabelle 2: Handelsklassen und Beschreibung

O	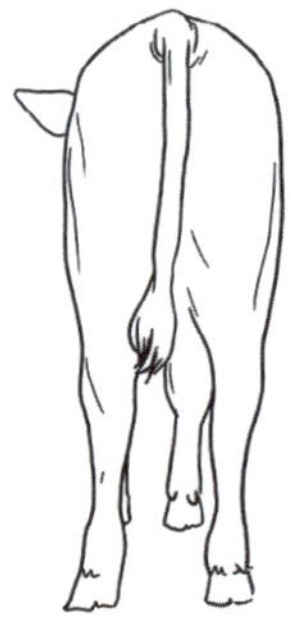		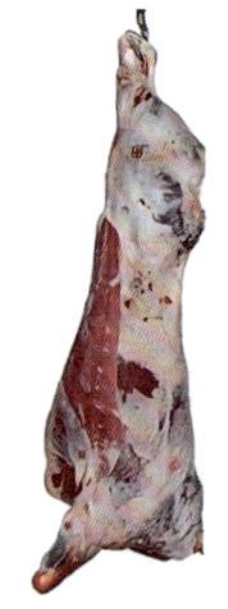
______	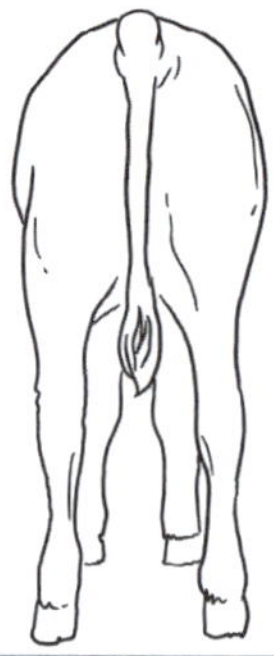		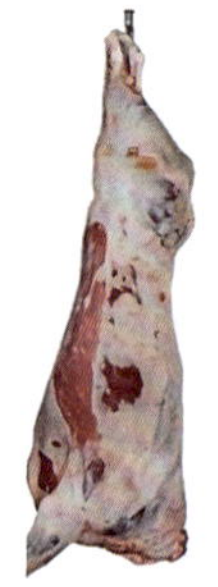
______	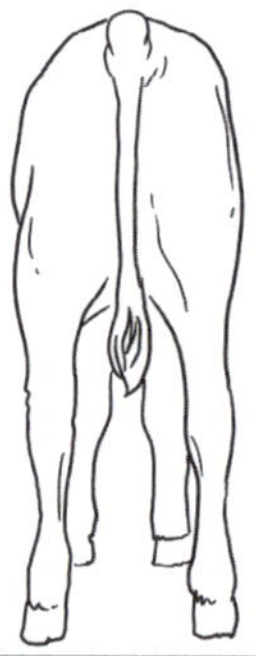		
______	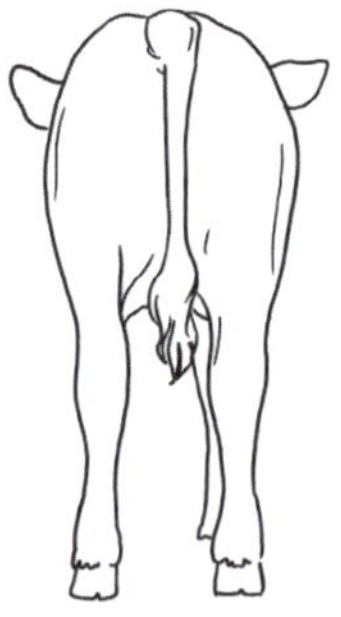		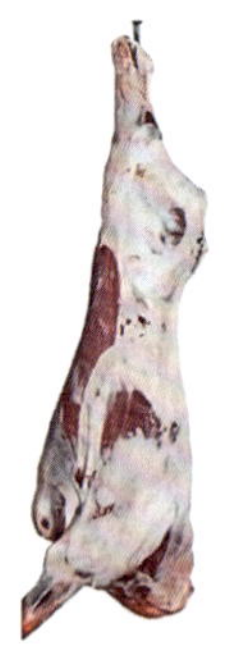
U	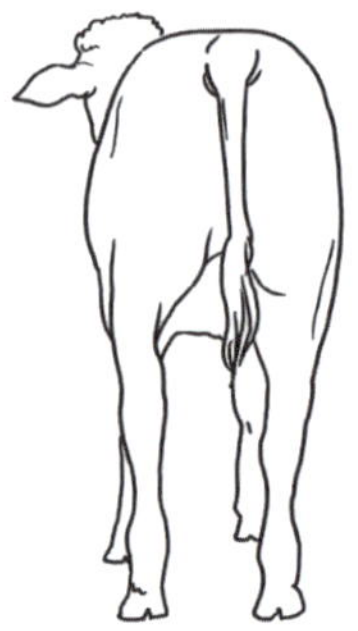		

4 Die Qualität und Rentabilität der Mast lässt sich anhand von Wiegeschein und Schlachtbescheinigung überprüfen. Exemplarisch zeigt Ihnen Ihr Ausbilder folgende Schlachtbescheinigung einer Altkuh.

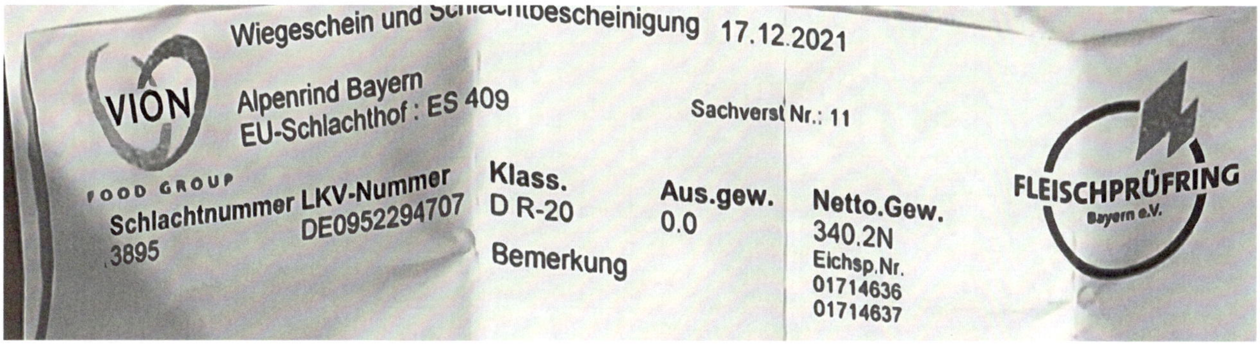
Wiegeschein und Schlachtbescheinigung 17.12.2021
VION FOOD GROUP
Alpenrind Bayern
EU-Schlachthof : ES 409
Sachverst Nr.: 11
Schlachtnummer LKV-Nummer
3895 DE0952294707
Klass.
D R-20
Bemerkung
Aus.gew.
0.0
Netto.Gew.
340.2N
Eichsp.Nr.
01714636
01714637
FLEISCHPRÜFRING Bayern e.V.

Abbildung 1: Abschnitt Schlachtabrechung

Tabelle 1: Schlachttabelle 1

Artikel	QP	HKL	Ohrenmarke	Schlacht Nr.	Schlacht-gewicht	Preis	Betrag
1 DR	QS	D R-20	DE0952294707	803895	340,20	3,59 €	
			Zuschlag QS: 0,08 €/kg SG				
Stück		1	340,20				
Verwaltungsbeitrag 1			15,50 €			−15,50 €	
Frachtabzug/Stck.			46,80 €			−46,80 €	
Netto							
Umsatzsteuer 9 %							
Rechnungsbetrag							

a Definieren Sie die grün markierten Angaben aus der Schlachttabelle vom Schlachthof.

Tabelle 2: Schlachttabelle 2

D R-20	
DE 09 5xxx	
803895	
340,20	
3,59	
Zuschlag QS	

b Berechnen Sie den Schlachterlös für die Altkuh und tragen Sie diesen in die „Schlachttabelle 1" auf **Seite 361** ein. Beachten Sie dabei die Mehrwertsteuer.

c Recherchieren Sie den Schlachterlös bei ökologisch gehaltenen Tieren und vergleichen Sie exemplarisch mit Ihrem Ergebnis aus **Teilaufgabe b**.

d Geben Sie verschiedene Faktoren an, die den Schlachterlös positiv beeinflussen.

5 Sie bekommen von Ihrem Ausbilder die Schlachtabrechnung gezeigt, auf der Max gelistet ist (Schlachtnummer 50440). Überzeugen Sie Ihren Ausbilder, dass Sie den versprochenen Bonus verdient haben.

								Liefer–/Schlachtdatum: 24. 12. XX
Menge	**Schlacht-nr.**	**Beschreibung**	**Kennzeichen**	**HKL FKL**		**Schlacht-gewicht**	**Preis**	**Betrag**
1	50421	Jungbulle	DE0362169637	U0 2+	QS	451,00	4,700 N	2.119,70
1	50434	Jungbulle	DE1406041579	U0 2+	QS	455,50	4,700 N	2.140,85
1	50441	Jungbulle	DE1273594851	U0 3–	QS	468,00	4,700 N	2.199,60
1	50438	Jungbulle	DE1273594831	U0 30	QS	464,50	4,700 N	2.183,15
1	50431	Jungbulle	DE0124010283	U– 30	QS	482,00	4,700 N	2.265,40
1	50433	Jungbulle	DE1406283673	U0 30	QS	468,50	4,700 N	2.201.95
1	50437	Jungbulle	DE1273594781	U– 30	QS	414,00	4,700 N	1.945,80
1	50440	Jungbulle	DE1406041588	U+ 3–	QS	492,00	4,700 N	2.312,40
1	50425	Jungbulle	DE1273551114	U– 3–	QS	424,00	4,700 N	1.992,80
1	50436	Jungbulle	DE1273594822	U– 3–	QS	417,50	4,700 N	1.962,25
1	50435	Jungbulle	DE1406041522	U0 30	QS	451,50	4,700 N	2.122.05
1	50439	Jungbulle	DE1273594773	U0 3–	QS	459,00	4,700 N	2.157,30
1	50432	Jungbulle	DE1406041591	U0 30	QS	500,00	4,700 N	2.350,00
1	50426	Jungbulle	DE1268618856	U0 3–	QS	497,00	4,700 N	2.335,90
1	50417	Jungbulle	DE0362169639	U– 30	QS	467,00	4,700 N	2.194,90
1	50429	Jungbulle	DE1082636012	U– 30	QS	445,50	4,700 N	2.093,85
1	50427	Jungbulle	DE1082636014	U0 30	QS	464,50	4,700 N	2.183,15
1	50428	Jungbulle	DE0770909679	U– 3–	QS	468,00	4,700 N	2.199,60
1	50424	Jungbulle	DE1306282510	U– 3–	QS	457,00	4,700 N	2.147,90
1	50430	Jungbulle	DE0360415668	R+ 30	QS	462,50	4,700 N	2.173,75
1	50418	Jungbulle	DE0540509476	R+ 3–	QS	440,00	4,700 N	2.068,00
1	50422	Jungbulle	DE0541205623	R+ 3–	QS	381,50	4,700 N	1.793,05
1	50420	Jungbulle	DE0540512511	R0 3–	QS	370,50	4,700 N	1.741,35
1	50423	Jungbulle	DE1306282527	R+ 30	QS	421,50	4,700 N	1.981,05
24						**10.822,50**	**50.865,75**	**50.865,75**
Gebühren								
24,00 Stück		Vorkosten					–35,000N	–840,00
								–840,00

Abbildung 1: Schlachtabrechnung von Max

6 Um die Wirtschaftlichkeit des Betriebszweigs „Bullenmast" ermitteln zu können, ist die Berechnung des Deckungsbeitrags unumgänglich.

a Notieren Sie Beispiele für verschiedenen Positionen des Deckungsbeitrags in der Bullenmast.

Marktleistungen sind:

Variable Kosten sind:

b Erklären Sie die Besonderheit der Grundfutterkosten im Deckungsbeitrag bei der Bullenmast.

c Berechnen Sie den Deckungsbeitrag mit folgenden Angaben.

Tabelle 1: Deckungsbeitragsberechnung Bullenmast

Bullenpreis (geschlachtet)	3,69 €/kg
Verrechnungsgewicht (SG)	413,5 kg
Wirtschaftsdüngerwert	81,90 €
Kälber-/Fresserkosten	516,90 €
Aufzuchtkosten	132,91 €
Kraftfutter	359,67 €
Tierarzt/Medikamente	29 €
Wasser, Energie	23 €
Variable Maschinenkosten	30 €
Grundfutterkosten	290 €

Schlachterlös:	
Wirtschaftsdüngerwert:	
Summe Marktleistung:	
Kälber-/Fresserkosten:	
Aufzuchtkosten:	
Kraftfutter:	
Tierarzt/Medikamente:	
Wasser, Energie:	
Variable Maschinenkosten:	
Summe variable Kosten:	
DB 1:	
DB 2:	

d Kalkulieren Sie exemplarisch den Deckungsbeitrag eines kürzlich geschlachteten Tieres Ihres Betriebes. Verwenden Sie dazu Online-Tools Ihrer Region (z. B. LfL).

7 a Recherchieren und interpretieren Sie den Preis von Bullenfleisch zwischen August und Februar des aktuellen Jahres.

Tabelle 1: Preise für Bullenfleisch aus konventioneller und ökologischer Erzeugung

Monat	August	September	Oktober	November	Dezember	Januar	Februar
Konventionell							
Öko-Landbau							

Interpretation:

b Übertragen Sie die ermittelten Preise für konventionell erzeugtes Bullenfleisch von August bis Februar in ein Tabellenkalkulationsprogramm und erstellen Sie ein geeignetes Diagramm.

Situation

Ein befreundeter Nebenerwerbslandwirt (NL) möchte in die Fleischdirektvermarktung einsteigen. Er plant zukünftig dreimal im Jahr ein Rind zu schlachten und selbst zu vermarkten. Er unterhält sich mit Ihnen darüber und stellt folgende Fragen.

Abbildung 1: Landwirt vor seiner Rindergruppe – kurz vor der Schlachtung

8 Entwickeln Sie zu den Fragen passende Antworten im Chat-Verlauf.

NL: Ich will meine Rinder direkt am Hof schlachten und dann vermarkten, ohne dass mir da jemand reinpfuscht. Geht das?

Sie:

NL: Was ist denn Lohnschlachtung, und wo liegen die Vorteile?

Sie:

NL: Mit welcher Rasse kann ich meine Fleischqualität aufwerten, und warum ist sie dann besser?

Sie:

NL: Wie erfahren die Kunden, dass ich Fleisch ab Hof verkaufe?

Sie:

NL: Was mache ich, wenn die Kunden nur das Filet möchten?

Sie:

NL: Mit welcher Fleischmenge kann ich rechnen?

Sie:

NL: Und welche Fleischteile bzw. Produkte kann ich vom Bullen verkaufen?

Sie:

3 Anhang

3.1 Glossar

Fachbegriff	Erklärung
A	
Abferkelquote	Wie viele tragende Sauen ferkeln ab?
Additiven	Chemische Zusatzstoffe in Pflanzenschutzmitteln, die die Anlagerung und Verteilung der PSM an der Pflanze (z. B. durch die Verringerung der Oberflächenspannung) verbessern sollen.
ADF **ad libitum**	Acid-Detergent-Fiber; Säuredetergenzfaser nach Belieben
ADP	Adenosindiphosphat; Energieträger, der in Zellen bereitgestellt wird
adult	lateinisch „erwachsen"
aerob	Stoffwechselprozesse von Zellen oder Organismen, die in Gegenwart von Luft-Sauerstoff ablaufen
Agalaktie	Milchmangel
Akarizide	Pestizide oder Biozide zur Bekämpfung von Milben und Zecken
Altrenogest	Hormon, das den Geschlechtscyclus stoppt.
Altsauen	Sauen nach dem ersten Wurf
anaerob	Leben ohne Sauerstoff
Androsteron	ein im Hoden gebildeter Sexuallockstoff
Aphis fabae	Schwarze Bohnenblattlaus/Rübenblattlaus
Assimilation	anabole Stoff- und Energiewechsel von Lebewesen unter Umwandlung fremder anorganischer und organischer Stoffe aus der Umwelt (unter Energieverlust)
Atmung	Dissimilation
ATP	Adenosintriphosphat, Energieträger in lebenden Organismen
B	
Bakterizide	chemische Stoffe, die Bakterien abtöten
BBCH	Biologische Bundesanstalt, Bundessortenamt und chemische Industrie und dient der Bestimmung von Entwicklungsstadien von Kulturpflanzen
bereinigter Mehrertrag	Ertragssteigerung durch Pflanzenschutzmaßnahmen (Fungizid, Insektizid o. ä.) multipliziert mit dem Erlös, abzüglich der Kosten für die Anwendung (Ausbringkosten, Mittelkosten u.ä)
Besamungspeak	Zeitdauer der höchsten Befruchtungsfähigkeit; beginnt direkt nach der erfolgreichen Stimulation und dauert 5 bis 15 Minuten

Big Bag	Verpackungseinheit (z. B. Hybridroggen: 12 Mio. keimf. Körner)
Bodenerosion	Ablösung; Den Transport und die Ablagerung von Bodenmaterial betreffend.
Bodenhorizont	Bereich innerhalb eines Bodens, der einheitlich ähnliche Merkmale und Eigenschaften besitzen. Dieser wird durch unterschiedliche Bereiche nach oben oder unten abgegrenzt.
Bodentypen	unterschiedliche Erscheinungsform von Böden
Brassica napus	Raps
Brunstinduktion	Hormonelle Einflussnahme auf den Brunstzyklus, um den Besamungszeitpunkt zu steuern.
C	
Cercospora beticola	Blattfleckenkrankheit
Chaetocnema concinna	Erdfloh
Chlorosen	Aufgrund von Chlorophyllmangel bedingtes Krankheitsbild (Bleichsucht)
Closed-Herd	„geschlossene Herde", d. h. kein Tierzukauf, eigene Reproduktion
Criss Cross	Wechselkreuzung
D	
DANN	Deutscher Normenausschuss
Deckzentrum	Stallbereich, in denen die Sauen untergebracht sind, die zur Besamung anstehen. Die Sauen werden nach dem Absetzen hierhergebracht und bleiben dort in der Regel bis nach der Trächtigkeitskontrolle, also ca. 28 Tage.
Dehydrierung	Vertrocknung
Diffusion	Prozess, der zum Ausgleich von Konzentrationsunterschieden führt. Verursacht wird dieser durch die Eigenbewegung der Stoffteilchen.
diploid	einen doppelten Chromosomensatz aufweisend
Dissimilation	katabolischer Stoff- und Energiewechsel unter Abbau von bspw. Fetten und Kohlenhydraten (meist unter Energiegewinnung)
Domestikation	Innerartlicher genetischer und verhaltensbiologischer Veränderungsprozess von Wildtieren/Wildpflanzen durch den aktiven Einfluss des Menschen
dominant	vorherrschend
DON – Deoxynivalenol	Mykotoxin aus der Gruppe der Trichothecene; Pilze, der Gattung Fusarium und findet sich v. a. im Getreide (Weizen, Mais, Gerste, Hafer oder Roggen;
drenchen	Zwangsfütterung
Durumweizen	Hartweizen

E	
Ejakulat	Spermienenthaltende Flüssigkeitsmenge bei einer Absamung/bei einem Sprung.
ektoparasitär	lebt auf der Oberfläche seines Wirtes
elektronisches Beizverfahren	Saatgut wird mit energiereichen Elektronen beschossen; Diese zerstören die Molekülketten der Pathogene wie Pilzsporen, Bakterien oder Viren und töten sie dadurch. Hierbei werden lediglich die Pathogene erreicht, die an oder unter der Samenschale sind. Sofern das Pathogen z. B. im Mehlkörper des Kornes liegt, bleibt möglicherweise die Wirkung aus.
endoparasitär	„Innenschmarotzer" – leben im Inneren von Organismen (z. B. Darmparasiten).
Endstufeneber	liefern vor allem gute Mast- und Schlachtleistungen
Enrichment	Beschäftigungskonzept von Tieren in Gefangenschaft
Erucasäure	einfach ungesättigte Fettsäure (Omega-9-Fettsäure); befindet sich in größeren Mengen in den Samen der Kreuzblütlern (Brassicaceae); d. h. z. B. alte Rapssorten; ernährungsphysiologisch problematisch, deshalb strebt man möglichichst erucasäurearme/ -freie Sorten an.
Eutrophierung	Übermäßiger Eintrag von Nährstoffen durch das Abschwemmen von Boden
Explorationsverhalten	Erkundungsverhalten
F	
Fahrgassen	Fahrweg innerhalb einer landwirtschaftlichen Nutzfläche um Pflegemaßnahmen durchzuführen
Ferkelindex	Anzahl lebend geborene Ferkel pro 100 besamte Sauen
Flankengriff	Kniefalte der Sau mehrmals kräftig nach oben „reißen"
Flatdeck	Ferkelaufzuchtstall
Flushing-Fütterung	Futterveränderung aller Art, z. B. Zuckerzulage, Eiweißzulage, komplette Futterenzug, u. v. m.
Follikelstimulierendes Hormon (FSH)	Stimuliert das Wachstum und die Reifung von Folikeln im Eierstock
Fotosynthese	physiologischer Prozesse, indem von lichtabsorbierenden Pflanzenfarbstoffen wie Chlorophyll Lichtenergie in chemische Energie umgewandelt wird.
Fruchtfolge	Zeitliche Abfolge von landwirtschaftlichen Kulturen auf einem Schlag über mehrere Vegetationsperioden.
Fumonisin	Mykotoxine; wird von Fusarium-Arten gebildet;
Fungizide	chemischer oder biologischer Wirkstoff, um Pilzsporen abzutöten
Futterverwertung	Futteraufwandmenge in kg für ein kg Zuwachs

G	
generative Vermehrung	geschlechtliche Vermehrung
Gesteinsmetamorphose	Gesteinsumwandlung
Getreideschädlinge	Ernähren sich von den Getreidekörnern (Früchten)
Glucosinolate	Senfölglycoside; schwefel- und stickstoffhaltige chemische Verbindungen, die aus Aminosäuren gebildet werden (secundäre Pflanzenstoffe); bilden den bitteren Geschmack in Gemüse;
GMV	Gelb Mosaik Virus
Gonadotropin-Releasing-Hormon (GnRH)	Fördert die Bildung weiterer Sexualhormone wie FSH und LH
H	
Herbizide	Unkrautbekämpfungsmittel
Heterosis Effekt	Er wird in der Hybridzüchtung genutzt. Die Hybride, die aus der Kreuzung zweier Inzuchtlinien hervorgehen, sind leistungsfähiger als die Eltern: Sie sind vitaler, größer oder widerstandsfähiger. Bei den Nachkommen dieser Hybride tritt der Heterosiseffekt nicht mehr auf.
heterotrophe Pflanzen	fremdernährende Pflanzen
HRAC	Herbicide Resistance Action Committee (Verbund verschiedener Unternehmen, um Maßnahmen gegen Herbizidresistenzen zu entwickeln)
Hybride	Aus „verschiedenartigem von zweierlei Herkunft" zusammengestetzt; Bei Pflanzensorten, die aus immer gleichen definierten Inzuchtlinien zusammengesetzt sind, spricht man von Hybridsorten. Hybride haben den Vorteil, über die genetisch unterschiedlichen Eltern mit einem breiteren Repertoire verschiedener genetischer Informationen ausgestattet zu sein, wodurch sich die so genannte Heterosis (Bastardwüchsigkeit) erklären lässt
Hybridzüchtung	Kreuzung zweier genetisch unterschiedlicher Inzuchtlinien; Inzuchtlinien sind homozygot; Hier sind die homologen Chromosomen reinerbig sind; Diese F1 Generation werden Hybride genannt;
I	
Insektizide	Pestizide, um Insekten zu Vertreiben, deren Entwicklungsstadien zu hemmen oder gar abzutöten.
Intermediär	„dazwischen liegend" – Eine Ausprägung des Merkmals bei Nachkommen ist eine Mischung aus Merkmalen beider Elternteile
Internodien	Zwischenknotenstücke
J	
Jungsauen	Sauen, die zum ersten Mal besamt werden bis einschließlich der Säugezeit des ersten Wurfes

K	
Kastraten	kastrierte, männliche Schweine
Kohlenstoffassimilation	Kohlenstofffixierung in Organismen
Kolostrum	Biestmilch/Klostralmilch/Vormilch
Komfortverhalten	Aktivitäten eines Tieres, die mit Körperpflege zu tun haben
Kuhsignale	Reaktionen der Kuh, um Informationen über Gesundheit, Wohlbefinden, Ernährung und Leistungsfähigkeit abzuleiten.
L	
Lebendverbauung	Mikroorganismen des Bodens und andere, begünstigende Gefügeformen, welche anorgansiche Bodenteilchen verleben und die Bodenkrümel umspannen.
Liniensorten	Zwei Elternlinien mit gewünschten Eigenschaften werden gekreuzt; Aus den Nachkommen werden reinerbige Pflanzenlinien entwickelt;
Lokomotionsverhalten	Bewegungsverhalten (gehen,laufen,…)
Löss	Löss besteht vorwiegend aus Schluff, der meist durch Wind abgelagert wurde und ist überwiegend in gemäßigten Klimazonen zu finden. L. ist ein ackerbaulicher günstiger Ausgangsboden.
Luteinisierendes Hormon (LH)	Bewirkt die Endausreifung des Follikels
Lux	SI-Einheit der Beleuchtungsstärke
M	
Madigan-Squeez-Technik	Schnürtechnik zur Nachstellung des Drucks bei der Kalbung, dadurch soll ein „Neustart" des Kalbes simuliert werden
Magmatite	Durch abgekühlte Magma aufgestiegenes Gestein.
Maltase	Enzym, welches Maltose in Glucose spaltet
manuell	Von Hand ausführen
Mastitis	Gesäugeentzündung, Entzündung des Eutergewebes und der Milchdrüsen; bakterielle Infektion
maternal	mütterlicherseits
Meiose	Reifeteilung bei der geschlechtlichen Fortpflanzung, um den Chromosomenbestand bei der Verschmelung des männlichen und des weiblichen Zellkerns während der Befruchtung zu halbieren.
Metamorphite	Veränderungen eines Gesteins in der Erdkrust durch beispielsweise des Umgebungsdruckes oder der Temperatur.
Methionin (Met)	essenzielle Aminosäure
Metritis	Gebärmutterentzündung

MFA	Magerfleischanteil im gesamten Schlachtkörper
Mikroorganismen	mikroskopisch kleiner, einzelliger oder tierischer Organismus (z. B. Bakterien)
Mikrotubuli	Spindelapparat
mischerbig	Synonym heterozygot; zwei Unterschiedliche Allele eines Gens auf den beiden homologen Chromosomen
Mitochondrien	Kraftwerk der Zelle, indem die ATP (Adenosintriphosphat)-Produktion stattfindet.
Mitose	Teilung des Zellkerns durch Entstehung zweier Tochterzellen mit gleicher genetischer Information
Molluskizide	Chemisches Mittel, das Weichtiere (z. B. Schnecken) tötet.
monetär	Tatsächlicher Geldwert
monogerm	einkeimig
Monokultur	Anbau einer einzigen Pflanzenart (Reinkultur)
Mutation	Dauerhafte Veränderung des genetischen Materials der Zelle; Spontan oder künstlich erzeugt
Mykoplasmen	Zellwandlose Bakterien
Mykotoxine	Schimmelpilzgifte; sekundäre Giftstoffe aus Pilzen
Myzel	Die Gesamtheit der fadenförmigen Zellen (Hyphen) eines Pilzes oder Bakteriums.
N	
Nahinfrarot-Spektroskopie (NIRS)	Verfahren ermittelt den Nährstoffgehalt in flüssigen Wirtschaftsdüngern
Nährstoffäquivalenz	Nettoenergie-Erhaltung ist ohne stofflichen Bezug und drückt die Äquivalenz zur Bruttoenergie der in den Energieumsatz eingespeisten Körpernährstoffen.
NDF	Neutral-Detergent-Fiber; neutrale Detergenzfaser
NDF_G	NDF aus Grobfutter
Nekrosen	Absterben bzw. Tod mehrer Zellen.
Nematizide	Pestizid, um Fadenwürmer (Nematoden) abzutöten.
Nematoden	Gehören zur biologischen Klasse der Fadenwürmer;
nFK	nutzbare Feldkapazität
nutzbare Feldkapazität	Wassermenge, die in Boden pflanzenverfügbar speichern kann.

O	
Ödeme	Wassereinlagerungen im Gewebe
oral	über das Maul verabreicht
Östrogen	Weibliches Sexualhormon
Ovulation	Eisprung; Zeit der höchsten Fruchtbarkeit eines Tieres
Oxytocin	Hormon, Botenstoff im Hirn, wird zum Beispiel beim Melken ausgeschüttet
P	
Parasiten	Organismus, der sich von anderen Lebewesen (Wirt) ernährt oder diese zu Fortpflanzungszwecken nutzt.
paternal	Lateinisch „väterlich"
Pathologie	Untersuchung einer Krankheit bezüglich Entstehung, Verlauf und Auswirkungen auf die Gesundheit.
Pedogenese	Bodenbildung/Prozess der Entstehung des Bodens
Pepsin	Verdauungsenzym; für den Abbau von Nahrungseiweißen zuständig
Persistenz	Die Dauer eines bestimmten Zustandes über eine längere Zeit;
Pestizide	Chemikalie, die lästige oder als schädlich angesehene Lebewesen vertreibt, tötet oder deren Entwicklung hemmt.
P-Generation	Parentalgeneration/Elterngeneration
pH-Wert	Maß für den saueren oder basischen Charakter einer wässrigen Lösung.
phänologische Jahreszeiten	Vorfrühling, Erstfrühling, Vollfrühling, Frühsommer, Hochsommer, Spätsommer, Frühherbst, Vollherbst, Spätherbst, Winter
Phänotyp	Äußeres Erschinungsbild; gezeigte Leistung
phänotypisch	Erscheinungsbild, das Aussehen betreffend
Phloem	Siebteil, dieses umfasst die Siebelemente (assimilatleitenden Zellen) eines Leitbündels in der Pflanze.
photoautotrophen Pflanzen	selbsternährende Pflanzen mit Sonnenlicht
Phytase	Gruppe von Enzymen; bauen Phytinsäure ab und setzen damit Phosphat freit
Phytotherapie	Pflanzenheilkunde oder Kräutermedizin
Pig-Port-Stall	Bauart eines Außenklima-Schweinestalls
Plutonite	Tiefengestein. Entsteht durch Erstarrung innerhal der Erdkruste.
PMSG	Hormon, das die Follikelreifung stimuliert und hierdurch den Brunsteintritt fördert. Wirkt wie das körpereigene FSH.
Porung	Porengrößenverteilung im Boden. Porengrößen und -formen hängen von der Bodentextur und dem Bodengefüge ab.
praecaecal-verdauliche	pcv-Form

Primärschädlinge	Ernähren sich von den Getreidekörnern (Früchten) – Ratten, Mäuse, Kornkäfer
Probiotica	Ein Produkt, welches lebende Mikroorganismen enthält.
Produktionsfaktoren	Güter und Dienstleistungen, die zur Erstellung von Gütern und Dienstleistungen kombiniert werden, um landwirtschaftliche Güter herzustellen. Die Hauptproduktionsfaktoren in der Landwirtschaft sind Boden, Arbeit und Kapital.
Progesteron	Sexualhormon; wird vom Gelbkörper gebildet; während der Trächtigkeit in höheren Mengen von der Plazenta gebildet; regt das Wachstum der Gebärmutterschleimhaut an und bereitet diese auf die Einbettung einer befruchteten Eizelle vor.
Prolactin	Hormon, beteiligt an der Milchbildung.
prophylaktisch	vorbeugend
Prostaglandin (PGF 2x)	Löst die Geburt aus und „startet" den Eierstockzyklus wieder
Prüfeber	Bei erfolgreichem Prüfergebnis zukünftiger Zuchteber
Pseudogley	Klasse der Stauwasserböden. Dieser Bodentyp ist durch den Wechsel jahreszeitlicher Staunässe und Austrocknung geprägt („Stauwasserboden").
PSM	Pflanzenschutzmaßnahmen
Pufferkapazität	Ist die Menge an Säure oder Base, die von einem Puffer ohne wesentliche Änderung des pH-Werts abgefange nwerden kann;
R	
Rehe (Krankheit)	(Laminitis) bei Huftieren auftretende Krankheit; Entzündung der Huflederhaut; Hufkapsel löst sich von der Lederhaut ab.
reinerbig	Beide Allele eines Individuums für ein bestimmtes Merkmal sind gleich.
Remontierungsrate	Bestandsergänzungsrate = wie viele von 100 Produktionssauen werden jährlich ersetzt?
Repellent	Wirkstoff, der über den Geruchssinn oder den Geschmackssinn wahr-/aufgenommen wird, um einen Organismus zu vertreiben.
Resorption	Stoffaufnahme in biologischen Systemen
Restistenzen	Widerstandsfähigkeit eines Lebewesens gegenüber schädlicher Einflüsse (Krankheiten, Schädlinge, Klima, u. v. m.)
rezessiv	zurücktretend; nicht in Erscheinung tretend
Rhizoctonia solani	Wurzeltöterkrankheit od. Weißhosigkeit
RNA	Ribonukleinsäure; Umsetzung von genetischer Information in Proteine
Rodentizide	Chemisches Mittel zur Bekämpfung von Nagetieren.
Rotlauf	(Erysipel) = bakterielle Infektion/Entzündung der oberen Hautschichten und Lymphwege. Erscheint als scharf abgrenzende flächenhafte starke Rötung.

S	
Saccharose	Zweifachzucker aus Glucose und Fruktose; Kristallzucker; Haushaltszucker;
Saugferkelverlust	Alle Ferkel, die während der Säugezeit sterben oder getötet werden müssen sollten unter 15 % liegen
Schadschwellen	Befallsdichte mit Schaderregern, Krankheiten oder Unkräutern, ab denen eine Bekämpfung wirtschaftlich sinnvoll ist.
Schalmtest	Test zur Überprüfung der Zellzahl in der Milch jedes Euterviertels; gibt Hinweis auf eine Mastitis;
Sclerotinia trifoliorum	Kleekrebs
Sedimente	Organische und/oder mineralische Lockermaterialien die auf dem Land oder am Grund von Gewässern abgelagert werden.
Sekundärschädlinge	Ernähren sich nicht von den Getreidekörnern (Früchten), sondern von z. B. Schimmelpilzen auf den Körnern (z. B. Hefekäfer)
Selektion	Auswahl, Auslese; Natürlich durch Anpassung oder künstlich durch Menschen oder Zucht
Sikkation	Austrocknung; Kulturpflanzenbestände werden mit Sikkanten zum Zwecke der Abreifebeschleunigung abgetötet.
Skatol	ein bakterielles Abbauprodukt von Tryptophan im Dickdarm; Ist für den Ebergeruch beim Fleisch verantwortlich
Soapstock	Seifenstock oder Stock; Hinweis darauf, dass das betreffende Futtermittel Bestandteile aus dem Herstellungsprozess wie z. B. Öle, Fette, Lecithin, Fasern… enthält.
Solanin	schwach giftige chemische Verbindung; kommt in Nachtschattengewächsen vor; Glykoalkaloidgehalt der Kartoffel
Spaltungsregel	2. Mendlesche Regel: Aufspaltung der Merkmale bei Nachkommen mit gleichen, mischerbigen Merkmalen
Stallbrache	Stall ohne Belegung
Staphylokokken	Kugelförmiges Bakterium; Krankheitserreger bei Mastitis
Stimulations- oder Besamungspeak	Zeitdauer der höchsten Befruchtungsfähigkeit; beginnt direkt nach der erfolgreichen Stimulation und dauert 5–15 Minuten
Stomata	Spaltöffnungen
Stoppelhygiene	sorgfältige Stoppelbearbeitung in min. 3 Arbeitsschritten: 1. Bearbeitungsschritt: 3–5 cm tief direkt nach der Strohabfuhr bzw. nach der Ernte, 2. Bearbeitungsschritt: 7–10 Tage später 7–10 cm tief, 3. Bearbeitungsschritt: 7–10 Tage später min. 12 cm tief, ggf. kombiniert mit Zwischenfruchtaussaat über Schneckenkornstreuer
Streptokokkus uberis	Stäbchenförmiges Bakterium; Krankheitserreger bei Mastitis
sXF	strukturierte Rohfaser
systemische Herbizide	Herbizid wirkt erst nach der Aufnahme in der Pflanze (z. B. Wurzelherbizid, Blattherbizid)

T	
tapen (getaped)	Pflasterverband
Technopathien	Erkankungen bzw. Körperschäden an Tieren aufgrund von Haltungsbedingungen
Tensid	bewirkt die Herabsetzung der Oberflächenspannung einer Flüssigkeit, hilfreich um zwei nicht miteinander mischbare Flüssigkeiten miteinander mischen zu können (z. B. Wasser und Öl); dient auch als waschaktive Substanz, die in Shampoos, Reinigungsmittel etc. enthalten ist.
Threonin (Thr)	eine essentielle Aminosäure, wichtig in der Schweine- und Hühnerfütterung
Tierschutz-Nutztier-Haltungsverordnung	Rechtliche Vorschriften zur Haltung von Landwirtschaftlichen Nutztieren
TKM	Tausendkornmasse
TM-Gehalt	Trockenmasse-Gehalt
Toleranz	begrenzte Widerstandsfähigkeit eines Organismus gegenüber äußeren Einwirkungen
Totwasser	Wasser, dass durch Kapillarität im Gestein so fest gebunden wird, dass es nicht für Pflanzen verfügbar ist.
Trächtigkeitsrate	gibt den prozentualen Anteil aller Erstbesamungen an, welche gleich bei der ersten Besamungen trächtig geworden und auch geblieben sind
Transportrausche	Sie tritt 2–3 Tage nach der Ankunft im Betrieb auf und wird durch den Transportstress ausgelöst
Trichogramma	Schlupfwespe
Trichomonas foetus	Auslöser für Fruchtbarkeitsstörungen
Trypsin	eine essentielle Aminosäure, wichtig in der Schweine- und Hühnerfütterung
Tryptophan (Trp)	eine essentielle Aminosäure, wichtig in der Schweine- und Hühnerfütterung
Twin hutches	Kälberiglus mit ausreichend Platz für 2 oder 3 Kälber zur Haltung der Kälber in den ersten Lebenswochen
U	
Umrauscherquote	prozentuale Anteil aller Zuchtsauen, die nach der Besamung nochmal Brunstsymptome zeigen und ein weiteres Mal besamt werden müssen
Uniformitätsregel	1. Mendelsche Regel; Kreuzt man zwei Individuen einer Art, die in einem Merkmal unterschiedlich, aber jeweils reinerbig sind, so sind die Nachkommen in der *F*1-Generation in diesem Merkmal alle gleich.

V	
var. – varietas	Varietät – Unterart
vegetative Vermehrung	ungeschlechtliche Vermehrung
Vernalisation	spezifische Förderung der Blütenbildung einer Pflanze durch eine Kältebehandlung
Vormilch	ist das Vorgemelk, welches beim Anrüsten einer Milchkuh anfällt und nicht abgeliefert wird
Vorstufeneber	Vorstufeneber werden ausschließlich in der Zucht- und Vermehrungsstufe eingesetzt
Vorwinterentwicklung	Entwicklung von Wintergetreide bis zum Wintereinbruch. Zum Beispiel: Erreichen des Rosettenstadiums bei Raps. Beschreibt eine mögliche Anfälligkeit im Winter.
Vulkanite	vulkanisches Gestein, Erguss oder Eruptionsgestein. Bildung aus vulkanischer Aktivität durch rasche Abkühlung an der Oberfläche.
W	
Weender-Analyse	gängiges Verfahren um die Nährstoffe in einem Futtermittel bestimmen zu können
WOLKEN	Wolke-Schema steht für fün zu überprüfende Punkte in Bezug für die Einsatzbereitschaft eines Fahrzeugs; W (Wasser); O (Öl); L (Luft); K (Kraftstoff); E (Elektrik); N (Notfallmittel)
X	
XF	Rohfaser
XP	Rohproteingehalt
Xylem	Holzteil im Leitgewebe. Dient als Stützgewebe und zum Transport von Wasser und anorganischen Salzen.
Y	
Y-Virus	Potato Virus Y
Z	
Zearalenon	ZEA oder ZON; Mykotoxin, zählt zu der Stoffgruppe der Fusarium-Toxine

3.2 Arbeitsblattvorlagen

Tierische Erzeugung Anhänge

Steckbrief I

https://vel.plus/
LSLAWI31

Steckbrief

Foto

Krankheit

Ursache/Erreger

Symptome

Behandlungsmöglichkeiten

Präventive Maßnahmen

Steckbrief

Foto

Krankheit

Ursache/Erreger

Symptome

Behandlungsmöglichkeiten

Präventive Maßnahmen

© 2024 Verlag Europa-Lehrmittel Nourney, Vollmer GmbH & Co KG, Haan-Gruiten. Alle Rechte Vorbehalten.

Steckbrief II

https://vel.plus/
LSLAWI32

Steckbrief

Foto

Bezeichnung

Krankheit

Ursache/Erreger

Symptome

Vorbeugung / Behandlungsmöglichkeiten

Hinweis für den Landwirt

Steckbrief

Foto

Bezeichnung

Krankheit

Ursache/Erreger

Symptome

Vorbeugung / Behandlungsmöglichkeiten

Hinweis für den Landwirt

© 2024 Verlag Europa-Lehrmittel Nourney, Vollmer GmbH & Co KG, Haan-Gruiten. Alle Rechte Vorbehalten.

Rationsberechnungstabelle – Schweineproduktion

S. 54, 159

https://vel.plus/LSLAWI33

		Nähr- u. Mineralstoffgehalt in 1000 g Trockenmasse (TM)									Nähr- und Mineralstoffgehalte in der Ration (TM)								
FM kg	**Futter-art**	TM g/kg	XF g	aND-Fom (Grobf.) g	nXP g	ME MJ	Ca g	P g	Mg g	Na g	TM kg	XF g	aND-Fom (Grobf.) g	nXP g	ME MJ	Ca g	P g	Mg g	Na g
Summe TM, Nähr- und Mineralstoffgehalte Ration:																			
											ME je kg TM								
											Rohfaser (Grobf.) in %								
											aNDFom (Grof.) in %								

 © 2024 Verlag Europa-Lehrmittel Nourney, Vollmer GmbH & Co KG, Haan-Gruiten. Alle Rechte Vorbehalten.

Sortier-Übungs-Schablone – Schweineproduktion

S.77

Sortierübung		
im Betrieb:	in:	
Hygiene-Auflagen: (Betriebsfremde) Teilnehmer müssen 2 Tage „schweinefrei" sein; Frisch gewaschene Stallkleidung; Gereinigte und desinfizierte Schuhe bzw. Stiefel		
Sonstiges: Schreibbrett, Kuli		

Berechnung des Sortiergewichts-Korridors		
1.	Sortiertag[1]:	Uhrzeit[1]:
2.	Abholtag[1]:	Uhrzeit[1]:
3.	Gelte: ___ , Börge ___ oder Jungeber ___ ?[1]	
4.	Verkaufstermin dieser Schlachtschweinegruppe[1]: 1: _____ 2: _____ 3: _____ Oder _____ .	
5.	Ziel-Schlachtgewicht am Abholtag[1]:	
6.	Ausschlachtung des Betriebes[1]:	
7.	Ziel-Verladegewicht (nüchtern) am Abholtag[2]:	
8.	Tägliche Zunahmen gegen Mastende[1]:	
9.	Tage vom Sortieren bis zum Abholen[2]:	
10.	Zuwachs vom Sortiertag bis zum Abholtag[2]:	
11.	Ziel-Lebendgewicht (nüchtern) am Sortiertag[2]:	
12.	Nüchterungszeit[1]:	
13.	Zuschlag wegen Magen-Darm-Inhalt[2]:	
14.	Ziel-Lebendgewicht (satt) am Sortiertag[2]:	
15.	Verkaufsintervall[1]:	
16.	Zuwachs im Verkaufsintervall[2]:	
17.	Ziel-Lebendgewichts-Korridor (satt) am Sortiertag[2]:	

Heutiger Sortiertag		
Tage vor dem Wiegetag:		Tage nach dem Wiegetag:
– kg Zuwachs:		+ kg Zuwachs:
kg LG (satt):	kg LG (satt)[3]:	kg LG (satt):

Voraussichtlicher Schlachtgewichtkorridor am Abholtag		
Tage vor dem Abholtag: – kg Zuwachs:		Tage nach dem Abholtag: + kg Zuwachs:
kg (nüchtern):	kg Zielverladegewicht[4] (nüchtern):	kg (nüchtern):
% Ausschlachtung (As) :	% As:	% As:
kg Schlacht-Gewicht (SG):	kg SG:	kg SG:

© 2024 Verlag Europa-Lehrmittel Nourney, Vollmer GmbH & Co KG, Haan-Gruiten. Alle Rechte Vorbehalten.

Wirtschaftlichkeitsberechnung Schweinemast anhand konkreter betrieblicher Daten

S. 96 f.

Betrieb: ______________________________

Geschlecht der gemästeten Tiere: ______________________________

1. Einflussgrößen und Leistungsdaten

Ferkelpreis	€/25-kg-Ferkel	
Ferkelpreis-Zuschlag	bis 30 kg €/kg > 30 kg €/kg	
Einstallgewicht	kg	
Einstallgewicht	kg	
Zuwachs	kg	
Tägliche Zunahmen	g	
Mastdauer (im Ø)	Tage	
Futterverwertung (FVW) ...kg Futter : 1 kg Schwein		
Futterverbrauch	kg/Tier/Tag	
Futterverbrauch	kg/Schwein	
Futterpreis	€/dt	
Futterkosten	€/kg Zuwachs	
Tierverluste	%	
Gülle-Entsorgungskosten Annahme: ______ m^3 Gülle/Schwein davon werden ______ % für ______	€/Mastschwein €/m^3 entsorgt	
Umtriebe	pro Mastplatz	
Ausschlachtung	%	
Muskelfleischanteil	%	
Arbeitszeit	Akh/Mastplatz	
Stallplatzkosten (Gebäude + Technik in den vorhandenen Beständen)	€/Mastplatz	
Lohnansatz	€/Akh	

2. Erlös-Berechnung

Schlachtgewicht (SG)	kg/Schwein	
Erlös	€/kg SG	
Marktleistung	€/Tier	

© 2024 Verlag Europa-Lehrmittel Nourney, Vollmer GmbH & Co KG, Haan-Gruiten. Alle Rechte Vorbehalten.

3. Kosten-Berechnung

Ferkelzukaufs-Preis (inkl. Gewichts- + Qualitäts-Zuschläge)	€/Tier	
Futterkosten	€/Schwein	
Tiergesundheit	€/Schwein	
Tierverluste (55 % von der berechneten Marktleistung × % Tierverluste)	€/Schwein	
Energie (Strom + Heizung)	€/Schwein	
Wasser	€/Schwein	
Sonstige Direktkosten (QS, Tierseuchenkasse, Kadaverentsorgung...)	€/Schwein	
Unterhaltung + Reparaturen von Stall und Technik	€/Schwein	
Versicherungen	€/Schwein	
Gülle-Entsorgungskosten (siehe Tabelle bei Teilaufgabe a)	€/Schwein	
Direktkosten	€/Schwein	

4. Wirtschaftlichkeitsberechnung

Direktkostenfreie Leistung/Schwein		€	
Direktkostenfreie Leistung/Mastplatz		€	
Festkosten:	AfA (15 Jahre → 6,66... %)	€/Mastplatz	
	Zinsansatz (3 % von der Hälfte der Stallplatzkosten)	€/Mastplatz	
	Arbeitskosten	€/Mastplatz	
Summe Festkosten/Mastplatz		€	
Summe Festkosten/Mastschwein		€	
Überschuss über Faktorkosten[1]		€/Schwein	
		€/Mastplatz	
1) = Direktkostenfreie Leistungen/Mastschwein – Summe Festkosten/Mastschwein			
Produktionskosten (Vollkosten)		€/Mastschwein	
Produktionskosten (Vollkosten)		€/kg SG	

5. Ergänzende Parameter

© 2024 Verlag Europa-Lehrmittel Nourney, Vollmer GmbH & Co KG, Haan-Gruiten. Alle Rechte Vorbehalten.

Wirtschaftlichkeitsberechnung Schweinemast anhand konkreter betrieblicher Daten

Betrieb: ______________________________

Geschlecht der gemästeten Tiere: ______________________________

1. Einflussgrößen und Leistungsdaten

Ferkelpreis	€/25-kg-Ferkel	
Ferkelpreis-Zuschlag	bis 30 kg €/kg > 30 kg €/kg	
Einstallgewicht	kg	
Einstallgewicht	kg	
Zuwachs	kg	
Tägliche Zunahmen	g	
Mastdauer (im Ø)	Tage	
Futterverwertung (FVW) ...kg Futter : 1 kg Schwein		
Futterverbrauch	kg/Tier/Tag	
Futterverbrauch	kg/Schwein	
Futterpreis	€/dt	
Futterkosten	€/kg Zuwachs	
Tierverluste	%	
Gülle-Entsorgungskosten Annahme: ______ m^3 Gülle/Schwein davon werden ______ % für ______	€/Mastschwein €/m^3 entsorgt	
Umtriebe	pro Mastplatz	
Ausschlachtung	%	
Muskelfleischanteil	%	
Arbeitszeit	Akh/Mastplatz	
Stallplatzkosten (Gebäude + Technik in den vorhandenen Beständen)	€/Mastplatz	
Lohnansatz	€/Akh	

2. Erlös-Berechnung

Schlachtgewicht (SG)	kg/Schwein	
Erlös	€/kg SG	
Marktleistung	€/Tier	

© 2024 Verlag Europa-Lehrmittel Nourney, Vollmer GmbH & Co KG, Haan-Gruiten. Alle Rechte Vorbehalten.

3. Kosten-Berechnung

Ferkelzukaufs-Preis (inkl. Gewichts- + Qualitäts-Zuschläge)	€/Tier	
Futterkosten	€/Schwein	
Tiergesundheit	€/Schwein	
Tierverluste (55 % von der berechneten Marktleistung × % Tierverluste)	€/Schwein	
Energie (Strom + Heizung)	€/Schwein	
Wasser	€/Schwein	
Sonstige Direktkosten (QS, Tierseuchenkasse, Kadaverentsorgung...)	€/Schwein	
Unterhaltung + Reparaturen von Stall und Technik	€/Schwein	
Versicherungen	€/Schwein	
Gülle-Entsorgungskosten (siehe Tabelle bei Teilaufgabe a)	€/Schwein	
Direktkosten	€/Schwein	

4. Wirtschaftlichkeitsberechnung

Direktkostenfreie Leistung/Schwein		€	
Direktkostenfreie Leistung/Mastplatz		€	
Festkosten:	AfA (15 Jahre → 6,66... %)	€/Mastplatz	
	Zinsansatz (3 % von der Hälfte der Stallplatzkosten)	€/Mastplatz	
	Arbeitskosten	€/Mastplatz	
Summe Festkosten/Mastplatz		€	
Summe Festkosten/Mastschwein		€	
Überschuss über Faktorkosten[1]		€/Schwein	
		€/Mastplatz	
1) = Direktkostenfreie Leistungen/Mastschwein – Summe Festkosten/Mastschwein			
Produktionskosten (Vollkosten)		€/Mastschwein	
Produktionskosten (Vollkosten)		€/kg SG	

5. Ergänzende Parameter

© 2024 Verlag Europa-Lehrmittel Nourney, Vollmer GmbH & Co KG, Haan-Gruiten. Alle Rechte Vorbehalten.

Tiermeldekarte

S. 201

Registrier-Nr.	Ohrenmarkennummer

Angaben zum Kalb

1) Zutreffendes ankreuzen
2) Schlüsselzahl eintragen

Geburtsdatum: Tag | Monat | Jahr

Rasse [1]: Holstein Sbt. | Holstein Rbt. | Galloway | Charolais | Kreuzung Fleisch × Milch | Rasseschlüssel für Sonstige [2]

Geschlecht [1]: männl. | weibl.

Mehrlingsgeburt [1]

Ohrenmarke-Nr. der Mutter (oder ET-Träger): D E

DE-Ohrenmarke

oder

andere Ohrenmarke

Freiwillige Angaben

Kalbverbleib [2] | Kalbeverlauf [2] | ET-Kalb [1] | Nummer des Namens [2]

Datum	Unterschrift

© 2024 Verlag Europa-Lehrmittel Nourney, Vollmer GmbH & Co KG, Haan-Gruiten. Alle Rechte Vorbehalten.

Stallkarte

S. 28

Hygienemaßnahmen				
Datum	Reinigung	Desinfektion	Schadnager-Bekämpfung	Bemerkung (z. B. verwendete Mittel)

Einstallen								
Einstall-datum	Lieferant/ Erzeuger	Tierzahl	ø kg/Tier	Gesamt-Gewicht kg	Geschlecht			Bemerkung (z. B. Binneneber, Brüchlinge, sonstige Abnormalitäten, Einstallprophylaxe wie z. B. Schaumreinigung der Ferkel, Sortierung nach Größe? …)
					Gelte	Börge	Eber	

Während der Mast							
Verluste			Krankheiten				Besonderheiten
Datum	Anzahl	Ursache	Datum	Anzahl	Tiere/Buchten-Nr.	Medikamentierung	

Ausstallen						
Datum	Abnehmer	Tierzahl	ø kg/Tier	Tatoo-Nr.	Restbestand	Sonstiges (z. B. Verbleib der restl. Tiere, Wartezeiten nach Medikamenten-Einsatz, Verluste, Verlust-Ursachen…)

© 2024 Verlag Europa-Lehrmittel Nourney, Vollmer GmbH & Co KG, Haan-Gruiten. Alle Rechte Vorbehalten.

Dokumentation Arbeitsablauf

S.228

Arbeitsaufgabe: ______________________________

Name: ______________________________

Materialien:		
Arbeitssicherheit:		
Vorbereitung:		
Handlungsschritte:		
Beurteilung der Arbeit:	🙂	🙁

© 2024 Verlag Europa-Lehrmittel Nourney, Vollmer GmbH & Co KG, Haan-Gruiten. Alle Rechte Vorbehalten.

Dokumentation Arbeitsablauf

S. 228

Arbeitsaufgabe: Anrühren eines Milchaustauschers

Name: ______________________________

Materialien:		
Arbeitssicherheit:		
Vorbereitung:		
Handlungsschritte:		
Beurteilung der Arbeit:	☺	☹

© 2024 Verlag Europa-Lehrmittel Nourney, Vollmer GmbH & Co KG, Haan-Gruiten. Alle Rechte Vorbehalten.

Dokumentation Arbeitsablauf

S. 228

Erfassung der Tränkemengen (vgl. S. 178)

Kalb: ______________________________

Lebenswoche	Tränkeverfahren	Tränkemenge (in Liter)	Beifütterung Kraftfutter (in Kilogramm)	Beifütterung Strukturfutter (in Kilogramm)
Summe:				

Besonderheiten:

 © 2024 Verlag Europa-Lehrmittel Nourney, Vollmer GmbH & Co KG, Haan-Gruiten. Alle Rechte Vorbehalten.

Dokumentation

© 2024 Verlag Europa-Lehrmittel Nourney, Vollmer GmbH & Co KG, Haan-Gruiten. Alle Rechte Vorbehalten.

Dokumentation

© 2024 Verlag Europa-Lehrmittel Nourney, Vollmer GmbH & Co KG, Haan-Gruiten. Alle Rechte Vorbehalten.

Dokumentation

© 2024 Verlag Europa-Lehrmittel Nourney, Vollmer GmbH & Co KG, Haan-Gruiten. Alle Rechte Vorbehalten.

Dokumentation

© 2024 Verlag Europa-Lehrmittel Nourney, Vollmer GmbH & Co KG, Haan-Gruiten. Alle Rechte Vorbehalten.

Dokumentation

© 2024 Verlag Europa-Lehrmittel Nourney, Vollmer GmbH & Co KG, Haan-Gruiten. Alle Rechte Vorbehalten.

3.3 Bildquellenverzeichnis

Adobe Systems Software Irland Ltd., Adobe Stock, IRL-Dublin: S. 7/1 ©bierwirm, S. 7/2 ©Countrypixel, S. 13 ©Dani Kreienbühl, S. 39/1 ©Ralf, S. 111/1 ©mattiaath, S. 189/1 ©martinscphoto, S. 190/2 ©Martina Simonazzi, S. 192/1 ©S. Leitenberger, S. 193/1 ©august.columbo, S. 196/1 ©Kitreel, S. 198/1 ©Renán Vicencio Uribe, S. 198/2 ©fototrips, S. 200/2 ©Photobank, S. 202/1 ©Superingo, S. 209/1 unten ©chelle129, S. 213/1 rechts ©Countrypixel, S. 217/1 ©Hel Fei/Wirestock, S. 217/2 ©nordroden, S. 217/3 ©Bertold Werkmann, S. 217/4 ©RAOTA, S. 217/5 ©BURDE Photography, S. 218/1. Abb. von links ©David, S. 218/2. Abb. von links ©bofotolux, S. 218/3. Abb. von links ©Georg Hummer, S. 218/4. Abb. von links ©stylefoto24, S. 222/3 rechts ©amixstudio, S. 223/1 ©muro, S. 229/1 ©Dmitry Vereshchagin, S. 229/2 ©Countrypixel, S. 231/1 ©Countrypixel, S. 231/2 ©Nejron Photo, S. 233/1 ©Budimir Jevtic, S. 236/1 ©Budimir Jevtic, S. 243/1 ©bidaya, S. 243/2 ©Eric Isselée, S. 243/3 ©capude1957, S. 244/1 ©PATTARAWIT, S. 244/2 ©Thanakorn, S. 245/1 ©PATTARAWIT, S. 246/1–2 ©PATTARAWIT, S. 248/1 ©Caroline Schrader, S. 248/2 ©bierwirm, S. 251/1 Abb. links ©Irisalsoog, S. 251/1 Abb. rechts ©Grubärin, S. 251/2 ©Grubärin, S. 251/3 ©Grubärin, S. 251/4 ©Grubärin, S. 261/1 Abb. oben links ©GoodPics, S. 261/1 Abb. oben rechts ©agrarmotive, S. 261/1 Abb. unten links ©bierwirm, S. 261/1 Abb. unten rechts ©agrarmotive, S. 266/1 ©Photobank, S. 268/1 ©lukesw, S. 268/2 ©ahavelaar, S. 272/2 ©Parilov, S. 277/1 ©Composer, S. 279/1 ©Misbahul, S. 287/1 ©Rough Edges Supply, S. 289/1 ©teamfoto, S. 289/2 ©Vander Wolf Images, S. 289/3 ©Daniel Meunier, S. 289/4 ©Tunatura, S. 289/5 ©cameron1983, S. 289/6 ©filmbildfabrik, S. 292/1 ©nicolasprimola, S. 294/1 ©Domicoolka, S. 309/1 ©pisotckii, S. 309/3 ©aneriksson, S. 309/4 ©Africa Studio, S. 315/3 ©imartsenyuk, S. 321/2 ©BlazingDesigns, S. 323/1 ©Countrypixel, S. 326/1 ©Alexnow, S. 332/1 ©KK-Fotografie, S. 336/1 ©Marco2811, S. 338/2 ©Countrypixel, S. 344/1 ©S. Leitenberger, S. 347/1 ©biggi62, S. 356/1 ©agrieger71, S. 356/2 ©Contrastwerkstatt, S. 367/1 ©Barillo_Picture, S. 369/1 ©Matthias

Aumüller, Martin, Röhrnbach: S. 274/1, S. 315/1–2, S. 316/1–2, S. 361/1

Bayerische Landesanstalt für Landwirtschaft (LfL), Grub-Poing: S. 218/1

Bayerische Staatsgüter, Poing: S. 305/1, S. 352/1 BayFeedsApp (codechaos.org)

Eder, Antje, Dr. phil., Wiesent: S. 6/3, S. 117, S. 190/1, S. 195/1, S. 207/1, S. 209/1 oben links, S. 222/1, S. 222/2, S. 260/1 Abb. links, S. 290/1, S. 295/1, S. 317/1, S. 338/1, S. 345/1, S. 345/2, S. 351/1–4

EUROselect: S. 280

GFS-Genossenschaft zur Förderung der Schweinehaltung eG, Ascheberg: S. 130/1–4, S. 142/1, S. 144/1

iStock by Getty Images München: S. 270/1 ©Stephen Barnes

Köster, Erwin, Telgte: S. 6/1, S. 6/2, S. 14/1, S. 14/2, S. 16/1, S. 19/1, S. 21/1–6, S. 23/1, S. 24/1, S. 29/1, S. 31/1, S. 34/1–8, S. 36/1–4, S. 41/1–5, S. 49/1–3, S. 59/1–4, S. 64/1, S. 65/1, S. 67/1, S. 72/1, S. 75/1, S. 81/1, S. 94/1–3, S. 100/1–4, S. 102/1, S. 112/1, S. 115/1, S. 121/1, S. 127/1, S. 137/1–2, S. 148/1–2, S. 150/1, S. 155/1–2, S. 169/1, S. 170/1, S. 182/1, S. 209/1 oben rechts, S. 210/1, S. 279/2, S. 309/2

Kuratli Maschinenbau, CH-Untereggen: S. 272/1

Lindau, Anna Lena, Dr.: S. 208/1

Lister GmbH, Lüdenscheid: S. 233/2

PATURA KG, Laudenbach: S. 214/2

Proviande, CH-Bern: S. 359/Tabelle 1, S. 360/2, 4, 6, 8, 10

Shutterstock, Inc., USA-New York: S. 273 ©Golden Sikorka

top agrar, Münster: S. 66, S. 85/2, S. 86/1, S. 86/2

Verlag Europa-Lehrmittel, Abt. Zeichenbüro, Ostfildern: S. 17, S. 18

zweiband.media, Berlin: Bildbearbeitung u. Erstellung von Zeichnungen nach Autorenvorlagen: S. 6/4, S. 7/3, S. 8, S. 9, S. 10, S. 11, S. 14/3, S. 26, S. 33, S. 43, S. 62, S. 66, S. 82, S. 85/1, S. 121/2, S. 123, S. 141, S. 142, S. 144, S. 146, S. 151, S. 168, S. 169/Tabelle 1, S. 172, S. 190/3, S. 191, S. 194, S. 196/3, S. 197, S. 200, S. 201, S. 203, S. 208, S. 211, S. 213/1 links, S. 214/1, S. 220, S. 222/Tabelle 1, S. 223/Tabelle, S. 225, S. 226, S. 236/2, S. 241, S. 248/3, S. 256, S. 259/1, S. 260/1 Abb. rechts, S. 262, S. 269, S. 270/2, S. 271, S. 272/oben, S. 274/2, S. 275, S. 277/2, S. 284, S. 287, S. 289, S. 290/2, S. 313, S. 337, S. 339, S. 340, S. 346, S. 348, S. 360/Tabelle 2 links, S. 363